计算机科学丛书

云计算
概念、技术与架构

（美）　**Thomas Erl**
（英）　**Zaigham Mahmood**　著　龚奕利 贺莲 胡创 译
（巴西）**Ricardo Puttini**

Cloud Computing
Concepts, Technology & Architecture

机械工业出版社
CHINA MACHINE PRESS

图书在版编目（CIP）数据

云计算：概念、技术与架构 /（美）埃尔（Erl，T.）等著；龚奕利，贺莲，胡创译 . —北京：机械工业出版社，2014.6（2023.11 重印）

（计算机科学丛书）

书名原文：Cloud Computing：Concepts，Technology & Architecture

ISBN 978-7-111-46134-0

I. 云… II. ①埃… ②龚… ③贺… ④胡… III. 计算机网络 IV. TP393

中国版本图书馆 CIP 数据核字（2014）第 048321 号

北京市版权局著作权合同登记 图字：01-2013-6669 号。

本书涉及云计算领域的各个方面，涵盖了很多基本概念，共包含五个部分。第一部分到第四部分主要涵盖了云计算基础、云计算机制、云计算架构以及云计算使用等内容，以云计算起源为出发点，介绍了云计算领域的基本概念。第五部分即附录给出了案例研究结论，介绍了工业标准组织、云计算机制与特性之间的对应关系、数据中心设施、适应云的风险管理框架，并给出了云供给合同和云商业案例模板。

本书可以为云计算从业人员、云计算用户、相关 IT 管理者和决策者等提供有关云计算方面的帮助，同时也是具备一定云计算基础的教育人士与学习者不可或缺的参考资料。对于希望了解和学习云计算及其实际应用的读者来说，本书也是非常好的选择。

出版发行：机械工业出版社（北京市西城区百万庄大街 22 号 邮政编码：100037）

责任编辑：迟振春　　　　　　　　　　　　　责任校对：董纪丽

印　　刷：涿州市般润文化传播有限公司　　版　　次：2023 年 11 月第 1 版第 19 次印刷

开　　本：185mm×260mm　1/16　　　　　印　　张：19.25

书　　号：ISBN 978-7-111-46134-0　　　　定　　价：69.00 元

客服电话：（010）88361066　68326294

经过这几年 IT 业厂商和媒体对云计算的积极宣传和引导，从业人员和大众对云计算有了一定的了解。可以看到，云计算正在步入大规模发展阶段，正在改变着我们生活的各个方面。但是深入到这样的背景之后，还是会发现很多人，尤其是基础的云计算实施者和应用开发人员，对云计算的基本概念的理解还不够完整和系统，对云计算所用到的技术的了解有所欠缺。而 Thomas Erl 等人所著的这本书对云计算的概念、使用的技术和架构进行了系统而全面的阐述，正可以为广大读者答疑解惑。

这本书涉及云计算领域的各个方面，涵盖了很多基本概念，共包含五个部分，第一部分到第四部分主要涵盖了云计算基础、云计算机制、云计算架构以及云计算使用等内容，以云计算起源为出发点，介绍了云计算领域的基本概念，以 ATN、DTGOV 和 Innovartus 三个案例为辅线，详细阐述了基本云基础设施、特殊云机制、云管理机制、云安全机制、基本云架构、高级云架构与特殊云架构，集中探讨了云交付模型、云使用中的成本指标与定价模型，以及服务质量指标与 SLA。第五部分（即附录）对正文进行了补充，给出了案例研究结论，介绍了工业标准组织、云计算机制与特性之间的对应关系、数据中心设施、适应云的风险管理框架，并给出了云供给合同和云商业案例模板。本书是一本有关云计算的基础而全面的教材，可以为云计算从业人员、云计算用户、相关 IT 管理者和决策者等提供有关云计算方面的帮助，同时也是具备一定云计算基础的教育人士与学习者不可或缺的参考资料。另外，对于希望了解和学习云计算及其实际应用的读者来说，本书也是非常好的选择。

本书在翻译过程中得到了多方的支持。首先要感谢 Ivana Lee，及时提供最新勘误以及回答译者对原文的一些问题。其次要感谢王文杰，经常和我们一起讨论翻译中遇到的问题。最后同样重要的要感谢本书的编辑朱劼，你的认真和体恤真是让人非常感动。

由于翻译时间紧迫，尽管我们尽量做到认真仔细，但还是难以避免出现错误和疏漏，在此欢迎广大读者批评指正。

龚奕利　贺莲　胡创

2014 年 5 月于武汉珞珈山

"云计算与其他的 IT 领域相比，被谈论得更多但是没有得到足够的实践。Thomas Erl 及时地写出这本书，浓缩这些理论，并用现实世界的例子来阐明这项重要的技术。这是进入云的旅途上一本重要的指南手册。"

——Scott Morrison，Layer 7 Technologies 首席技术官

"这是一本写作良好而又通俗易懂的优质书籍，它综合描绘了云计算，囊括了这一主题的多个方面。本书中呈现的案例研究提供了在组织中要利用云计算所需的现实世界的实际考量。这本书包含了广泛的话题，从技术方面到云计算提供的商业价值。这是针对这一主题最好的、最完善的书籍——这对于云计算实践者以及想要深入了解云计算概念和实际实现的人来说是必读的。"

——Suzanne D'Souza，KBACE Technologies SOA/BPM 事业部经理

"这本书提供了对云计算概念、架构以及技术全面而详细的描述。对于新手和专家来说这都是一本很好的参考书，对于对云计算感兴趣的 IT 专业人士来说是必读的。"

——Andre Tost，IBM 软件组高级技术团队成员

"这是一本很棒的有关云计算的书。这本书的内容从分类法、技术以及架构概念到重要的采用云计算的商业因素，都令人印象深刻。它确实提供了对这个技术范例的全面理解。"

——Kapil Bakshi，Cisco 系统股份有限公司架构和战略部

"我读过 Thomas Erl 写的每一本书，云计算这本书是他的又一部杰作，再次证明了 Thomas Erl 选择最复杂的主题却以一种符合逻辑而且易懂的方式提供关键核心概念和技术信息的罕见能力。"

——Melanie A. Allison，Integrated Consulting Services 医疗保健技术部负责人

"寻求把应用程序和基础设施迁移到云中的公司常常被流行词和工业的大肆宣传所误导。这本书打破了这些神话，详细说明了一个组织与云服务提供者合作需要做些什么，包括从调查到签订合同到实现到终止。这本书真正展示了让一个公司获得 IaaS、PaaS 或 SaaS 解决方案的益处和困难。"

——Kevin Davis 博士，系统架构师

"Thomas 以他独特和博学的风格提供了一本关于云计算的全面而权威的书。正如他先前的著作《Service-Oriented Architecture：Concepts，Technology，and Design》一样，这本书确实会吸引 CxO、云架构师以及为云提供软件的开发者社区的注意力。Thmoas 和他的写作团队在提供对云计算架构、云计算交付模型、云管理和云经济清晰而详细的描述方面花费了巨大的心血，而且还解释了围绕因特网架构和虚拟化的云计算核心。作为这部杰作的评论者，我

承认在阅读时，我学到了很多。这是一本应该出现在每个人书桌上的必备书籍！"

——Vijay Srinivasan，Cognizant Technology Solutions 首席架构师

"这本书提供了与厂商无关的云计算全面描述，包括技术和商业各方面。它提供了对云架构和机制的深入分析，涵盖了现实世界中云平台的活动部件。商业方面，向读者提供了更广泛的见解，帮助读者选择和定义基本云计算商业模型。这是一本覆盖云计算基础和深入知识的优秀书籍。"

——Masykur Marhendra Sukmanegara，埃森哲咨询公司通信媒体与技术部

"本书所讨论话题的丰富性和深度令人印象深刻，所讨论主题的深度和广度使得读者能在短时间内成为这方面的专家。"

——Jamie Ryan，Layer 7 Technologies 系统架构师

"对实现方法的启蒙、推理以及结构化通常是 Thomas Erl 每本书的强项，这本书也不例外。它提供了云计算中必要和关键的内容，更重要的是，用一种很容易理解的方法来呈现这些内容。最好的是，这本书遵从先前的服务技术系列丛书的惯例，读它就像是一个文库的自然延伸。我强烈地认为，这将是过去十年里最畅销的 IT 作者之一的又一本畅销书。"

——Sergey Popov，自由全球国际高级企业 SOA/ 安全架构师

"任何与云设计和决策相关的人必读！这本有深刻见解的书提供了深入、客观、与厂商无关的云计算概念、架构模型和技术。对于那些需要了解云环境是怎样工作的，以及怎样设计并把解决方案迁移到云上的人，这将会是很有价值的。"

——Gijs in't Veld，Motion 10 首席架构师

"这是一本包含与云提供者和用户相关的各个方面的参考书。如果你想要提供或者使用云服务，需要知道怎样做，就需要这本书。这本书结构清晰，有助于理解大量不同的云概念。"

——Roger Stoffers，解决方案架构师

"云计算已经出现多年，然而对这个术语以及它能给开发者和部署者带来什么，依旧有许多的困惑。这本书用一种很好的方式告诉你云背后有些什么，既不抽象也不局限在高层面上：为了在云上开发应用程序或是使用位于云中的应用程序或服务时需要了解的细节，这本书里都有。很少有书像这本书这样能够获取这种程度的细节，展示了云范例的演化。这本书对架构师和开发者来说是必备的。"

——Mark Little 博士，红帽副总裁

"这本书提供了对云的概念和机制的综合性探究。它是为想要深入了解云环境怎么运转、它们是怎么架构的以及它们怎么影响业务这些细节的人而写的。这本书适用于那些正在认真考虑要采用云计算的组织机构。它会为建立你的云计算规划铺路。"

——Damian Maschek，德国联邦铁路 SOA 架构师

"这是我读过的有关云计算的最好书籍之一。它很完整而又与厂商技术无关，以很好的组织结构和有规律的方式成功地解释了重要的概念。它介绍了所有的定义，并为想要使用或评估云解决方案的组织或者专家提供了许多指引。它给出了在云计算领域中基本角色的完整主题列表。它很清晰地解释了所有有关的定义。图简单易懂，而且相对独立。有不同技能、特长和背景的读者都能很容易地理解这些概念。"

——Antonio Bruno，瑞士银行基础设施与资产经理

"这是一本综合性的书，关注云计算到底是关于什么的……这本书将是许多公司成功建立采用云的方案的基础。对于对云计算感兴趣或者涉及采用云的方案的 IT 基础设施和应用程序架构师来说，这是必要的参考。对于想要建立基于云的基础架构或者需要向正在考虑在组织中采用云计算技术的客户解释什么是云的人来说，它包含了特别有用和易于理解的信息。"

——Johan Kumps，RealDolmen SOA 架构师

"这本书定义了这个主题基本的术语和模型，是对于云实践者很有用的参考。以简洁清晰的方式呈现了从多租户到虚拟机管理器的概念。案例研究非常具有现实世界的真实性。"

——Thomas Rischbeck 博士，能源科学技术首席架构师

"这本书提供了云服务和云服务设计中需要考虑的问题的基础知识。书中重点讲述了在学习如何以云技术术语进行思考的过程中需要考虑的关键问题；在当今的业务和技术环境中，云计算在连接用户服务、虚拟化资源和应用程序中扮演着中心的角色，本书介绍的内容是十分重要的。"

——Mark Skillon，全球基础设施服务战略与技术部主管

"这本书组织得非常好，涵盖了云计算的基本概念、技术以及商业模型。它定义并解释了一系列有关云计算的术语和词汇，使得云计算专家能够通过相同的标准化语言来进行交流。和 Thomas Erl 以前的作品一样，这本书很容易理解……对于新手和有经验的专家来说这都是一本必读的书。"

——Jian "Jeff" Zhong，Futrend 技术股份有限公司首席技术官
以及 SOA 和云计算首席架构师

"相关专业的学生可以通过这本易懂而又描述广泛清晰的书完成学习。不同学科的教授们，从商业分析到 IT 实现，甚至法律和财务监控，都能够使用这本书作为常用的教材。各种级别和应用程序行业的 IT 专家会发现这本书对设计不受某家厂商或品牌约束的解决方案提供了特别实用和有用的支持。"

——Alexander Gromoff，国家研究大学"经济高等学校"
信息控制技术中心科学和教育主管，商业信息系 BPM 主席

"这是一本与革新性云技术有关的信息的综合性纲要。Erl 的新作简明而清楚地解释了云范例作为下一代计算模型的起源和定位。所有的章节以易懂的方式精心安排和书写。这本书对于商业和 IT 专家来说将会有无限的价值，它将改变和帮助组织云计算的世界。"

——Pethuru Raj 博士，Wipro 企业架构顾问

　　"即使在一个发展最快的技术领域，这本云计算的书也将脱颖而出，并且经得起时间的考验。这本书做了一个非常棒的工作：将云计算的高度复杂性分解成很容易理解的部分。这本书不是简单地解释（这已经被重复太多），而是分析云计算的基础概念和组件以及组成云计算环境的机制和架构，一步步地帮助读者从基础理解云计算。

　　"在像云计算这样快速发展的领域里，很容易注重细节而忽略大的框架。关注概念以及架构模型而不是与厂商有关的细节，这使得读者可以快速获得复杂主题的关键知识。在本书的最后一部分将概念进行了总体阐述，需要对何时以及如何开始向云计算过渡进行评估的决策者都该读一读。这本书完善而全面地涵盖了基础和高级内容，不论你是刚知道这个概念还是已经有过云计算的经历，对于你来说它是一本有价值的手边资料书。

　　"我向那些正在实现或者评估云环境的人，或者是正在学习这个在未来十年将改变 IT 领域的人强烈推荐这本书。"

——Christoph Schittko，微软主要技术战略师和云解决方案主管

　　"这本书对于想要理解云计算以及需要选择或建立云系统和解决方案的 IT 专家和管理者来说是一个出色的资源。它建立了云概念、模型、技术以及机制的基础。这本书是与厂商无关的，它会在许多年内都有效。我们将会向 Oracle 顾客、合作伙伴以及用户推荐这本书，帮助他们走向通往云计算之路。与 SOA 那本书一样，这本书有潜力成为云计算的基础书。"

——Jürgen Kress，Oracle EMEA 融合中间件合作伙伴创新中心

　　云计算这个想法并不新鲜，或者说从技术资源和网际互联的角度来说被过度复杂化了。新鲜的其实是云计算方法的成长和成熟，以及使得商业灵活性目标成为可能的策略。

　　回首过去，最近几年"效用计算"（utility computing）一词并没有像"云计算"那样在信息产业界迷倒众生或是激起反响。然而，人们已经可以理解及时可用的资源，对信息技术资源和服务访问的外包（outsourcing）的核心是实用主义或服务特性。有鉴于此，云计算代表了一种灵活的、划算的和经过证实的交付平台，通过因特网向商业和消费者提供信息服务。商业和信息技术领导者意识到"组合与共享"计算资源相对于"构建和维护"计算资源的潜能，于是云计算成为了工业界游戏规则的改变者。

　　似乎并不缺少关于云计算能带来的好处的见解，也不缺少愿意以开源方式或很有前途的商业解决方案方式提供服务的厂商。在大肆的宣传之外，由于服务容量的增加和潜在的效率问题，云的很多方面都引起了新的思考。现在已经有证据表明，云计算带来的结果能够解决传统的商业问题。就经济影响来说，现用现付（pay-as-you-go）与具体计算机无关的服务（computer agnostic service）这样的原则将成为大行其道的概念。今天，我们可以衡量云计算的性能，也可以衡量它对经济和环境的影响。

　　从客户端 – 服务器到面向服务的架构上的变化导致可组合和可重用的代码的演变。虽然多年来大家一直都在这么做，但是直到现在，这样的做法才成为事实上的标准方法，用以降低开销、确认最优方法和模式来提高商业灵活性。这推进了计算机软件工业的设计方法、组件和工程。相比较而言，云计算被广泛接受和采纳正在对信息和技术资源管理进行彻底的变革。我们现在有能力将硬件和软件容量大规模地外包出去，来完成端到端的业务自动化需求。Marks 和 Lozano 了解这种新事物的出现，也明白对更好软件设计的需求："……我们现在几乎能够在任何地方收集、传输、处理、存储和访问几乎任意大小的数据。"限制主要在于服务 /组件有多"云化"或者说意识到云存在的程度，所以需要更好的软件架构（Eric A. Marks 和 Roberto Lozano，《Executive Guide to Cloud Computing》）。

　　服务架构经历的可重用演变更肯定了把注意力集中在业务目标而不是支持计算平台的数量上的做法。作为一种可行的资源管理方法，云计算正在从根本上改变我们对零售、教育和公共事业中计算解决方案的看法。使用云计算架构和标准使得计算解决方案的交付方式变得越来越独特，同时也使平台之间尽管有差异，但是都能满足业务目标的最低要求。

　　过去十年中，Thomas Erl 关于服务技术的工作通过雄辩的图示和文字引领了技术工业的发展。Thomas 在原理、概念、模式和表达上的卓越努力给信息技术社区带来了演化的（evolved）软件架构方法，这种方法现在成为了云计算目标能够在实践中成功实现的基础。这是一个很重要的断言：云计算不再是遥不可及的未来概念，而是一项主要的信息技术服务选择和资源交付表现形式。

　　Thomas 的这本书不仅仅给出云计算的定义，同时还包括虚拟化、网格和维护策略与之在日常操作上的对比。Thomas 和他的写作团队带领读者从头到尾遍历了云计算的重要元素、历史、创新和需求。通过案例研究和架构模型，作者清楚地说明了主要计算资源的服务需求、基础设施、安全和外包。

Thomas 再次向业界展示了中肯的分析和可靠的架构驱动的实践与原理。无论读者的兴趣和经验如何，都能在这本对云计算深入的、与厂商无关的研究中发现清晰的价值。

Pamela J. Wise-Martinez，创建者和首席架构师
能源部和美国国家核安全管理局

（声明：上述观点为作者的个人观点，不反映美国政府、美国能源部或美国国家核安全管理局的观点。）

按照姓氏字母排序：

- Ahmed Aamer, AlFaisaliah Group
- Randy Adkins, Modus21
- Melanie Allison, Integrated Consulting Services
- Gabriela Inacio Alves, University of Brasilia
- Marcelo Ancelmo, IBM Rational Software Services
- Kapil Bakshi, Cisco Systems
- Toufic Boubez, Metafor Software
- Antonio Bruno, UBS AG
- Dr. Paul Buhler, Modus21
- Pethuru Raj Cheliah, Wipro
- Kevin Davis, Ph.D.
- Suzanne D'Souza, KBACE Technologies
- Alexander Gromoff, Center of Information Control Technologies
- Chris Haddad, WSO2
- Richard Hill, University of Derby
- Michaela Iorga, Ph.D.
- Johan Kumps, RealDolmen
- Gijs in't Veld, Motionl0
- Masykur Marhendra, Consulting Workforce Accenture
- Damian Maschek, Deutshe Bahn
- Claynor Mazzarolo, IBTI
- Charlie Mead, W3C
- Steve Millidge, C2B2
- Jorge Minguez, Thales Deutschland
- Scott Morrison, Layer 7
- Amin Naserpour, HP
- Vicente Navarro, European Space Agency
- Laura Olson, IBM WebSphere
- Tony Pallas, Intel
- Cesare Pautasso, University of Lugano
- Sergey Popov, Liberty Global International
- Olivier Poupeney, Dreamface Interactive
- Alex Rankov, EMC
- Dan Rosanova, West Monroe Partners

- Jaime Ryan, Layer 7
- Filippos Santas, Credit Suisse
- Christoph Schittko, Microsoft
- Guido Schmutz, Trivadis
- Mark Skilton, Capgemini
- Gary Smith, CloudComputingArchitect.com
- Kevin Spiess
- Vijay Srinivasan, Cognizant
- Daniel Starcevich, Raytheon
- Roger Stoffers, HP
- Andre Toffanello, IBTI
- Andre Tost, IBM Software Group
- Bernd Trops, talend
- Clemens Utschig, Boehringer Ingelheim Pharma
- Ignaz Wanders, Archimiddle
- Philip Wik, Redflex
- Jorge Williams, Rackspace
- Dr. Johannes Maria Zaha
- Jeff Zhong, Futrend Technologies

特别感谢 CloudSchool.com 的研究和开发团队，他们开发出的 CCP 课程模块是本书的基础。

Thomas Erl

Thomas Erl 是畅销 IT 书作者，Arcitura 教育机构的创始人，《服务技术杂志》编辑，Prentice Hall 出版社 Thomas Erl 的服务技术丛书的编辑。他的书在全世界范围内卖出了 17 5000 多本，成为国际畅销书，已经被主要的 IT 组织成员正式认可，例如 IBM、微软、甲骨文、Intel、埃森哲、IEEE、HL7、MITRE、SAP、思科、HP 等。作为 Arcitura 教育公司的 CEO，Thomas 与 CloudSchool.com™ 和 SOASchool.com™ 有合作关系，领导研发了国际公认的云计算职业认证（Cloud Certified Professional，CCP）和 SOA 职业认证（SOA Certified Professional，SOACP）的课程大纲，设立了一系列正式的、与厂商无关的工业认证，全球已经有数千 IT 从业人员获得了这些认证。Thomas 作为演讲者和指导者，在 20 多个国家进行过巡回演讲和指导，并且经常参加国际会议，包括服务技术大会（Service Technology Symposium）和高德纳研讨会（Gartner Events）。Thomas 已经在诸多出版物上发表过 100 多篇文章和访谈，包括《The Wall Street Journal》和《CIO Magazine》。

Zaigham Mahmood

Zaigham Mahmood 博士是六本书的作者，其中有四本是专门讲述云计算的。他现在是英国 Debesis 教育的技术顾问和英国德比大学的研究员。他还在一些国际教育机构担任外国教授和特别教授的职位。Mahmood 教授是一位经过认证的云计算培训师，并经常在国际 SOA、云 + 服务技术大会上演讲，他已经发表了 100 多篇文章，研究领域包括分布式计算、项目管理和电子政务。

Ricardo Puttini

Ricardo Puttini 教授作为巴西主要政府机构的高级 IT 顾问，有 15 年的从业经验。他讲授了数门有关服务概论、面向服务的架构和云计算的本科生及研究生课程。Ricardo 是第四届国际 SOA 大会和 2011 年春召开的第三届国际云计算大会的主席。他拥有巴西利亚大学通信网络方向的博士学位（2004），从 1998 年开始在该校电子工程系任教。读博士期间，Ricardo 在法国雷恩的 L'Ecole Supérieure d'Électricité（Supelec）学习了 18 个月，在那里他开始研究分布式系统架构和安全。

Pamela J. Wise-Martinez，理学硕士

Pamela 是美国能源部和美国国家核安全管理局（NNSA）的首席架构师，她是一个战略性的 C 级顾问、发明家、业务分析师，还是一个在系统工程方面以及商业应用程序开发、网络、企业战略和实现上有 20 多年经验的信息工程师。作为一个出名的发明家，Pamela 在安全、专家系统、纳米技术和移动基础设施方面做了广泛研究。她拥有美国专利和商标局的通过移动、非接触式和智能支付技术进行安全的计量生物学金融支付的专利。另一项专利是基于安全移动金融市场的安全手持设备技术、商业方法和设备，第三项有关服务技术的专利正在审核中。作为一个新兴技术的领导者和未来主义者，她实现了前沿的、引人注目的全国性系统，与许多政府和私人机构形成合作伙伴关系。Pamela 作为资深网络分析师一直致力于事件和服务驱动架构的性能的研究，同时目前在 NNSA 的职位使她负责在技术和商业上向新兴的面向服务的技术看齐。她创造了一种创新的服务分层方法，为企业组件和 SOA 规划与设计提供网络建模和供给。她现在还领导着 OneArchitecture-SmartPath 方法。Pamela 在乔治·华盛顿大学获得工程管理和技术专业科学硕士学位，并获得 ISACA 的企业信息技术管理认证（CGEIT）。

Gustavo Azzolin，理学学士，理学硕士

Gustavo 是一名资深 IT 顾问，他在 IT、电信、公共部门以及媒体产业有十年的专业经验。Gustavo 向全球市场领导者和主要政府机构提供技术和服务管理的咨询服务，并在技术和服务管理方面拥有多项 IT 认证。他曾与多个云计算产品巨头合作，例如微软、思科和 VMware。Gustavo 在巴西利亚大学获得理学学士学位，随后在瑞典首都斯德哥尔摩的 KTH 皇家理工学院获得理学硕士学位。

Michaela Iorga，博士

Michaela Iorga 博士是国家标准与技术研究院（NIST）计算机安全部的云计算高级安全技术领导，同时，她还是 NIST 云计算公共安全工作组主席和最近成立的 NIST 云计算公共法医学工作组联合主席。在加入 NIST 之前，她在政府和私营企业担任过很多咨询职位。Iorga 博士是信息安全、风险评估、信息安全保障和云计算安全方面公认的专家，对网络安全、身份和证书管理以及网络隐私问题有深入的理解，对复杂安全架构开发也有大量的知识积累。作为 NIST 高级安全技术领导和 NIST 公共安全工作组主席，她支持网络安全标准和指南的发展和传播，这些标准和指南符合国家优先需求，并且提升了美国的创新能力和企业竞争力。Iorga 博士特别专注于与工业、学术和其他政府利益相关者一起工作，根据 NIST 发展美国政府的云计算技术路线图来开发高层次、厂商中立的云计算安全相关架构。Iorga 博士除了是一个问题解决和分析的领导者和专家外，她还管理着其他几个 NIST 的工作，包括联邦信息处理标准 140-3 的开发："加密模块的安全要求"，以及一个 NIST 公共、安全随机源的实现。她还对开发电子智能电表的安全测试要求也有所贡献。Iorga 博士在美国北卡罗来纳州的杜克大学获得了博士学位。

Amin Naserpour

Amin 是一个经过认证的 IT 专家，在解决方案架构与设计、工程以及咨询方面有着超过 14 年的工作经验。在部分到全虚拟化前端 – 后端基础设施设计方面，Amin 擅长中型到企业级复杂的解决方案。他的客户包括 VMware、微软以及 Citrix，他的工作包括整合前端与后端基础设施层的解决方案。Amin 设计了一个统一的、独立于供应商的云计算框架，他在 2012 年第五届国际 SOA 云 + 服务技术大会上展示了这个架构。由于他在云计算、虚拟化和存储上的资质，Amin 目前担任澳大利亚惠普公司的技术顾问和云服务运营领导职位。

Vinícius Pacheco，理学硕士

Vinícius 在巴西多个联邦公共部门工作过，拥有网络管理、网络安全、融合和 IT 管理方面超过 13 年的工作经验。他已经在巴西的国家教育部担任了两年的首席信息官，最近发表了一些在云计算模式中与隐私相关的学术论文。Vinícius 正在攻读云安全博士学位，并在巴西利亚大学获得了电信硕士学位（2007）。

Matthias Ziegler

Matthias Ziegler 博士领导新型技术创新实践，并负责澳大利亚、瑞士和德国的埃森哲咨询公司的云计算。他参与了一个国际团队，致力于研究如云计算、大数据、分析法以及社交媒体等领域中的新兴技术，为创造商业价值的客户提供创新解决方案。他的工作范围从与客户高层领导进行创新工作会，到与企业架构师讨论可选择的架构，到领导团队把新型技术解决方案成功应用到产品中。他是很多会议的受邀演讲者，例如 SOA、云＋服务技术大会等。Ziegler 博士在乌兹堡大学获得计算机科学学位，在慕尼黑技术大学获得博士学位，在埃尔丁应用管理大学教授管理信息系统。他与妻子和三个孩子住在德国慕尼黑附近。

第二部分　云计算机制

第五部分 附录

绪　论

过去的几十年见证了以业务为中心的外包服务和以技术为中心的效用计算相对平行的演化过程。当两者最终相遇形成了一个技术景观，引人注目的商业案例对 IT 行业整体产生了地震般的影响，这在术语上和商业标签上被称为"云计算"，而不再仅仅是又一个 IT 的趋势了。在技术的帮助下，云计算已经成为进一步调整和推动业务目标的契机。

理解这个契机的人可以抓住它，利用可靠成熟的云平台构件，不仅可以满足现有商业战略目标，甚至可以激发企业设定新的目标和方向，后者也取决于云驱动创新在多大程度上有助于进一步优化商业运作。

教育是成功的第一步。采用云计算并不简单。云计算市场还不够规范。并且，在实际中，并不是所有被打上"云"标签的产品和技术都足够成熟到能用来实现或者是支持实现真正的云计算效益。在 IT 文献和 IT 媒体中有着对基于云的模型和框架的各种不同定义和说明，这虽然使得不同的 IT 专业人士能获得不同类型的云计算专业知识，但是也增加了人们的困惑。

当然，就其本质来说，云计算是提供服务的一种形式。与想要雇用或者外包（与 IT 相关或不相关的）其他类型的服务一样，人们通常面对的是一个由服务供应商组成的市场，这些供应商具备不同的服务质量和可靠性。有的供应商给出了诱人的价格和服务条款，但其业务历史可能未经证实，或者其拥有的是高度私有的服务环境。有的供应商可能具备坚实的业务背景，但是却要求较高的价格和较呆板的服务条款。还有的供应商仅仅只是虚假或临时的商业企业，会出乎意料地消失，或者是在短期内收购获得的。

现在回到获得教育的重要性上来。对企业而言，没有比无知地使用云计算更危险的事情了。使用失败的后果不仅仅影响到 IT 部门，还可能使企业退回到使用云计算之前的状态，如果竞争者此时已经成功地达到它们的目标，那么企业蒙受的损失就会更多了。

云计算具有很多优势，但其使用过程却充满了陷阱、歧义和谬误。推动这一过程最好的方法就是详细计划其中的每一步，以知识为基础来决定一个项目该怎样以及在多大程度上继续进行。云计算的使用范围与其使用方法同样重要，两者都取决于业务要求，而不是由产品供应商、云供应商或者自封的云专家来决定的。在使用云计算的每个阶段中，企业的业务目标都必须是具体和可衡量的。这将验证你的项目范围、方法和总体方向。换句话说，它使得项目井然有序。

从企业的角度理解与厂商无关的云计算，可以使企业获得更加清晰的认知，从而决定项目中哪些确实与云相关，以及哪些与你的业务需求相关。这些信息有助于企业建立标准来筛选云产品和服务供应商，使其能将注意力放在那些最有潜力来帮助企业成功的产品与供应商上面。我们撰写的这本书就是协助你达成这一目标的。

1.1　本书目标

本书的撰写工作历经两年多的时间，在此期间，笔者对商业云计算产业、云计算供应商平台、云计算企业标准组织和从业者的进一步创新与贡献进行了研究与分析。本书的目标是，将可靠成熟的云计算技术和实践分解为一系列明确定义的概念、模型、技术机制和架构。书中将对云计算概念和技术的基础进行具体和学术性的阐述。本书从整体云计算产业的角度，使用供应商中立的术语和描述对涵盖的主题进行细致说明。

3

1.2 本书未涵盖的内容

由于本书的基调是供应商中立的，因此，它不对任何供应商的产品、服务和技术进行阐述。本书可与其他与产品相关的内容以及供应商产品参考文献互补。如果读者是首次接触商业云计算领域，建议您将本书作为出发点，然后再去了解供应商产品线专有的书籍和课程。

1.3 本书适用读者

适合阅读和使用本书的读者包括：
- 需要了解供应商中立的云计算技术、概念、机制和模型的 IT 从业者和专业人士
- 需要明晰云计算业务和技术影响的 IT 管理者和决策者
- 需要对云计算基础课题进行良好的学术研究与定义的教授、学生和教育机构
- 需要评估采用云计算资源的可行性和潜在经济利益的业务经理
- 需要了解构成当前云平台的不同部件的技术架构师和开发人员

1.4 本书组织结构

本书第 1 章和第 2 章为内容介绍和案例研究的背景信息，后续章节组织如下：
- 第一部分：云计算基础
- 第二部分：云计算机制
- 第三部分：云计算架构
- 第四部分：使用云

4
- 第五部分：附录

第一部分：云计算基础

本部分由 4 章组成，主要介绍了后续章节所需的基础知识，注意，第 3 章和第 4 章没有案例研究部分。

第 3 章：理解云计算

首先，简要回顾云计算历史，讨论业务驱动力和技术创新。其次，介绍了基本术语和概念。最后，阐述了采用云计算常见的收益和挑战。

第 4 章：基本概念与模型

首先确立了云的一般性特性、角色和边界，然后详细讨论了云交付和云部署模型。

第 5 章：云使能技术

讨论了实现当前云计算平台的现代技术及其创新，具体包括：数据中心、虚拟化和基于

Web 的技术。

第 6 章：基本云安全

介绍了云计算相关以及其特有的安全主题和概念，包括对常见云安全威胁和攻击的阐述。

第二部分：云计算机制

技术机制是指在 IT 行业内部定义良好的 IT 产品，一般区别于某种特定的计算模型或平台。云计算具有以技术为中心的特性，这就要求建立正式的机制，以便探讨怎样通过不同的机制实现组合来构成解决方案。

本部分阐述了在云环境中实现通用和特殊功能所使用的 20 种技术机制，每种机制都给出了一个案例用来说明其用法。第三部分讲述的技术架构进一步探讨了这些机制的使用情况。

第 7 章：云基础设施机制

介绍了云平台的基础技术机制，包括：逻辑网络边界，虚拟服务器，云存储设备，云使用监控器，资源复制，以及已就绪环境（Ready-Made Environment）。

第 8 章：特殊云机制

介绍了一系列特殊技术机制，包括：自动缩放的监听器，负载均衡器，SLA 监控器，按使用付费监控器，审计监控器，故障转移系统，虚拟机监控器，资源集群，多设备代理和状态管理数据库。

第 9 章：云管理机制

介绍了基于云的 IT 资源的手动执行与管理机制，包括：远程管理系统，资源管理系统，SLA 管理系统和计费管理系统。

第 10 章：云安全机制

第 6 章介绍了安全威胁，本章的安全机制是用来对抗和防止这些威胁的，具体包括：加密，哈希，数字签名，公钥基础设施（PKI），身份与访问管理（IAM）系统，单一登录（SSO），基于云的安全组，以及强化虚拟服务器映像。

第三部分：云计算架构

云计算领域中的技术架构是指在大范围的架构层次和大量的独特架构模型中表现出来的需求和考量因素。

在第二部分涉及的云计算机制的基础上，本部分中的章节给出了 29 个基于云的技术架构和场景，对基础的、高级的和特殊的云架构的不同机制组合进行了阐述。

第 11 章：基本云架构

基本云架构模型给出了基本功能和性能，主要包括：工作负载分配，资源池，动态可扩展性，弹性资源容量，服务负载均衡，云爆发，弹性磁盘供给，以及冗余存储。

第 12 章：高级云架构

高级云架构模型建立了精密而复杂的环境，其中有些是直接建立在基础模型之上的。本章涉及的此类架构包括：虚拟机监控器集群，负载均衡虚拟服务器实例，不中断服务重放置，零宕机，云均衡，资源预留，动态故障检测和恢复，裸机供应，快速供应，以及存储工作负载管理。

第 13 章：特殊云架构

特殊云架构模型针对独特的功能领域，本章讲述的架构包括：直接 I/O 访问，直接 LUN 访问，动态数据规范化，弹性网络容量，跨存储设备垂直分层，存储设备内部垂直数据分层，负载均衡虚拟交换机，多路径资源访问，持久虚拟网络配置，虚拟服务器的冗余物理连接，以及存储维护窗口。注意，本章没有案例研究。

第四部分：使用云

云计算技术和环境的使用程度可以有很大不同。比如，一个机构可以选择一部分 IT 资源迁移到云，同时将其他所有 IT 资源保留在企业内部，或者依赖云平台，把大部分 IT 资源迁移到云平台上，甚至使用云环境来创建资源。

对于任何机构而言，为了能精确了解与金融投资、业务影响和各种法律问题相关的最常见的因素，从实际和以业务为中心的视角来评估一种可能的云计算应用是非常重要的。本部分将要探讨在实际使用云环境时需要考虑的问题。

第 14 章：云交付模型考量

云环境需要根据云用户的需求，由云提供者进行建立和改进。在取得了管理权限后，云用户可以用云来创建 IT 资源或把资源迁移到云中。本章提供了从云提供者和用户双方的角度对云交付模型技术上的理解，从而对云环境内部运作和架构层有更全面的了解。

第 15 章：成本指标与定价模型

本章描述了网络、服务器、存储和软件使用的成本指标，并给出了各种计算整合和拥有云环境成本的公式，最后讨论了与云提供者使用的一般商业条款相关的成本管理问题。

第 16 章：服务质量指标与 SLA

服务水平协议 SLA 给出了云服务的保证和使用条款，通常是由云用户和提供者之间达成的商业条款所决定。本章详细解读了如何通过 SLA 表示和构建云提供者的保证，并给出了常见 SLA 值的计算指标和公式，这些指标包括：可用性，可靠性，性能，可扩展性以及弹性。

第五部分：附录

附录 A：案例研究结论

对每个案例研究进行了总结，并对其中每个机构尝试使用云计算的结果进行了说明。

附录 B：工业标准组织

描述了工业标准组织及其在云计算产业方面进行的努力。

附录 C：机制与特性的对应关系

以表格的形式将云特性映射到云计算机制，以便于实现这些特性。

附录 D：数据中心设施（TIA-942）

参照数据中心 TIA-942 电信基础设施标准，对数据中心基本设施及其故障进行了简介。

附录 E：适应云的风险管理框架

主要介绍了适应云环境的安全保护原则和风险管理框架。

附录 F：云供给合同

在实际运用中，云提供商和云用户之间签署的协议是明确的法律合约，该合约包含了一系列具体条款和注意事项。本附录主要阐述了云供给合同的典型组成部分，并提供了进一步的指导原则。

附录 G：云商业案例模板

本附录提供了一个项目清单，可用作采用云计算的业务案例的出发点。

1.5　书写惯例

1. 符号与图

本书包含了大量用"图"标注的图表，图中所用主要符号均在本书封二、封三的符号图示说明中进行了解释。若需要查看和下载本书所有图示的全彩高清版本，请访问 www.servicetechbooks.com/cloud/figures 和 www.informit.com/title/9780133387520。

2. 关键点小结

为了便于快速查阅，本书第一部分中第 3 章到第 6 章的每一小节都有一个关键点小结。该部分以符号列表的形式简要强调了相应小节的主要内容。

1.6　附加信息

本节提供了 Prentice Hall 的 Thomas Erl 服务技术系列丛书的补充信息和资源。

1. 更新、勘误和资源（www.servicetechbooks.com）

官网 www.servicetechbooks.com 提供了本系列中其他著作的相关信息和各种配套资源。建议经常访问该网站，以便获取内容更新与更正。

2. 参考规范（www.servicetechspecs.com）

该网站是一个中央门户网站，用于提供由主要标准组织创建并维护的原始规范文档，其中包含了专门关于云计算工业标准的部分。

3. 服务技术杂志（www.servicetechmag.com）

《服务技术杂志》（The Service Technology Magazine）是由 Arcitura 教育公司和 Prentice Hall 出版社联合出版的月刊，它与 Prentice Hall 的 Thomas Erl 服务技术系列丛书有正式合作关系。该杂志致力于出版由企业专家和专业人员撰写的专业文章、案例研究以及论文。

4. 国际服务技术论坛（www.servicetechsymposium.com）

本网站是关于国际服务技术论坛系列会议的，这些会议在世界各地召开，其会议主讲者常常是 Prentice Hall 的 Thomas Erl 服务技术系列丛书的作者。

5. 什么是云（www.whatiscloud.com）

一个快速参考网站，由本书节选组成，覆盖云计算的基础知识。

6. 什么是 REST（www.whatisrest.com）

本网站对 REST 架构和约束进行了简要说明。REST 服务作为一种云服务可能的实现媒介，将在本书第 5 章中进行介绍。

7. 云计算设计模式（www.cloudpatterns.org）

本网站公布了主要的云计算设计模式——各种代表了公认的实践和技术功能集的设计模式，本书阐述的机制可以作为它们的实现方案。

8. 面向服务的模式（www.serviceorientation.com）

本网站提供了描述和定义面向服务的范式、相关原则以及面向服务技术架构模型的论文、书籍节选和各种内容。

9. CloudSchool.com™ 云专业认证（CCP）（www.cloudschool.com）

本网站为云认证专业资格课程的官网，主要涉及云计算专业领域，包括云计算技术、架构、管理、安全、性能、虚拟化和存储。

10. SOASchool.com®SOA 专业认证（SOACP）（www.soaschool.com）

本网站为 SOA 专业认证（SOACP）的课程官网，专门讲述面向服务的架构和面向服务的技术，包括分析、架构、管理、安全、开发和质量保证。

11. 通知服务

为了能自动获取本系列丛书的新书发布消息，本书最新增补内容，或者上述各资源网址的关键更新，请使用 www.servicetechbooks.com 的通知表，或是发送空白邮件到 notify@arcitura.com。

11
≀
12

案例研究背景

案例研究的示例提供了应用场景，其中包括组织机构评估、使用和管理云计算模型与技术。本书展示三个来自不同行业的组织机构以供分析，本章将介绍每个组织机构独特的业务、技术和架构目标。

案例研究中展现的组织机构是：

- ATN——一家全球性公司，向电信业提供网络设备。
- DTGOV——一家公共组织机构，主要向公共领域组织提供 IT 基础设施和技术服务。
- Innovartus——一家开发儿童虚拟玩具和教育娱乐产品的中型公司。

本书第一部分后面的大多数章节中都包括一个或多个案例研究示例（Case Study Example）。附录 A 中小结了各家组织机构的故事主线。

2.1 案例研究 1：ATN

ATN 是一家向全球电信业提供网络设备的公司。多年来，ATN 成长颇多，他们将产品种类加以扩展，进行了几次收购，包括专门生产因特网、GSM 和蜂窝网络提供商使用的基础设施组件。ATN 现在是一家领先的、提供范围广泛的电信基础设施供应商。

近年来，市场压力剧增。ATN 开始通过利用新技术，特别是能够帮助成本削减的技术，来寻找增加其竞争力和效率的方法。

1. 技术基础设施与环境

ATN 的各种收购导致其 IT 情况异常复杂和异构。每轮收购后的提高内部聚合力的整合程序并没有涉及 IT 环境，这导致同时运行着很多相似的应用，增加了维护成本。2010 年，ATN 与一家欧洲主要的电信供应商进行了合并，产品目录中又增加了新的应用种类。IT 复杂性滚雪球似地增长，形成了严重的阻碍，这成为了 ATN 董事会密切关注的问题。

13
～
14

2. 业务目标与新策略

ATN 的管理层决定发起一项整合行动，将应用的维护和运行外包到海外。这会降低成本，但不幸的是这并不能解决整个运行的低效率问题。应用程序还是有重叠的功能，很难简单地就整合到一起。最终表明外包并不足以解决问题，因为只有整个 IT 场景的架构改变了，整合才有可能性。

所以，ATN 决定试着采用云计算。不过，在最初调查之后，他们就被大量的云提供者和基于云的产品淹没了。

3. 路线图与实现策略

ATN 不确定该如何选择正确的云计算技术和供应商——有太多解决方案看上去仍不成熟，市场上又不断出现新的基于云的产品。

一个采用云计算的初步路线图需要解决以下一些关键问题：

- IT 策略（IT strategy）——采用云计算需要优化当前的 IT 框架，才能使近期投资较低以及持续的长期成本削减。

- 商业收益（Business Benefit）——ATN需要评估当前的应用和IT基础设施中哪些能够利用云计算技术，从而达到理想的优化和成本降低。同时，也需要实现云计算能够带来的其他收益，例如商业灵活性、可扩展性和可靠性，以提升商业价值。
- 技术考量（Technology Consideration）——需要建立标准来帮助选择最合适的云交付和部署模型、云供应商和产品。
- 云安全（Cloud Security）——需要确定将应用和数据迁移到云中可能带来的风险。

15

ATN担心如果将应用和数据交托于云提供者，他们会失去对它们的控制，导致无法遵循内部政策和电信市场的规章制度。他们还想知道现有的旧应用程序如何才能集成到新的基于云的范畴内。

为了制定一个简要的行动计划，ATN雇用了一家独立的IT咨询公司，名叫CloudEnhance，该公司在云计算IT资源过渡和集成方面的专业技术架构能力是公认的。开始的时候，CloudEnhance的咨询顾问建议进行一个评估，这个过程由五个步骤组成：

1）就一些度量因素对现有的应用进行简要的评估，例如，复杂性、业务重要性、使用频率和活跃用户数。然后，根据重要性等级对确认出来的因素进行排序，来帮助确定要被迁移到云环境中的最合适的备选应用。

2）用专有的评定工具对每个被选出来的应用程序进行更详细的评估。

3）开发出目标应用的架构，该架构能够展现出基于云的应用之间的交互、这些应用与ATN现有的基础设施和旧有系统的集成以及它们的开发和部署过程。

4）编写初步的商业案例，记录根据性能指标得出来的规划中的成本节约，例如云环境就绪的成本、应用程序改变和交互需要花费的精力、迁移和实现的简便程度，以及各种潜在的长期收益。

5）开发出一个实验性应用的详细项目计划。

ATN完成了这个过程，建立起了它的第一个原型系统，这个应用是对一个低风险业务领域进行自动化处理。在这个项目期间，ATN把该业务领域内多个使用不同技术的小应用移植到了一个PaaS平台上。因为这个原型项目获得了正面的结果和反馈，ATN决定开始一个战略性的项目，使公司其他领域也获得相似的收益。

2.2　案例研究2：DTGOV

DTGOV是一家上市公司，由美国社会保障部于20世纪80年代初期创建。基于私法（private law），将社会保障部的IT运维分散化到上市公司中，使得DTGOV拥有自治的管理结构以及非常大的灵活性来管理并逐步发展它的IT事业。

16

在创建的时候，DTGOV有大约1000名雇员，在全国60个地点有运维分支机构，运维有两个基于大型主机的数据中心。随着时间的发展，DTGOV扩张至拥有超过3000名雇员和超过300个分支机构，还拥有三个既运行大型主机又运行低端平台环境的数据中心，其主要服务是关于在美国范围内处理社会安全利益。

在过去二十年间，DTGOV扩展了其客户群体。它现在还服务其他公共事业组织，并提供基本的IT基础设施和服务，例如主机托管和服务器整合。一些客户还向DTGOV外包应用程序的运行、维护和开发。

DTGOV有大量客户合同，包括各种IT资源和服务。不过，这些合同、服务和相应的服务等级并没有标准化——都是单独与每个客户协商服务提供条件，通常都是定制的。虽然 DTGOV 并不情愿，但是它的运营还是变得越来越复杂和难以管理，这导致了效率低下和成本激增。

一段时间前，DTGOV 的董事会意识到标准化这些服务会改进整个公司的架构，这意味着要重组 IT 运维和管理模型。这个过程从硬件平台标准化开始，要创建一套定义清晰的技术生命周期、统一的购买政策和建立新的收购业务。

1. 技术基础设施与环境

DTGOV 运营着三个数据中心：一个专门存放低端平台服务器，另外两个既有大型主机平台，又有低端平台。大型主机系统是保留给美国国家社会保障部的，不能用于外包。

数据中心基础设施中机房占地约 20 000 平方英尺，主机是 100 000 多台硬件配置各异的服务器，总存储容量大约是 10 000 TB。DTGOV 的网络是有冗余的高速数据连接，以完全网状拓扑把数据中心连接起来。数据中心的因特网连接被认为是与提供商无关的，因为这些网络都连接到全国所有主要的电信运营商。

服务器整合和虚拟化项目已经进行了五年，极大地降低了硬件平台的多样性。系统化的追踪表明与硬件平台有关的投资和运行成本已经有了很大的改进。不过，由于用户服务定制化的要求，软件平台和配置还是有相当多的差异。

2. 业务目标与新策略

将 DTGOV 的所有服务标准化的最主要的战略目标是获得更高等级的成本效率和运行优化。公司成立了一个内部执行委员会，来决定这个项目的方向、目标和路线图。该委员会确认云计算为一个指导性的选择，也是进一步多样化以及改进服务和用户组合的机会。

路线图解决了下述关键问题：

- 业务收益（Business Benefit）——需要明确云计算交付模型下具体的与服务范围标准化有关的业务收益。例如，IT 基础设施和运维模型的优化怎样才能导致直接的和可测量的成本降低？
- 服务范围（Service Portfolio）——哪些服务应该变成基于云的，哪些用户应该扩展到云上？
- 技术挑战（Technical Challenge）——必须理解和说明当前技术基础设施的限制与云计算模型对运行时处理的要求之间的关系。必须尽可能地利用现有的基础设施降低开发基于云的服务所占用的前期成本。
- 定价和 SLA（Pricing and SLA）——需要制定一个适当的合同、定价和服务质量策略。必须确定合适的定价和服务等级协议（SLA）来支撑该项目。

当前第一要务是改变当前的合同格式以及确定这样会对业务产生怎样的影响。很多用户可能不想要——或者没有准备好——采用云合约和服务交付模型。当考虑到 DTGOV 当前用户中 90% 都是公共机构，通常他们没有自治性或者在短时间内转向其他运营方式的灵活性，这种现象变得更严重。因此，预计迁移的过程是长期的，如果路线图不合适、定义不够清楚，这个过程就有可能变得有风险。进一步地，还有一个重要的问题是关于政府控制的企业（public sector）的 IT 合约规则——当适用到云技术时，现有的规则可能变得无效或不明确。

3. 路线图与实现策略

为了解决前面提到的问题，DTGOV 进行了几项评估活动。第一项是对现有客户进行访问调查，了解他们对云计算的理解程度以及正在进行的与云计算有关的项目和计划。大部分的反馈是客户知道和了解一些云计算的趋势，这些都是很正面的发现。

对服务范围的调查显示了定义明确的与主机托管和主机代管相关的基础设施服务。还评估了技术专业知识和基础,确定了数据中心的运行和管理是 DTGOV IT 人员的关键专业知识领域。

基于这些发现,委员会决定:

1)选择 IaaS 作为目标交付平台来开始云计算提供项目。

2)雇用一家具有丰富云提供者专业知识和经验的咨询公司,正确确定和纠正任何可能损害本项目的业务和技术问题。

3)在两个不同的数据中心部署采用统一平台的新硬件资源,旨在建立新的、可靠的环境,用于提供最初始的由 IaaS 承载的服务。

4)确定三个计划采用基于云的服务的用户,把他们作为试点项目,定义合同条件、定价和服务等级策略和模型。

5)在公开向其他用户提供服务之前,对选定的三个用户的服务进行评估,为期六个月。

随着试点项目的进行,发布新的基于 Web 的管理环境,允许用户自助提供虚拟服务器,以及实时地 SLA 和账务追踪功能。试点项目进行得相当成功,紧接着下一步就是向其他用户开放基于云的服务。

2.3 案例研究 3:Innovartus

Innovartus 科技公司的主营业务线是开发虚拟玩具和儿童教育娱乐产品。这些服务是通过一个 Web 门户提供的,采用的是角色扮演的模型,为 PC 和移动设备创建定制化的虚拟游戏。这些游戏允许用户创建和操纵虚拟玩具(汽车、玩具娃娃、宠物),这些玩具可以与通过回答简单教育问题而获得的虚拟配件装配到一起。主要的用户人群是 12 岁以下的儿童。此外,Innovartus 还有一个社交网络环境,允许用户与他人交换商品和协作。所有这些行为家长都可以监控和跟踪,家长也可以加入游戏,为他们的孩子创建一些特殊的问题。

Innovartus 应用最有价值和创新的特色是它是一个基于自然接口概念的终端用户体验接口。用户可以通过声音命令、由网络摄像头捕获的简单姿势进行交互,还可以通过直接触摸平板电脑屏幕进行交互。

Innovartus 的门户一直是基于云的。该门户原来是通过 PaaS 平台开发的,然后一直是托管在同一家云提供者。不过最近这个环境暴露出几个技术局限性,它们影响了 Innovartus 的用户接口编程框架特性。

1. 技术基础设施与环境

Innovartus 的许多其他办公自动化解决方案(例如共享文件存储和各种生产工具)也是基于云的。企业内部的公司 IT 环境相对较小,主要由工作环境设备、笔记本电脑和图形设计工作站组成。

2. 业务目标与策略

Innovartus 已经将用于 Web 和移动应用的 IT 资源的功能多样化。公司已经加大力量国际化他们的应用;Web 网站和移动应用目前都提供五种不同的语言。

3. 路线图与实现策略

Innovartus 打算继续构建它的基于云的解决方案;不过,当前的云托管环境有些局限需要克服:

- 需要改进可扩展性以容纳增加但是不太可预测的云用户交互。
- 需要改进服务等级以避免服务中断，目前这种情况出现得要比预期频繁。
- 需要改进成本有效性，因为与其他云提供者相比，当前这家的租赁费率较高。

这些和其他一些因素导致 Innovartus 决定要迁移到一个更大、布局更全球化的云提供者。

这项迁移计划的路线图包括：

- 与有计划的迁移相关的风险和影响的技术和经济报告。
- 决策树和细致的研究项目，主要针对选择新的云提供者的标准。
- 应用的可移植性评估，确定每个现有的云服务架构有多少是当前云提供者环境专有的。

此外，Innovartus 还关心当前云提供者会如何以及多大程度上支持和协助迁移过程。

21
~
22

云计算基础

　　接下来的几章主要阐述云计算的基本概念和专业术语，本书后续章节将引用这些概念和术语。因此，即使已经熟悉了云计算基础，仍然建议读者回顾一下第 3 章和第 4 章的内容。如果对第 5 章和第 6 章涉及的相关技术和安全问题已经有所了解，那么可以有选择地跳过这两章的内容。

理解云计算

本章与第 4 章主要概述云计算及其基础。本章首先简要介绍了云计算的历史及其商业和技术驱动力，然后定义了云计算的基本概念和术语，最后阐述了使用云计算的主要优势和挑战。

3.1 起源与影响

3.1.1 简要历史

"云"中计算的想法可以追溯到效用计算的起源，这个概念是计算机科学家 John McCarthy 在 1961 年公开提出的：

"如果我倡导的计算机能在未来得到使用，那么有一天，计算也可能像电话一样成为公用设施。……计算机应用（computer utility）将成为一种全新的、重要的产业的基础。"

1969 年，ARPANET 项目（Advanced Research Project Agency Network，APRANET，为 Internet 的前身）的首席科学家 Leonard Kleinrock 表示：

"现在，计算机网络还处于初期阶段，但是随着网络的进步和复杂化，我们将可能看到'计算机应用'的扩展……"

从 20 世纪 90 年代中期开始，普通大众已经开始以各种形式使用基于 Internet 的计算机应用，比如：搜索引擎（Yahoo！、Google）、电子邮件（Hotmail、Gmail）、开放的发布平台（MySpace、Facebook、YouTube），以及其他类型的社交媒体（Twitter、LinkedIn）。虽然这些服务是以用户为中心的，但是它们普及并且验证了形成现代云计算基础的核心概念。

20 世纪 90 年代后期，Salesforce.com 率先在企业中引入远程提供服务的概念。2002 年，Amazon.com 启用 Amazon Web 服务（Amazon Web Service，AWS）平台，该平台是一套面向企业的服务，提供远程配置存储、计算资源以及业务功能。

20 世纪 90 年代早期，在整个网络行业出现了"网络云"或"云"这一术语，但其含义与现在的略有不同。它是指异构公共或半公共网络中数据传输方式派生出的一个抽象层，虽然蜂窝网络也使用"云"这个术语，但是这些网络主要使用分组交换。此时，组网方式支持数据从一个端点（本地网络）传输到"云"（广域网），然后继续传递到特定端点。由于网络行业仍然引用"云"这个术语，所以，这是相关的，并且被认为是较早采用的奠定效能计算基础的概念。

直到 2006 年，"云计算"这一术语才出现在商业领域。在这个时期，Amazon 推出其弹性计算云（Elastic Compute Cloud，EC2）服务，使得企业通过"租赁"计算容量和处理能力来运行其企业应用程序。同年，Google Apps 也推出了基于浏览器的企业应用服务。三年后，Google 应用引擎（Google App Engine）成为了另一个里程碑。

3.1.2 定义

Gartner 公司在其报告中将云计算放在战略技术领域的前沿，进一步重申了云计算是整个行业的发展趋势。在这份报告中，Gartner 公司将云计算正式定义为：

"……一种计算方式，能通过 Internet 技术将可扩展的和弹性的 IT 能力作为服务交付给外部用户。"

这个定义对 Gartner 公司 2008 年的原始定义做了一点修订，将原来的"大规模可扩展性"修改为"可扩展的和弹性的"。这表明了可扩展性与垂直扩展能力相关的重要性，而不仅仅与规模庞大相关。

Forrester Research 公司将云计算定义为：

"……一种标准化的 IT 性能（服务、软件或者基础设施），以按使用付费和自助服务方式，通过 Internet 技术进行交付。"

该定义被业界广泛接受，它是由美国国家标准与技术研究院（NIST）制定的。早在 2009 年，NIST 就公布了其对云计算的原始定义，随后在 2011 年 9 月，根据进一步评审和企业意见，发布了修订版定义：

27

"云计算是一种模型，可以实现随时随地、便捷地、按需地从可配置计算资源共享池中获取所需的资源（例如，网络、服务器、存储、应用程序及服务），资源可以快速供给和释放，使管理的工作量和服务提供者的介入降低至最少。这种云模型由五个基本特征、三种服务模型和四种部署模型构成。"

本书给出了云计算更为简洁的定义：

"云计算是分布式计算的一种特殊形式，它引入效用模型来远程供给可扩展和可测量的资源。"

这个简化定义与之前云计算行业中其他组织定义的版本是一致的。NIST 定义中提到的特性、服务模型与部署模型将在第 4 章中进一步讨论。

3.1.3　商业驱动力

在深入探究层层云技术之前，首先要理解导致行业领导者进行创造的动机。本节将要介绍若干激励现代云技术的主要商业驱动力。

后续章节中阐述了各种特性、模型与机制，它们的起源和灵感都来源于下面将要介绍的商业驱动力。这些驱动力从两端影响着云的形成和整个云计算市场，注意到这一点是很重要的。它们促使企业为了支持其自动化需求而采用云计算。同时它们也使得其他组织成为云环境和技术的提供者，创造并满足用户需求。

1. 容量规划

容量规划是确定和满足一个组织未来对 IT 资源、产品和服务需求的过程。这里的"容量"（capacity）是指在一段给定时间内，一个 IT 资源能够提供的最大工作量。IT 资源容量与其需求之间的差异会导致系统效率低下（过度配置）或是无法满足用户需求（配置不足）。容量规划的重点就是将这个差异最小化，以便系统获得预期的效率和性能。

28

容量规划策略分为如下三种类型：

- 领先策略（Lead Strategy）——根据预期增加 IT 资源的容量。
- 滞后策略（Lag Strategy）——当 IT 资源达到其最大容量时增加资源容量。
- 匹配策略（Match Strategy）——当需求增加时，小幅增加 IT 资源容量。

由于需要估计"使用负载"的变化，因此，容量规划颇具挑战性。在不过度配置基础设施的同时，要不断平衡峰值使用需求。比如，若按照最大使用负载配置 IT 资源，就会出现不合理的资金投入。反之，有限的投资就会导致配置不足，导致由于使用限度降低而出现交易损失和使用受限。

2. 降低成本

IT 成本与业务性能之间的恰好平衡是很难保持的。IT 环境的扩展总是与对其最大使用需求的评估相对应，这可以让不断增加的投资自动支持新的、扩展的业务。大部分所需资金都注入到基础设施的扩建中，这是因为，给定的自动化解决方案的使用潜力总是受限于底层基础设施的处理能力。

需要考虑的成本分为两种：获得新基础设施的成本和保有其所有权的成本。运营开销在 IT 预算中占了相当大一部分，往往超过了前期投资成本。

常见的与基础设施相关的运营成本有如下几种形式：

- 为保证环境正常运行所需的技术人员。
- 引入额外测试和部署周期的更新和补丁。
- 电源和制冷所需的水电费和资金支出。
- 维护和加强基础设施资源保护的安全和访问控制措施。
- 为跟踪许可证和支持部署安排所需要的行政和财务人员。

持续的内部技术基础设施所有权带来的是沉重责任，这会对企业预算造成多重影响。因此，IT 部门可能成为一个主要的——有时甚至是绝对的——花钱部门，它能潜在地抑制企业的反应能力、盈利能力和总体发展。

3. 组织灵活性

企业需要有适应和进步的能力，以便成功应对由于各种因素而导致的变化。组织灵活性是组织对变化响应程度的衡量。

IT 企业常常需要应对行业变化，通常采取的措施是在原来预期或计划的 IT 资源规模上进行扩展。比如，若预算不足，使得原来的容量规划打了折扣，那么即使预见到使用波动，不足的基础设施也可能妨碍组织对此作出响应。

在其他情况下，变化的业务需求和优先级也会要求 IT 资源具备更高的可用性和可靠性。比如，即使有足够的基础设施来应对预期的使用波动，也可能由于应用自身的特点降低托管服务器的性能，造成运行异常。由于在基础设施内缺乏可靠性控制，那么，对用户或用户需求的响应可能会导致业务的持续性受到威胁。

从更广泛的范围来说，采用新的或是扩展业务自动化解决方案，所需要的预付投资以及基础设施所有权成本可能会使企业望而却步。企业会勉强接受差强人意的 IT 基础设施质量，因而降低企业满足现实世界需求的能力。

更糟的是，企业在审查其基础设施预算后，可能决定完全不采用自动化解决方案，原因非常简单，那就是企业无法负担该预算。但是，这种无法应对的结果将使得企业无法紧跟市场需求、对抗竞争压力以及实现其战略目标。

3.1.4 技术创新

成熟技术通常是新技术创新的灵感来源，它是新技术创新衍生和建立的实际基础。本节简要介绍了对云计算产生主要影响的前期技术。

1. 集群化

集群是一组互联的独立 IT 资源，以整体形式工作。由于集群固有的冗余和容错特性，当其可用性和可靠性提高时，系统故障率就会降低。

硬件集群的一个必备条件是，它的组件系统由基本相同的硬件和操作系统构成。这样，当一个故障组件被其他组件替代后，集群仍能达到差不多的性能水平。构成集群的组件设备通过专用的高速通信链路来保持同步。

内置冗余和故障转移是云平台的核心概念。在第 8 章中，集群概念将作为资源集群（Resource Cluster）机制的一部分来进一步讨论。

2. 网格计算

计算网格（或"计算的网格"）为计算资源提供了一个平台，使其能组织成一个或多个逻辑池。这些逻辑池统一协调为一个高性能分布式网格，有时也称为"超级虚拟计算机"。网格计算与集群的区别在于，网格系统更加松耦合，更加分散。因此，网格计算系统可以包含异构的，且处于不同地理位置的计算资源，而集群计算系统一般不具备这种特性。

从 20 世纪 90 年代早期开始，网格计算作为计算科学的一部分，其研究工作一直持续着。网格计算项目取得的技术成就影响了云计算平台和机制的方方面面，尤其是通用特性，比如网络接入、资源池、可扩展性和可恢复性。这些特性均以各自特有的形式呈现在网格计算和云计算中。

比如，网格计算以中间件层为基础，这个中间件层是在计算资源上部署的。这些 IT 资源构成一个网格池，实现一系列负载分配和协调功能。中间层可以包含负载均衡逻辑、故障转移控制和自动配置管理，这些都启发了类似的——有些甚至是更复杂的——云计算技术。因此，有些观点认为云计算是早期网格计算的衍生品。

31

3. 虚拟化

虚拟化是一个技术平台，用于创建 IT 资源的虚拟实例。虚拟化软件层允许物理 IT 资源提供自身的多个虚拟映像，这样多个用户就可以共享它们的底层处理能力。

虚拟化技术出现之前，软件只能被绑定在静态硬件环境中。而虚拟化则打断了这种软硬件之间的依赖性，因为在虚拟化环境中运行的仿真软件可以模拟对硬件的需求。

在一些云特性和云计算机制中能发现现有的虚拟化技术的影子，这些技术启发了云计算的某些核心特性。随着云计算的演化，出现了现代虚拟化技术，这些技术克服了传统虚拟化平台在性能、可靠性和可扩展性等方面的局限性。

作为当代云技术的基础，现代虚拟化技术提供了各种虚拟化类型和技术层次，具体内容将在第 5 章中分别进行讨论。

4. 技术创新与使能技术

还有其他几个技术也很重要，它们一直都影响着现代云平台技术。这就是云使能技术（cloud-enabling technology），第 5 章将具体讨论其中的内容：

- 宽带网络和 Internet 架构
- 数据中心技术
- （现代）虚拟化技术
- Web 技术
- 多租户技术
- 服务技术

在云计算正式出现之前，每种云使能技术都以某种形式存在着。随着云计算的演进，有些技术更加精进了，而有些技术则被重新定义了。

32

关键点小结

● 体现了云计算需求并导致其形成的主要商业驱动力：容量规划，降低成本和组织灵活性。

● 影响并启发了云计算关键特征的主要技术创新：集群技术，网格计算和传统虚拟化技术。

3.2 基本概念与术语

本节主要阐述一组基础术语，这些术语代表了云及其最基本部件的基本概念和特点。

3.2.1 云

云（cloud）是指一个独特的 IT 环境，其设计目的是为了远程供给可扩展和可测量的 IT 资源。这个术语原来用于比喻 Internet，意为 Internet 在本质上是由网络构成的网络，用于对一组分散的 IT 资源进行远程访问。在云计算正式成为 IT 产业的一部分之前，云符号作为 Internet 的代表，出现在各种基于 Web 架构的规范和主流文献中。现在，同样的符号则专门用于表示云环境的边界，如图 3-1 所示。

区分术语"云"、云符号与 Internet 是非常重要的。作为远程供给 IT 资源的特殊环境，云具有有限的边界。通过 Internet 可以访问到许多单个的云。

图 3-1   云符号用于表示云环境的边界

Internet 提供了对多种 Web 资源的开放接入，与之相比，云通常是私有的，而且对提供的 IT 资源的访问也是需要计量的。

Internet 主要提供了对基于内容的 IT 资源的访问，这些资源是通过万维网发布的。而对于由云环境提供的 IT 资源来说，主要提供的是后端处理能力和对这些能力进行基于用户的访问。另一个关键区别在于，虽然云通常是基于 Internet 协议和技术的，但是它并非必须基于 Web。这里的协议是指一些标准和方法，它们使得计算机能以预先定义好的结构化方式相互通信。而云可以基于任何允许远程访问其 IT 资源的协议。

注释

本书图示中用地球符号表示 Internet。

3.2.2 IT 资源

IT 资源（IT resource）是指一个与 IT 相关的物理的或虚拟的事物，它既可以是基于软件的，比如虚拟服务器或定制软件程序，也可以是基于硬件的，比如物理服务器或网络设备（如图 3-2 所示）。

图 3-3 表示的是如何用云符号来定义一个云环境的边界，这个云环境容纳并提供了一组 IT 资源。图中所示的这些 IT 资源就被认为是基于云的。

本书含有大量如图 3-3 一样的图示，它们给出了涉及 IT 资源的技术架构和各种交互场景。在学习和使用这些图时，需要注意以下两点：

- 一个给定云符号边界中画出的 IT 资源并不代表这个云中包含的所有可用 IT 资源。为了说明一个特定的话题，通常只突出显示一部分 IT 资源。
- 当重点集中在一个问题的某些方面时，就需要特意用抽象图示来表示底层技术架构。这就意味着，在图示中只会显示实际技术的部分细节。

物理服务器　　虚拟服务器　　软件程序　　　服务　　　存储设备　　网络设备

图 3-2　常见 IT 资源及其对应符号示例

图 3-3　一个包含了 8 个 IT 资源的云，其中有 3 个虚拟服务器、2 个云服务和 3 个存储设备

此外，还有些图示中有些 IT 资源在云符号之外，这表示这些资源不是基于云的。 |35|

注释
图 3-2 中的虚拟服务器 IT 资源将在第 5 章和第 7 章进行深入讨论。物理服务器有时也被称为物理主机（physical host）（或简称主机），这是因为它们负责承载虚拟服务器。

3.2.3　企业内部的

作为一个独特且可以远程访问的环境，云代表了 IT 资源的一种部署方法。处于一个组织边界（并不特指云）中的传统 IT 企业内部承载的 IT 资源被认为是位于 IT 企业内部的，简称为内部的（on-premise）。换句话说，术语"内部的"是指"在一个不基于云的可控的 IT 环境内部的"，它和"基于云的"是对等的，用来对 IT 资源进行限制。一个内部的 IT 资源不可能是基于云的，反之亦然。

有三点需要注意：

- 一个内部的 IT 资源可以访问一个基于云的 IT 资源，并与之交互。
- 一个内部的 IT 资源可以被迁移到云中，从而成为一个基于云的 IT 资源。
- IT 资源既可以冗余部署在内部的环境中，也可以在云环境中。

如果在私有云（参见第 4 章 4.4 节）中，难以区分是企业内部的 IT 资源还是基于云的 IT 资源，那么就需要使用明确的限定词。

3.2.4　云用户与云提供者

提供基于云的 IT 资源的一方称为云提供者（cloud provider），使用基于云的 IT 资源的一方称为云用户（cloud consumer）。这两个术语通常代表的是与云及相应云供应合同相关的组织所承担的角色。这些角色将在第 4 章 4.1 节中进行正式定义。

36

3.2.5　可扩展性

从 IT 资源的角度来看，可扩展是指 IT 资源可以处理增加或减少的使用需求的能力。

可扩展主要有两种类型：

- 水平扩展——向外或向内扩展
- 垂直扩展——向上或向下扩展

下面分别对这两种扩展类型进行说明。

1. 水平扩展

分配和释放 IT 资源都属于水平扩展（horizontal scaling），如图 3-4 所示。水平分配资源也称为向外扩展（scaling out），水平释放资源也称为向内扩展（scaling in）。水平扩展是云环境中一种常见的扩展形式。

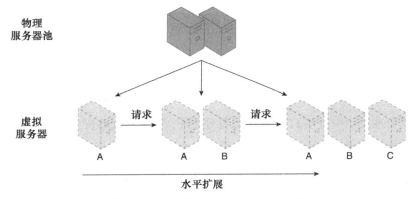

图 3-4　一个 IT 资源（虚拟服务器 A）进行了扩展，增加了更多同样的 IT 资源（虚拟服务器 B 和 C）

2. 垂直扩展

当一个现有 IT 资源被具有更大或更小容量的资源所代替，则为垂直扩展（vertical scaling），如图 3-5 所示。被具有更大容量的 IT 资源代替，称为向上扩展（scaling up），被具有更小容量的 IT 资源代替，称为向下扩展（scaling down）。由于垂直扩展在进行替换时需要停机，因此，这种形式的扩展在云环境中不太常见。

37

表 3-1 简单对比了水平扩展和垂直扩展各自常见的优势和不足。

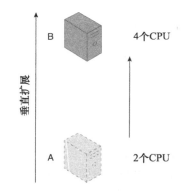

图 3-5　一个 IT 资源（一个包含 2 个 CPU 的虚拟服务器）进行了向上扩展，将其替换为一个更强的资源，增加了数据存储容量（一个包含 4 个 CPU 的虚拟服务器）

表 3-1　水平扩展与垂直扩展对比

水 平 扩 展	垂 直 扩 展
更便宜（使用商品化的硬件组件）	更昂贵（专用服务器）
IT 资源立即可用	IT 资源通常为立即可用
资源复制和自动扩展	通常需要额外设置
需要额外 IT 资源	不需要额外 IT 资源
不受硬件容量限制	受限于硬件最大容量

3.2.6　云服务

虽然云是可以远程访问的环境，但并非云中所有 IT 资源都可以被远程访问。比如，一个云中的数据库或物理服务器有可能只能被这个云中的其他 IT 资源访问。而有公开发布的 API 的软件程序可以专门部署为允许远程客户访问。

云服务（cloud service）是指任何可以通过云远程访问的 IT 资源。与其他 IT 领域中的服务技术——比如面向服务的架构——不同，云计算中"服务"一词的含义非常宽泛。云服务可以是一个简单的基于 Web 的软件程序，使用消息协议就可以调用其技术接口；或者是管理工具或更大的环境和其他 IT 资源的一个远程接入点。

如图 3-6 所示，在图中圆形符号表示云服务，这个云服务是一个简单的基于 Web 的软件程序。而在右图中，根据云服务提供的访问特性，使用了另一种不同的 IT 资源符号。

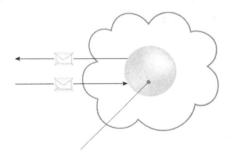
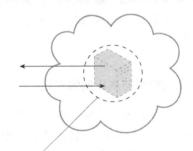

云服务：可远程访问的Web服务　　　　云服务：可远程访问的虚拟服务器

图 3-6　具有已发布技术接口的云服务被云外用户访问（左）。作为云服务的虚拟服务器也可以被云边界之外访问（右）。左边的云服务很有可能被用户程序调用，程序会访问云服务的已发布的技术接口。右边的云服务可以被用户访问，用户远程登录到该虚拟服务器上

云计算背后的推动力是以服务的形式提供 IT 资源，这些服务封装了其他 IT 资源，并向客户端提供远程使用功能。现在已经出现了多种通用云服务类型的模型，其中大部分都以"作为服务"（as-a-service）作为后缀。

注释

云服务使用条件通常表示为服务水平协议（SLA），这是云提供者和云用户之间签订的服务条款，主要规定了 QoS 特点、行为、云服务限制以及其他条款。

SLA 提供了与 IT 结果相关的各种可测量特征的细节，比如正常运行时间、安全特性以及其他特定的 QoS 特性——可用性、可靠性和性能。由于云用户不了解服务是如何实现的，因此 SLA 就成为了一个重要的规范。有关 SLA 的细节将在第 16 章讨论。

3.2.7　云服务用户

云服务用户（cloud service consumer）是一个临时的运行时角色，由访问云服务的软件程序担任。

如图 3-7 所示，云服务用户常见类型包括：能够通过已发布的服务合同远程访问云服务的软件程序和服务，以及运行某些软件的工作站、便携电脑和移动设备，这些软件可以远程访问被定位为云服务的其他 IT 资源。

图 3-7　云服务用户示例。根据图示，被标记为云服务用户的可以是软件程序，也可以是硬件设备（这意味着，该设备运行的程序扮演了云服务用户的角色）

3.3　目标与收益

本节介绍采用云计算的常见收益。

> **注释**
>
> 下文将出现"公有云"（public cloud）和"私有云"（private cloud），这两个术语的含义将在第 4 章中介绍。

3.3.1　降低的投资与成比例的开销

与批发商以更低价格购买商品一样，公有云提供者基于其商业模型大量采购 IT 资源，然后通过在价格上具有吸引力的租赁套餐提供给云用户。这使得有需要的组织不需自行购买就可以使用到强大的基础设施。

云 IT 资源投资中最常见的经济理念是减少或彻底消除前期 IT 投资，也就是软 / 硬件的采购和拥有的成本。云的可测使用特征是一个特性集合，它允许用可测的运营支出（直接关系到企业绩效）来代替预期资本投入。这也被称为成比例的成本（proportional cost）。

消除或最小化前期经济投入的观念可以使企业从小规模开始，然后根据需求相应地增加 IT 资源配置。此外，减少前期资本投入还可以使资本重新用于核心业务投资。归根结底，降低成本的机会来自于主要云提供者部署和运营的大型数据中心。通常，这些数据中心所处的位置是能以较低价格获得足够房屋空间、IT 专业人员和网络带宽的地方，因此节省了资金和运营成本。

同样的理念也引入到操作系统、中间件或平台软件以及应用软件中。可用的 IT 资源池被多个云用户共享，这样会提高利用率，甚至能达到可能的最大利用率。通过行之有效的做法以及对云架构和管理的优化，可以进一步降低运营成本和低效率。

云用户能获得的常见可测收益包括：
- 可以短期按需访问按使用付费的计算资源（如按小时使用处理器），并在不需要的时候释放这些资源。

- 感觉上在需要时可以获得无限的计算资源，因此减少了资源供给的需求。
- 可以细粒度地增加或删除 IT 资源，比如，按照 1G 的幅度增减可用的存储磁盘空间。　41
- 基础设施抽象化，这样应用不会与设备或位置绑定，可以在需要时方便地迁移。

例如，公司有一批相当数量的以批处理为中心的任务，应用软件的可扩展性有多好，这批任务就能多快完成。100 台服务器使用 1 小时与 1 台服务器使用 100 个小时的耗费是相同的。IT 资源的这种"灵活性"使得企业无需为了建设大规模计算基础设施而产生过高的初始投资，这是极具吸引力的。

尽管了解云计算的经济优势比较容易，但实际的经济计算和评估却是复杂的。是否使用云计算远远不是将租赁和购买成本进行简单比较就可以决定的。比如，过度配置（利用率不足）和配置不足（过度使用）情况下的动态扩展和风险转移带来的经济收益也必须要考虑。关于详细的经济比较和评估的常用标准和公式将在第 15 章中进行探讨。

注释
通过云降低成本的另一个方式是"作为服务"的使用模式。对云用户而言，IT 资源配置的技术和操作实现细节都被抽象了，并将其打包为"就绪可用"（ready-to-use）或"现成"（off-the-shelf）的解决方案。与企业内部的（on-premise）方案相比，完成同样的任务，这些基于服务的产品可以简化和加快 IT 资源的开发、部署和管理。由此显著减少了时间和需要掌握的 IT 专业技术，这也成为采用云计算的好理由。

3.3.2　提高的可扩展性

通过提供 IT 资源池，以及设计用来使用这些资源池的工具和技术，云可以即时地、动态地向云用户按需或按用户的直接配置来分配 IT 资源。这使得云用户可以根据处理需求的波动和峰值来自动或手动地扩展其云 IT 资源。同样，当处理需求减少时，也可以（自动地或手动地）释放出 IT 资源。

图 3-8 显示的是一个 24 小时内使用需求波动的简单例子。

提供可灵活扩展的 IT 资源是云固有的、天生的特性，这个特性与前述的成比例的成本收益直接相关。除了自动减少资源所带来的明显经济收益之外，IT 资源总是可以满足和实现不可预知的用户需求，这个能力避免了在使用需求到达阈值时可能出现的损失。

42

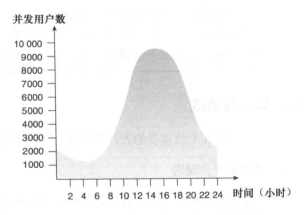

图 3-8　一个组织一天的 IT 资源需求变化

注释
把提高的可扩展性的收益与 3.1.3 节中介绍的容量规划策略关联起来，由于云所具备的按需扩展 IT 资源的能力，滞后和匹配策略通常更加适用。

3.3.3　提高的可用性和可靠性

IT 资源的可用性和可靠性都与实际的企业利益直接相关。停机限制了 IT 资源为用户服务的时间，从而也限制了其用法和产生收益的潜力。而在使用高峰期，没有立即纠正的运行故障会造成更严重的影响。不仅 IT 资源无法响应用户请求，而且意外故障也会降低用户的总体信心。

典型云环境的一个标志性特点是它具备提供广泛支持的内在能力，这种能力可以增强云 IT 资源的可用性，最小化甚至消除停机时间，以及增强其可靠性，从而将运行故障影响降到最低。

具体含义为：

- 可用性更高的 IT 资源具有更长的可访问时间（比如，一天 24 小时里可以访问 22 小时）。云提供者通常提供"可恢复的"IT 资源，以便能够保证高水平的可用性。
- 具有更强可靠性的 IT 资源能更好地避免意外情况，或是从中更快恢复。云环境的模块化架构为故障转移提供了广泛的支持，从而增强了可靠性。

在考虑租赁云服务和云 IT 资源时，云用户组织需要仔细审查云提供者给出的 SLA。尽管许多云环境能够提供相当高的可用性和可靠性，但是通常 SLA 中的保证条款才代表它们实际的合同义务。

关键点小结

- 云环境由相当广泛的基础设施组成，提供了"按使用付费"模式租赁的 IT 资源池，即 IT 资源仅根据实际使用情况计费。与相同的企业内部环境相比，云具备减少初期投资以及与可测使用情况成正比的运营成本的能力。
- 扩展 IT 资源是云的固有能力，这能让使用云的企业适应无法预测的使用变化，不会因为受限于预设的阈值而拒绝用户请求。相反，按需减少资源扩展也是云的一个功能，它直接与成比例的成本收益相关。
- 利用云环境使 IT 资源变得高度可用和可靠，企业能向用户提供更高的服务质量保证，同时，还能进一步降低或避免出现意外运行故障时可能带来的损失。

3.4　风险与挑战

本节将描述几个最重要的云计算挑战，它们主要与使用公共云资源的云用户相关。

3.4.1　增加的安全漏洞

将业务数据迁移到云中，意味着云提供者要分担数据安全的责任。远程使用 IT 资源需要云用户将信任边界扩展到外部云。建立包含这样的信任边界的安全架构同时又不引入安全漏洞是非常困难的，除非云用户和云提供者碰巧支持的是相同或兼容的安全架构，而这一点对于公共云而言是不太可能的。

重叠信任边界的另一个后果与云提供者可以访问用户数据的特权相关。目前，云用户和云提供者双方采用的安全控制和策略决定着数据安全的程度。此外，云 IT 资源通常是共享的，基于这一事实，不同云用户的信任边界可能重叠。

重叠的信任边界和不断增加的数据曝光给恶意云用户（人和自动化工具）提供了更多攻击 IT 资源、偷窃或破坏企业数据的机会。图 3-9 提供了一个示例，两个组织需要访问同一个云服务，这要求它们将各自的信任边界都扩展到这个云，从而出现了信任边界重叠。对云提供者而言，提供可以满足两个云服务用户安全需求的安全机制是一项挑战。

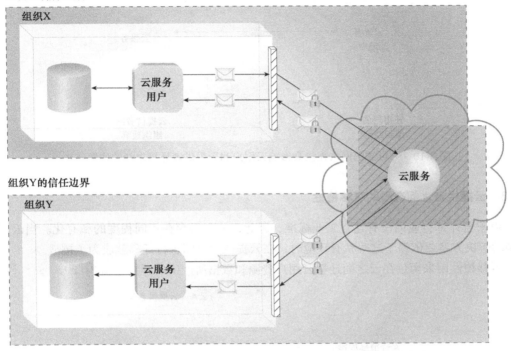

图 3-9　带斜纹的阴影部分表示两个组织的信任边界发生了重叠

信任边界重叠是一个安全威胁，这一点将在第 6 章中进行详细的讨论。

3.4.2　降低的运营管理控制

云用户对云资源的管理控制通常是低于对企业内部 IT 资源的管理控制的。因此，云提供者如何操作云以及云和云用户之间进行通信所需的外部连接都可能引入风险。

考虑以下情况：

- 一个不可靠的云提供者可能不会遵守对它的云服务发布的 SLA 保证。对于使用这些云服务的用户来说，这将威胁到它们的解决方案的质量。
- 云用户和云提供者之间较长的地理距离可能需要更多的网络跳数，这导致了延迟波动和可能的带宽受限。

图 3-10 对第二种情况进行了说明。

SLA、技术检查、监控与法律合同相结合，可以减少管理风险和问题。按照云计算"作为服务"的本质，通过 SLA 可以建立云管理系统。云用户必须持续跟踪云提供者提供的实际服务水平和其他保证。

需要注意的是，不同的云交付模型会向云用户提供不同级别的操作控制。相关内容将在第 4 章中进一步讨论。

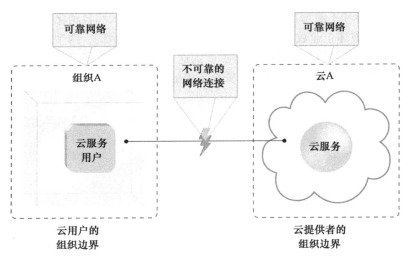

图 3-10 不可靠的网络连接会影响云用户和云提供者环境之间的通信质量

3.4.3 云提供者之间有限的可移植性

由于云计算行业内没有建立工业标准，因此，公有云存在不同程度的私有化。当云用户定制的解决方案要依赖于这些私有环境时，在云提供者之间进行迁移就成为了挑战。

可移植性用来衡量在云之间迁移云用户资源和数据所产生的影响（图 3-11）。

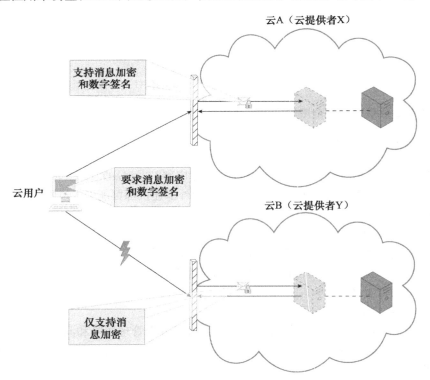

图 3-11 对云用户的应用从云 A 迁移到云 B 进行评估，其可移植性不高，因为云 B 提供者不支持和云 A 提供者一样的安全技术

3.4.4　多地区法规遵循和法律问题

第三方云提供者常常在可负担的或是方便的地理位置建立数据中心。当云用户的 IT 资源和数据被公共云处理时，他们通常不会意识到这些资源和数据的位置。对某些组织来说，这可能会造成严重的法律问题，因为这关系到规定了数据隐私和存储政策的行业或政府法规。比如，一些英国法律规定，英国公民的个人数据只能留在英国境内。

另一个潜在的法律问题涉及数据的获得和公开。有些国家的法律规定，某些类型的数据必须向某些政府机构或数据主体公开。例如，一个位于美国的欧洲云用户的数据，与位于许多欧盟国家相比，（由于美国爱国者法案）会更容易被政府机构访问到。 [48]

大多数监管框架认识到，即使数据是由外部云提供者处理的，最终也是云用户组织对它们自己数据的安全性、完整性和存储负责。

关键点小结

- 云环境会引入不同的安全挑战，其中的一些与信任边界重叠有关，这些重叠是由于多个云用户共享一个云提供者的 IT 资源造成的。
- 根据云提供者在其平台上提供的控制，云用户的运营控制受限于云环境。
- 云的私有特征可能会抑制云 IT 资源的可移植性。
- 当数据和 IT 资源被第三方云提供者处理时，其地理位置可能会在云用户控制之外，这可能会引起各种法律和法规问题。

[49 ~ 50]

第 4 章

Cloud Computing: Concepts, Technology & Architecture

基本概念与模型

本章几节内容是有关领域的介绍性话题，这些话题包括云分类和云基础模型的定义及其最常见的服务提供，还包括组织角色的定义和一组具体的特性，这些特性共同地区分了不同的云。

4.1 角色与边界

依照他们与云以及承载云的 IT 资源之间的关系和 / 或如何与它们进行交互，组织机构与人可以担任不同类型的、事先定义好的角色。每个角色参与基于云的活动并履行与之相关的职责。接下来的小节将定义这些角色，确定他们之间主要的相互作用。

4.1.1 云提供者

提供基于云的 IT 资源的组织机构就是云提供者（cloud provider）。如果角色是云提供者，则该组织机构要依据每个 SLA 保证，负责向云用户保证云服务可用。云提供者还有一个任务就是必要的管理和行政职责，保证整个云基础设施的持续运行。

云提供者通常拥有 IT 资源，这些 IT 资源可供云用户租用；不过，有些云提供者也会"转售"从其他云提供者那里租来的 IT 资源。

4.1.2 云用户

云用户（cloud consumer）是组织机构（或者人），他们与云提供者签订正式的合同或者约定来使用云提供者提供的可用的 IT 资源。具体来说，云用户使用云服务用户（a cloud service consumer）来访问云服务（图 4-1）。

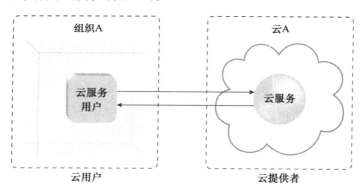

图 4-1 云用户（组织 A）与来自云提供者（拥有云 A）的云服务进行交互。在组织 A 内，使用云服务
　　　　用户来访问云服务

本书中的图并不总是明确地标明"云用户"。相反，通常远程访问基于云的 IT 资源的组

织或者人就被认为是云用户。

注释
在描述基于云的 IT 资源和用户组织之间的交互场景时，本书没有严格的规则来表明该如何使用术语"云服务用户"和"云用户"。前者通常用来标识以编程方式与云服务的技术约定或 API 进行接口的软件程序或者应用。后一个术语更宽泛，可以用来标识一个与云、基于云的 IT 资源或云提供者交互的组织、访问用户接口的个人，或是承担云用户角色的软件程序。"云用户"这一术语的广泛适用性是有意为之，这样就允许在不同的图中使用这一术语，这些图可以在各种技术和业务背景下探讨各种不同类型的用户 – 提供者关系。

4.1.3　云服务拥有者

　　在法律上拥有云服务的个人或者组织称为云服务拥有者（cloud service owner）。云服务拥有者可以是云用户，或者是拥有该云服务所在的云的云提供者。

　　例如，云 X 的云用户或是云 X 的云提供者可以拥有云服务 A（图 4-2 和图 4-3）。

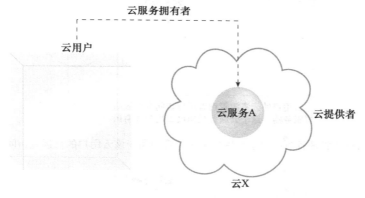

图 4-2　当云用户在云中部署了自己的服务，它就变成了云服务拥有者

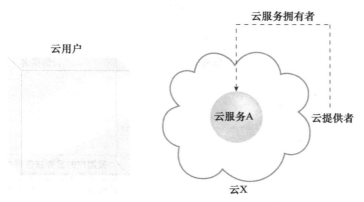

图 4-3　如果云提供者部署了自己的云服务，通常是供其他云用户来使用的，它就变成了云服务拥有者

　　注意，拥有第三方云托管的云服务的云用户不一定是该云服务的使用者（或者用户）。为

了向一般公众提供可用的云服务，一些云用户在其他方拥有的云中开发和部署云服务。

云服务拥有者之所以不叫云资源拥有者是因为云服务拥有者这一角色只适用于云服务（正如第 3 章中解释过的，它们是位于云中而外部又可以访问的 IT 资源）。

4.1.4 云资源管理者

云资源管理者（cloud resource administrator）是负责管理基于云的 IT 资源（包括云服务）的人或者组织。云资源管理者可以是（或者说属于）云服务所属的云的云用户或云提供者。还一种可能性是，云资源管理者可以是（或者说属于）签订了合约来管理基于云的 IT 资源的第三方组织。

例如，云服务拥有者可以签约一家云资源管理者来管理云服务（图 4-4 和图 4-5）。

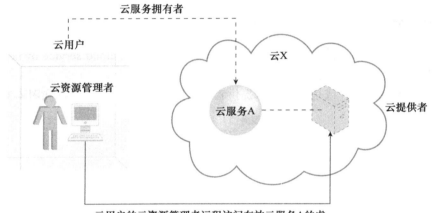

图 4-4　云资源管理者可以属于云用户组织，管理属于该云用户的可远程访问的 IT 资源

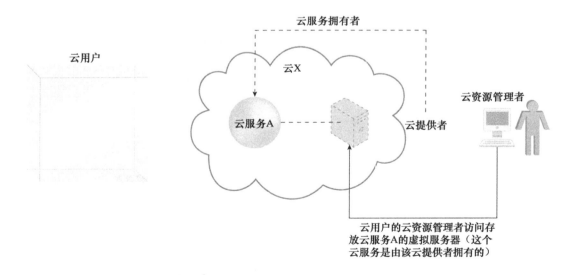

图 4-5　云资源管理者可以属于云提供者组织，为云提供者组织管理其内部和外部可用的 IT 资源

之所以不把云资源管理者称为"云服务管理者",是因为这个角色可能要管理不以云服务形式存在但又基于云的 IT 资源。例如,如果云资源管理者属于云提供者(或者与之签订有合同),那么不能通过远程访问的 IT 资源可以由这样的角色来管理(而这种类型的 IT 资源不归类为云服务)。

4.1.5 其他角色

NIST 云计算参考架构定义了下述补充角色:

云审计者(Cloud Auditor)——对云环境进行独立评估的第三方(通常是通过认证的),承担的是云审计者的角色。这个角色的典型责任包括安全控制评估、隐私影响以及性能评估。云审计者这一角色的主要目的是提供对云环境的公平评价(和可能的背书),帮助加强云用户和云提供者之间的信任关系。

云代理(Cloud Broker)——这个角色要承担管理和协商云用户和云提供者之间云服务使用的责任。云代理提供的仲裁服务包括服务调解、聚合和仲裁。

云运营商(Cloud Carrier)——负责提供云用户和云提供者之间的线路级连接。这个角色通常由网络和电信提供商担任。

虽然上述角色都是合理的,但是本书中涉及的大多数架构场景都不包括这些角色。

4.1.6 组织边界

组织边界(organizational boundary)是一个物理范围,包括由一家组织拥有和管理的 IT 资源的集合。组织边界不表示组织实际的边界,只是该组织的 IT 资产和 IT 资源。类似地,云也有组织边界(图 4-6)。

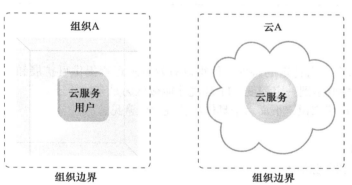

图 4-6 云用户(左图)和云提供者(右图)的组织边界,以虚线表示

4.1.7 信任边界

当一个组织的角色是云用户,要访问基于云的 IT 资源时,它需要将信任扩展到该组织的物理边界之外,把部分云环境包括进来。

信任边界(trust boundary)是一个逻辑范围,通常会跨越物理边界,表明 IT 资源受信任的程度(图 4-7)。在分析云环境的时候,信任边界最常与作为云用户的组织发出的信任关联到一起。

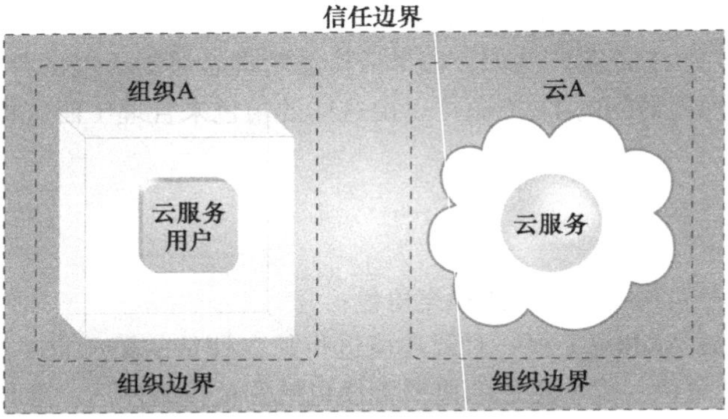

图4-7 扩展的信任边界包括云提供者和云用户的组织边界

注释
另一种与云环境相关的边界类型是逻辑网络边界。这种类型的边界被定义为一种云计算机制，会在第7章中讲到。

关键点小结
● 与基于云的交互和关系相关的常见角色包括云提供者、云用户、云服务拥有者和云资源管理者。 ● 组织边界代表着一个组织拥有和管理的IT资源的物理范围。信任边界是逻辑范围，包括一个组织信任的IT资源。

4.2 云特性

IT环境要求有一组特定的特性，使得以有效方式远程提供可扩展和可测量的IT资源成为可能。这些特性要达到一定程度，IT环境才能被认为是有效的云。

对大多数云环境来说，下面六个具体的特性比较常见：

- 按需使用
- 随处访问
- 多租户（和资源池）
- 弹性
- 可测量的使用
- 可恢复性

要衡量一个给定的云平台所提供的价值，云提供者和云用户可以分别评估每个特性，也可以综合起来评估。虽然对于每个特性，基于云的服务和IT资源能够继承和展现的程度不同，但是对特性支持和利用的程度越高，得到的价值也越高。

注释
NIST的云计算定义只规定了五个特性，不包括可恢复性。另一种与云环境相关的边界类型是逻辑网络范围。这种类型的边界被定义为一种云计算机制，会在第7章中讲到。

4.2.1 按需使用

云用户可以单边访问基于云的 IT 资源，给予云用户自助提供 IT 资源的自由。一旦配置好了，对自助提供的 IT 资源的访问可以自动化，不再需要云用户或是云提供者的介入。这就是按需使用（on-demand usage）的环境，也称为"按需自助服务使用"，主流云中可以找到的基于服务的特性和使用驱动的特性是由按需使用的特性促成的。

4.2.2 泛在接入

泛在接入（ubiquitous access）是一个云服务可以被广泛访问的能力。要使云服务能泛在接入可能需要支持一组设备、传输协议、接口和安全技术。要支持这种等级的访问，通常需要剪裁云服务架构来满足不同云服务用户的特殊需求。

4.2.3 多租户（和资源池）

一个软件程序的实例能够服务不同的用户（租户），租户之间是互相隔离的，使得软件程序具有这种能力的特性称为多租户（multitenancy）。云提供者把它的 IT 资源放到一个池子里，使用多租户模型来服务多个云服务用户，这些模型通常依赖于虚拟化技术的使用。通过使用多租户技术，可以根据云服务用户的需求动态分配及再分配 IT 资源。

资源池允许云提供者把大量 IT 资源放到一起为多云用户服务。不同的物理和虚拟 IT 资源是根据云用户的需求动态分配和再分配的。资源池常常是通过多租户技术来实现的，因此具有多租户的特性。更详细的说明请参考 11.2 节。 |59|

图 4-8 和图 4-9 说明了单租户和多租户环境之间的区别。

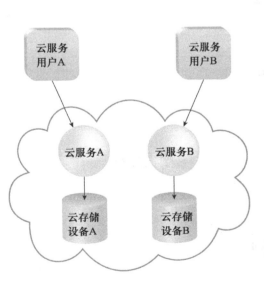

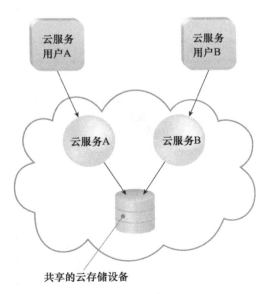

图 4-8 在单租户环境中，每个云用户都有单独的 IT 资源实例

图 4-9 在多租户环境中，IT 资源的一个实例（例如一个云存储设备）要服务多个用户 |60|

正如图 4-9 所描述的那样，多租户允许多个云用户使用同一 IT 资源或其实例，每个用户都不会意识到该资源还在被其他用户使用。

4.2.4 弹性

弹性（elasticity）是一种能力，云根据运行时条件或云用户或云提供者事先确定的要求，自动透明地扩展 IT 资源。弹性通常被认为是采用云计算的核心理由，主要是因为它与降低投资和与使用成比例的成本这些好处紧密地联系在一起。具有大量 IT 资源的云提供者可以提供极大范围的弹性。

4.2.5 可测量的使用

可测量的使用（measured usage）特性表示的是云平台记录对 IT 资源使用情况的能力，这些 IT 资源主要是被云用户使用的。根据记录的内容，云提供者只对云用户实际使用的和 / 或被授予 IT 资源访问的时间段进行收费。在这种上下文环境中，可测量的使用特性与按需使用特性密切相关。

可测量的使用并不仅限于记录收费所需的统计信息，还可以包括 IT 资源的通用监控以及相关的报告（既为了云提供者也为了云用户）。所以，可测量的使用也与不按使用收费的云有关（这适用于私有云部署模型，在后面的 4.4 节中会加以描述）。

4.2.6 可恢复性

可恢复计算（resilient computing）是一种故障转移（failover）的形式，它在多个物理位置分放 IT 资源的冗余实现。可以事先配置好 IT 资源，当一个资源出现故障时，就自动转到另一个冗余的实现上进行处理。在云计算里，可恢复性（resiliency）特性可以是指在同一云中（但不同物理位置上）的冗余 IT 资源，也可以是跨越多个云的冗余 IT 资源。通过利用基于云的 IT 资源的可恢复性，云用户可以增加其应用的可靠性和可用性（图 4-10）。

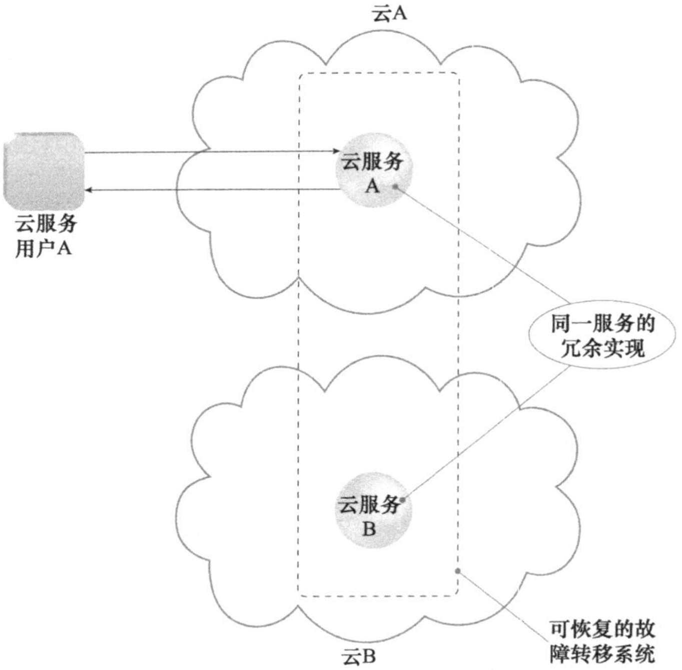

图 4-10　一个可恢复的系统，其中云 B 中有一个云服务 A 的冗余实现，当云 A 上的云服务 A 不可用时，提供故障转移

关键点小结

- 按需使用指的是这样一种能力，云用户能够通过自助服务来使用所需的基于云的服务，而无需与云提供者交互。这一特性与可测量的使用相关，后者表示的是云对其 IT 资源使用进行测量的能力。
- 随处访问允许基于云的服务能够被各种云服务用户访问，而多租户是指一个 IT 资源的一个实例可以同时透明地服务多个云用户的能力。
- 弹性特性表示的是云能够透明地和自动地扩展 IT 资源。可恢复性与云内在的故障转移特性相关。

4.3　云交付模型

云交付模型（cloud delivery model）是云提供者提供的具体的、事先打包好的 IT 资源组合。公认的和被形式化描述了的三种常见云交付模型是：

- 基础设施作为服务（IaaS）
- 平台作为服务（PaaS）
- 软件作为服务（SaaS）

这三种模型是互相关联的，一个的范围可以包含另一个，本章稍后的 4.3.5 节中会加以讨论。

注释

已经出现了许多这三种基本云交付模型的变种，每种都是由不同的 IT 资源组合构成的。例如：

- 存储作为服务（Storage-as-a-Service）
- 数据库作为服务（Database-as-a-Service）
- 安全作为服务（Security-as-a-Service）
- 通信作为服务（Communication-as-a-Service）
- 集成作为服务（Integration-as-a-Service）
- 测试作为服务（Testing-as-a-Service）
- 处理作为服务（Process-as-a-Service）

还要注意，云交付模型还可以被称为云服务交付模型，因为每个模型都可以看作是一种不同类型的云服务提供。

4.3.1　基础设施作为服务（IaaS）

IaaS 交付模型是一种自我包含的 IT 环境，由以基础设施为中心的 IT 资源组成，可以通过基于云服务的接口和工具访问和管理这些资源。这个环境可以包括硬件、网络、连通性、操作系统以及其他一些"原始的（raw）"IT 资源。与传统的托管或外包环境相比，在 IaaS 中 IT 资源通常是虚拟化的并打包成包，这样一来，在运行时扩展和定制基础设施就变得简单了。

IaaS 环境一般要允许云用户对其资源配置和使用进行更高层次的控制。IaaS 提供的 IT 资源通常是未配置好的，管理的责任直接落在云用户身上。因此，对创建的基于云的环境需要有更高控制权的用户会使用这种模型。

有时，为了扩展他们自己的云环境，云提供者会从其他云提供者处签约一些 IaaS 资源。不同云提供者提供的 IaaS 产品中 IT 资源的类型和品牌相差各异。通过 IaaS 环境可得的 IT 资源通常是新初始化生成的虚拟实例。一个典型的 IaaS 环境中的核心和主要的 IT 资源就是虚拟服务器。虚拟服务器的租用是通过指定服务器硬件需求来完成的，例如，处理器能力、内存和本地存储空间，如图 4-11 所示。

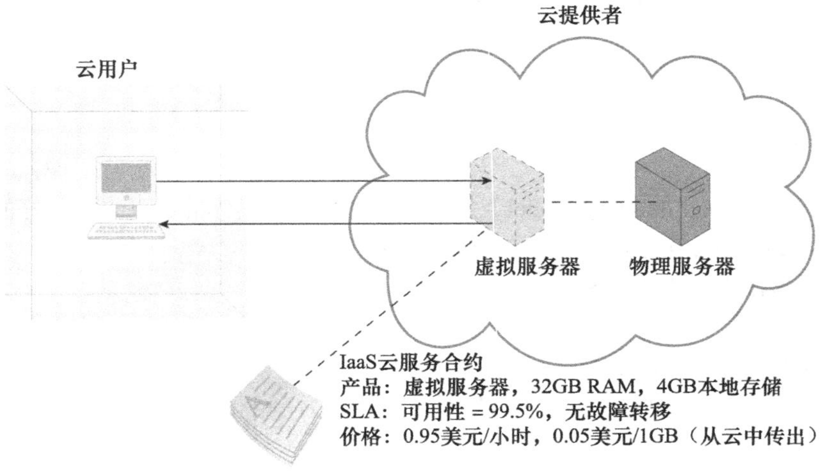

64

图 4-11　云用户使用 IaaS 环境中的虚拟服务器。云提供者向云用户提供了一组合约保证，这些保证是
　　　　关于像容量、性能和可用性这样一些特性的

4.3.2　平台作为服务（PaaS）

PaaS 交付模型是预先定义好的"就绪可用"（ready-to-use）的环境，一般由已经部署好和配置好的 IT 资源组成。特别地，PaaS 依赖于使用已就绪（ready-made）环境（也主要是由此定义的），设立好一套预先打好包的产品和用来支持定制化应用的整个交付生命周期的工具。

云用户会使用和投资 PaaS 环境的常见原因包括：

- 为了可扩展性和经济原因，云用户想要把企业内的环境扩展到云中。
- 云用户使用已就绪环境来完全替代企业内的环境。
- 云用户想要成为云提供者并部署自己的云服务，使之对其他外部云用户可用。

在预先准备好的平台上工作，云用户省去了建立和维护裸的基础设施 IT 资源的管理负担，而在 IaaS 模型中提供的就是这样的裸的资源。相对而言，对于承载和提供这个平台的底层 IT 资源，云用户只被给予了较低等级的控制权（图 4-12）。

65

PaaS 产品带有不同的开发栈。例如，Google App Engine 提供的是基于 Java 和 Python 的环境。

已就绪环境作为一种云计算机制，会在第 7 章中作进一步描述。

4.3.3　软件作为服务（SaaS）

SaaS 通常是把软件程序定位成共享的云服务，作为"产品"或通用的工具进行提供。SaaS 交付模型一般是使一个可重用云服务对大多数云用户可用（通常是商用）。SaaS 产品是有完善的市场的，可以出于不同的目的和通过不同的条款来租用和使用这些产品（图 4-13）。

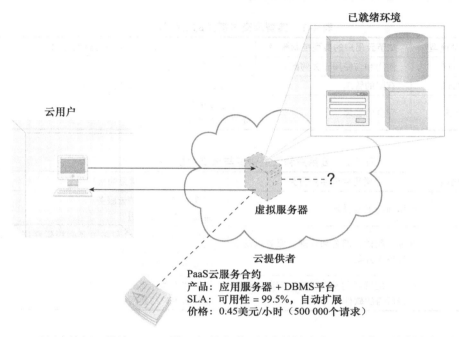

图 4-12　云用户访问已就绪 PaaS 环境。问号表明云用户是被有意识地屏蔽了平台的实现细节

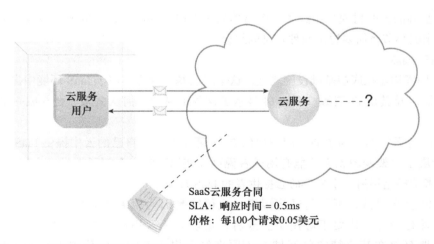

图 4-13　云服务用户可以访问云服务，但是不能访问任何底层的 IT 资源或实现细节

通常，云用户对 SaaS 实现的管理权限非常有限。SaaS 实现通常是由云提供者提供的，但也可以是任何承担云服务拥有者角色的实体合法拥有的。例如，一个组织在使用 PaaS 环境时是云用户，它可以建立一个云服务，然后决定将它部署在同一环境中作为 SaaS 提供。那么这家组织实际上就承担了这个基于 SaaS 的云服务的云提供者的角色，这个云服务对其他组织来说可用，那些组织在使用这个云服务的时候，扮演的就是云用户的角色。

4.3.4　云交付模型比较

66
～
67

本节给出了两张表，对云交付模型的使用和实现的各个方面进行了比较。表 4-1 比较了控制等级，表 4-2 比较了典型的责任和使用。

表 4-1　典型云交付模型的控制等级比较

云交付模型	赋予云用户的典型控制等级	云用户可用的典型功能
SaaS	使用和与使用相关的配置	前端用户接口访问
PaaS	有限的管理	对与云用户使用平台相关的 IT 资源的中等级别的管理控制
IaaS	完全的管理	对虚拟化的基础设施相关的 IT 资源以及可能的底层物理 IT 资源的完全访问

表 4-2　云用户和云提供者与云交付模型有关的典型行为

云交付模型	常见的云用户行为	常见的云提供者行为
SaaS	使用和配置云服务	实现、管理和维护云服务 监控云用户的使用
PaaS	开发、测试、部署和管理云服务以及基于云的解决方案	实现配置好的平台和在需要时提供底层的基础设施、中间件和其他所需的 IT 资源 监控云用户的使用
IaaS	建立和配置裸的基础设施，安装、管理和监控所需的软件	提供和管理需要的物理处理器、存储、网络和托管 监控云用户的使用

68

4.3.5　云交付模型组合

三个基础的云交付模型组成了一个自然的资源提供的层级，可以把这些模型组合起来使用。接下来的小节将简要讨论两种常见的组合。

1. IaaS+PaaS

PaaS 环境构建在底层基础设施之上，这个底层基础设施类似于 IaaS 环境中提供的物理和虚拟服务器以及其他 IT 资源。图 4-14 显示了这两个模型如何从概念上合并成一个简单的分层架构。

云提供者通常不会为了向云用户提供 PaaS 环境而在它自己的云中提供 IaaS 环境。那么图 4-14 所展示的架构图怎么才能有用或者说可以使用呢？一个例子就是一个提供 PaaS 环境的云提供者选择租用另一个不同的云提供者的 IaaS 环境。

之所以会这样做，可能是经济因素，也可能是因为原来的云提供者还服务着其他云用户而它现有的容量快要不够用了。或者，可能某个云用户有法律上的要求，要求数据必须物理地存放在某个特定的区域内（原来的云提供者的云的位置不在该区域内），如图 4-15 所示。

2. IaaS+PaaS+SaaS

可以将所有三种云交付模型组合起来，一层建立在另一层之上，形成 IT 资源的层次结构。例如，在前面图 4-15 所示的分层架构之上，云用户组织可以利用 PaaS 环境提供的已就绪环境来开发和部署它自己的 SaaS 云服务，然后可以以商业产品的形式提供这些云服务（图 4-16）。

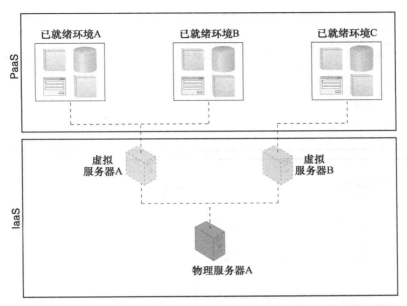

图 4-14　一个基于底层 IaaS 环境提供的 IT 资源的 PaaS 环境

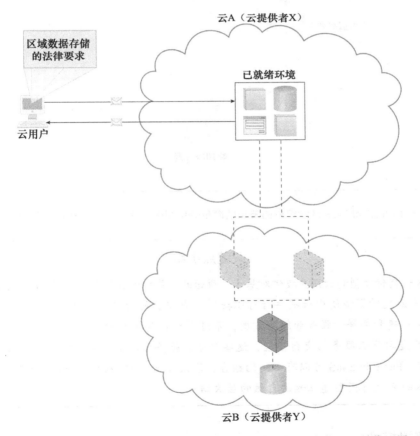

图 4-15　云提供者 X 和 Y 之间的契约示例，其中云提供者 X 提供的服务物理上是位于属于云提供者 Y
　　　　的虚拟服务器上。法律要求必须位于某个特定区域内的敏感数据物理上是保存在云 B 上的，
　　　　云 B 是位于该特定区域内的

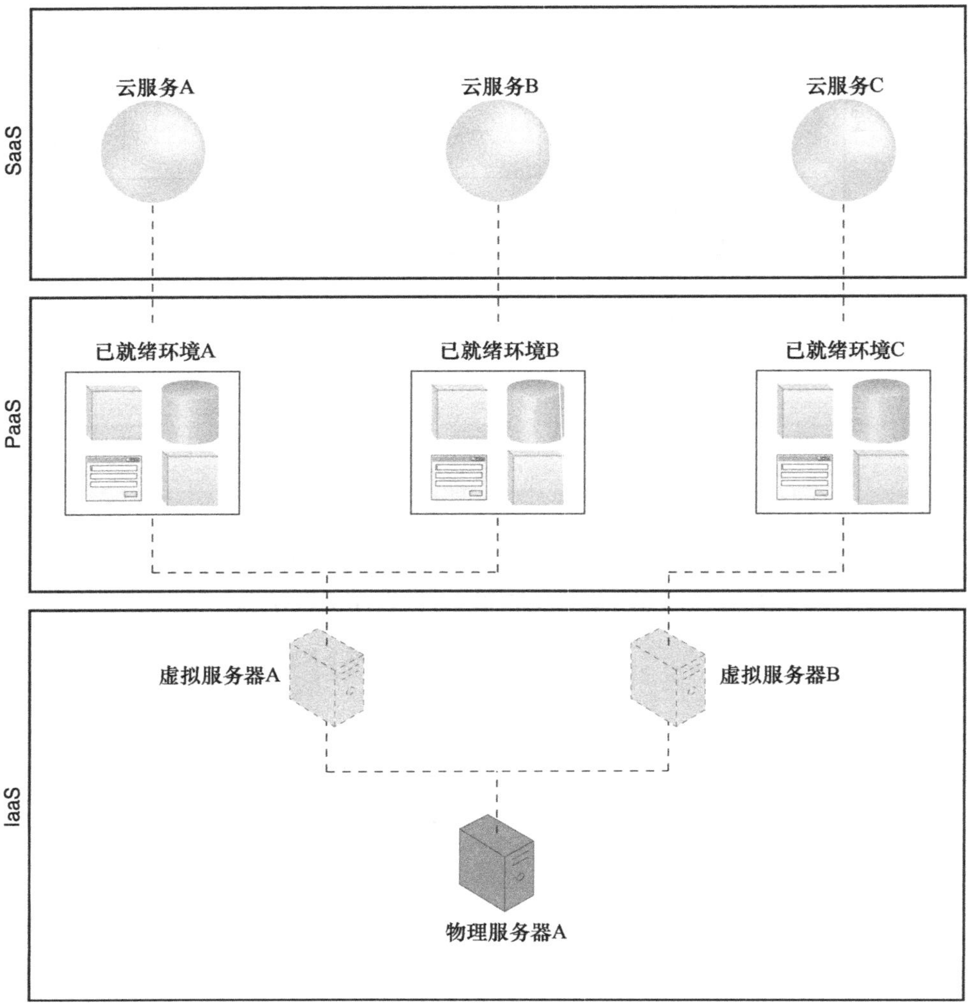

图 4-16 一个由 IaaS 和 PaaS 环境组成的架构的简单分层视图，这个环境承载着三个 SaaS 云服务实现

关键点小结

- IaaS 云交付模型向云用户提供对基于"原始的"基础设施的 IT 资源的高等级管理控制。
- PaaS 云交付模型使得云提供者可以提供预先配置好的环境，云用户可以使用这个环境来构建和部署云服务和解决方案，不过管理控制权有所下降。
- SaaS 是共享云服务的交付模型，这些共享云服务可以是云承载的商业产品。
- IaaS、PaaS 和 SaaS 可以有不同的组合，取决于云用户和云提供者如何选择利用三种基本的云交付模型建立起的自然的层次结构。

4.4 云部署模型

云部署模型表示的是某种特定的云环境类型，主要是以所有权、大小和访问方式来区别的。

有四种常见的云部署模型：

- 公有云
- 社区云
- 私有云
- 混合云

下面分小节介绍每一种云部署模型。

4.4.1　公有云

公有云（public cloud）是由第三方云提供者拥有的可公共访问的云环境。公有云里的 IT 资源通常是按照事先描述好的云交付模型提供的，而且一般是需要付费才能提供给云用户的，或者是通过其他途径商业化的（例如广告）。

云提供者负责创建和持续维护公有云及其 IT 资源。后面章节中的许多场景和架构都涉及公有云，以及公有云的 IT 资源提供者和用户之间的关系。

图 4-17 给出了公有云的部分视图，重点突出了市场上的一些主要的厂商。

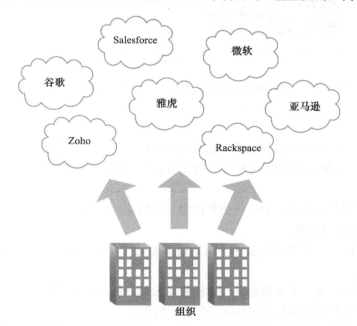

图 4-17　作为云用户的组织访问不同云提供者提供的云服务和 IT 资源

4.4.2　社区云

社区云类似于公有云，只是它的访问被限制为特定的云用户社区。社区云可以是社区成员或提供具有访问限制的公有云的第三方云提供者共同拥有的。社区的云用户成员通常会共同承担定义和发展社区云的责任（图 4-18）。

社区中的成员不一定要能够访问或控制云中的所有 IT 资源。除非社区允许，否则社区外的组织通常不能访问社区云。

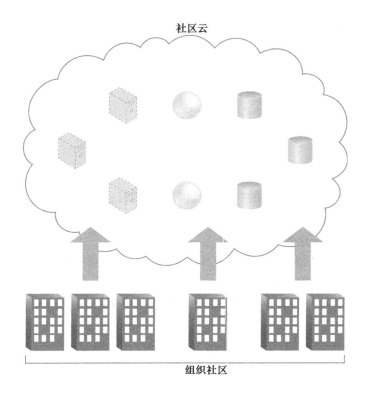

图 4-18   一个由多个组织组成的社区访问社区云中 IT 资源的示例

4.4.3   私有云

私有云是由一家组织单独拥有的。私有云使得组织把云计算技术当做一种手段，可以集中访问不同部分、位置或部门的 IT 资源。当私有云处于受控的环境中时，3.4 节中描述的问题都不适用。

私有云的使用会改变组织和信任边界的定义和应用。私有云环境的实际管理可以是由内部或者外部的人员来实施的。

采用私有云时，一家组织从技术上讲既可以是云用户又可以是云提供者（图 4-19）。为了区分这些角色：

● 通常组织中会有一个单独的部门承担提供云的责任（因而承担的是云提供者的角色）。
● 需要访问私有云的部门承担的就是云用户的角色。

在私有云的上下文中，正确使用术语"企业内部的"和"基于云的"是很重要的。尽管私有云物理上可能是在组织的范围之内的，但只要它所存放的 IT 资源允许云用户远程访问，那么就仍然被认为是"基于云的"。因而，作为云用户的部门存放于私有云之外的 IT 资源相对于基于私有云的 IT 资源来说，也被认为是"企业内部的"。

4.4.4   混合云

混合云是由两个或者更多不同云部署模型组成的云环境。例如，云用户可能会选择把处理敏感数据的云服务部署到私有云上，而将其他不那么敏感的云服务部署到公有云上。这种组合就得到了混合部署模型（图 4-20）。

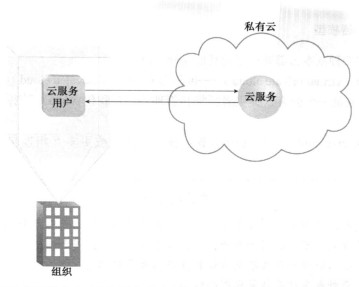

图 4-19　组织企业内部环境中的云服务用户通过虚拟私有网络访问位于同一组织的私有云中的云服务

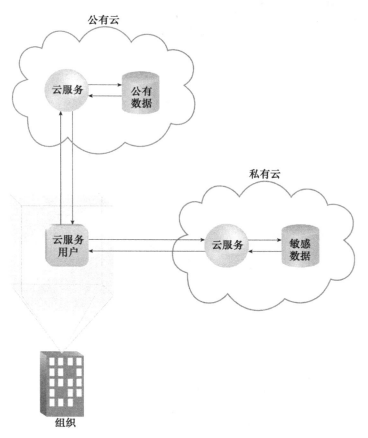

图 4-20　采用私有云和公有云组成的混合云架构的组织

　　由于云环境中潜在的差异以及私有云提供组织和公有云提供者之间在管理责任上是分离的，因此混合部署架构的创建和维护可能会很复杂和具有挑战性。

4.4.5 其他云部署模型

还存在上述四种基本云部署模型的其他变种。例如：

虚拟私有云（virtual private cloud）——也称为专有云（dedicated cloud）或托管云（hosted cloud），这种模型是一个公有云提供者托管和管理的、自我包含的云环境，仅对一个云用户可用。

互联云（inter-cloud）——这个模型是基于由两个或更多互相连接起来的云组成的架构。

关键点小结

- 公有云是第三方所有的，通常向云用户组织提供商业化的云服务和 IT 资源。
- 私有云是仅被一家组织所拥有的，并且位于该组织的范围之内。
- 社区云一般只能被一组共享拥有权和责任的云用户访问。
- 混合云是两种或多种云部署模型的组合。

云使能技术

现在的云是由一些主要的技术组件支撑着的，这些组件使当代云计算的关键功能和特点得以实现。本章将要介绍的相关技术包括：

- 宽带网络和 Internet 架构
- 数据中心技术
- 虚拟化技术
- Web 技术
- 多租户技术
- 服务技术

尽管云计算的发展进一步推动了上述云使能技术中的某些领域的进步，但这些技术在云计算出现之前就已经存在并成熟了。

5.1 宽带网络和 Internet 架构

所有的云都必须连接到网络，这个必然需求形成了对网络互联固有的依赖。

互联网络或 Internet 允许远程供给 IT 资源，并直接支持无处不在的网络接入。虽然大多数云都允许 Internet 访问，但是，云用户也可以选择只通过 LAN 中私有的和专用的网络链接来接入云。因此，云平台的潜力通常是与 Internet 的互联互通和服务质量同步提升的。

5.1.1 Internet 服务提供者（ISP）

Internet 最大的主干网由 ISP 建立并部署，它们依靠核心路由器进行战略互联，这些路由器又与世界上的跨国网络相连接。如图 5-1 所示为一个 ISP 的网络与其他 ISP 网络以及各种组织互联。

Internet 的概念是基于无中心的供给和管理模型的。除了可以自由选择进行互联的其他 ISP，ISP 还可以自由地部署、运营和管理他们的网络。虽然有诸如互联网名字与编号分配机构（ICANN）对 Internet 通信进行监督和协调，但是，没有一个中央实体来对 Internet 进行全面控制。

政府规定和监管法律控制着境内外机构和 ISP 的服务提供条件，Internet 的某些领域仍然需要政府的法律和法规来进行管理。

Internet 的拓扑已经成为一种动态的、复杂的 ISP 集合，这些 ISP 通过其核心协议高度互联互通。从主要节点扩展出较小的分支，这些分支又向外延伸出分支，直到最终达到每一个 Internet 电子设备。

全球互联是通过一个三层的拓扑结构形成的（如图 5-2 所示）。第 1 层为核心层，由大型国际云提供者构成，负责监督大规模的全球互联网络，这些网络连接第 2 层的大区域提供者。第 2 层的 ISP 一方面与第 1 层的提供者互联，一方面与第 3 层的本地 ISP 互联。由于任何运营的 ISP 都可以使用 Internet 连接，因此，云用户和云提供者可以通过第 1 层的提供者进行互联。

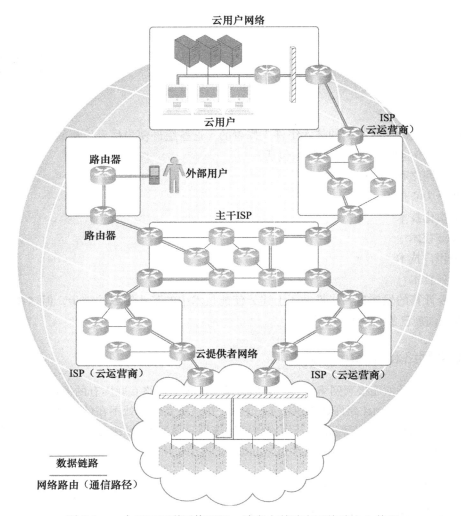

图 5-1　一个 ISP 互联网络配置，消息在其动态网络路由上传递

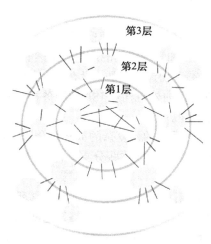

图 5-2　Internet 互联结构的抽象示意图

Internet 和 ISP 网络的通信链路和路由器作为 IT 资源，分布在无数的流量生成路径中。互联架构的两个基本组成部分是：无连接分组交换（connectionless packet switching）（数据报网络）和基于路由器的互联（router-based interconnectivity）。

5.1.2　无连接分组交换（数据报网络）

端到端（发送方 – 接收方对）数据流被分割为固定大小的包，由网络交换机和路由器进行接收和处理，通过排队转发从一个中间节点传递到下一个节点。每个包包含了必需的地址信息，比如 Internet 协议地址（IP 地址）或者介质访问控制地址（MAC 地址），这些信息在源节点、中间节点和目标节点进行相应的处理和路由。

5.1.3　基于路由器的互联

路由器是连接多个网络的设备，通过它实现数据包的转发。即使是同一个数据流的连续数据包，路由器也是根据网络拓扑信息，在源节点与目的节点构成的通信路径上定位下一个节点，将这些数据包分别转发出去。由于路由器知道数据包的源信息和目的信息，因此，它能管理网络流量，并为数据包传输估算最有效的转发。

网络互联的基本机制如图 5-3 所示，将一组接收到的无序数据包合并生成一个消息。图中所示的路由器从多个数据流中接收并转发数据包。

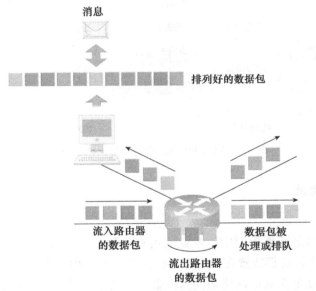

图 5-3　路由器会指示数据包在 Internet 中的传递，还会把它们排列形成消息

连接云用户与其云提供者的通信路径可能会包含多个 ISP 网络。Internet 的网状结构通过多个可选择的网络路由将 Internet 主机（终端系统）连接起来，实际运行时再决定选择哪个路由。因此，即使同时出现多个网络故障，仍然可以保持正常通信。但是，使用多个网络路径会引起路由波动和延迟。

这适用于实现 Internet 网络互联层并与其他网络技术交互的 ISP。以下为这些网络技术：

1. 物理网络

IP 数据包通过连接相邻节点的底层物理网络进行传输，例如，以太网、ATM 网络和 3G

移动 HSDPA。物理网络包括数据链路层和物理层，数据链路层控制数据在相邻节点间的传输，物理层通过有线和无线介质传输数据位。

2. 传输层协议

传输层协议（比如传输控制协议 TCP 和用户数据报协议 UDP）利用 IP 来提供标准化的端到端的通信支持，以便对 Internet 上的数据包进行导航。

3. 应用层协议

HTTP、电子邮件协议 SMTP、P2P 协议 BitTorrent、IP 电话协议 SIP 等都使用了传输层协议，在 Internet 上实现特定的数据包传输方式，并对其进行标准化。许多其他协议也被用来满足以应用为中心的需求，并将 TCP/IP 或 UDP 作为其在 Internet 和 LAN 上传输数据的主要方式。

图 5-4 给出的是 Internet 参考模型和协议栈。

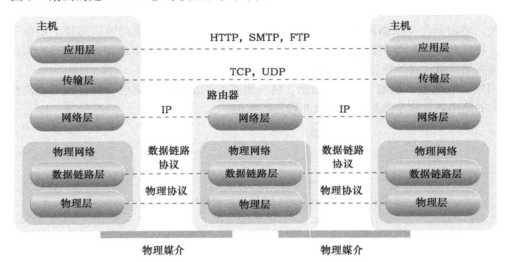

图 5-4 通用 Internet 模型和协议栈示意图

5.1.4 技术和商业考量

1. 连接性问题

在传统的企业内部部署模型中，企业应用和各种 IT 解决方案一般都放在中央服务器和存储设备中，这些设备都放置在该组织自己的数据中心内。终端用户设备（如智能手机和笔记本电脑）通过企业通信网络访问这些数据中心，企业通信网络提供连续的 Internet 连接。

TCP/IP 协议实现了 Internet 接入以及 LAN 上的企业内部的数据交换（图 5-5）。虽然通常不会被称为云模型，但在中型和大型的企业内部网络中，这种配置已经无数次得以实施了。

采用这个部署模型的组织可以直接访问 Internet，通常还可以通过防火墙和监控软件来控制和保护其企业网络。同样，组织也要承担部署、操作和维护其 IT 资源与 Internet 连接的责任。

对于通过 Internet 连接到该网络的终端用户而言，可以保证其持续连接到云内的中央服务器和应用软件（图 5-6）。

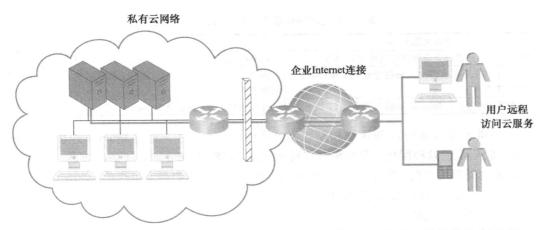

图 5-5　一个私有云的网络互联架构。构成云的物理 IT 资源位于组织内部，并在其内进行管理

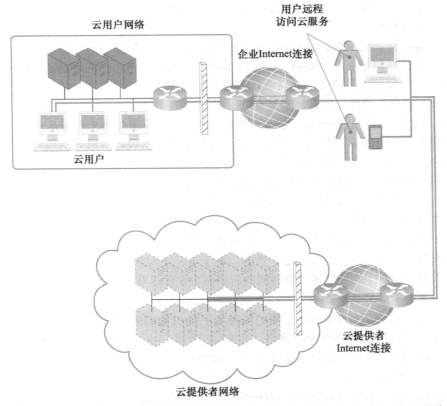

图 5-6　基于 Internet 的云部署模型的网络互联架构。Internet 是不直接相连的云用户、漫游终端用户和
　　　　云提供者之间的网络连接代理

　　一个适用于终端用户功能的显著的云特征是，如何使用相同的网络协议来访问集中的 IT
资源，无论它们位于企业网内部还是外部。即使终端用户自己并不关心云 IT 资源的物理位
置，IT 资源是企业内部的还是基于 Internet 的都决定着内部和外部的终端用户该怎样来访问
这些服务（表 5-1）。

表 5-1 企业内部和基于云的网络互联的比较

企业内部 IT 资源	云 IT 资源
内部终端用户通过企业网络访问企业 IT 服务	内部终端用户通过 Internet 连接访问企业 IT 服务
内部用户在外网漫游时，通过企业 Internet 连接访问企业 IT 服务	内部用户在外网漫游时，通过云提供者的 Internet 连接访问企业 IT 服务
外部用户通过企业 Internet 连接访问企业 IT 服务	外部用户通过云提供者的 Internet 连接访问企业 IT 服务

　　云提供者可以将云 IT 资源轻松配置为允许内部和外部用户通过 Internet 连接进行访问（如图 5-6 所示）。这种网络互联架构既有利于内部用户随处访问企业 IT 解决方案，又有利于那些需要向外部用户提供基于 Internet 服务的云用户。主流云提供者提供的 Internet 连接优于单个组织的连接，所以其定价模型中包括额外的网络使用费。

　　2. 网络带宽和延迟问题

　　除了受到将网络连接到 ISP 的数据链路带宽的影响外，端到端带宽还由连接中间节点的共享数据链路的传输容量来决定。为了保证端到端连接，ISP 需要利用宽带技术来实现核心网络。由于有诸如动态缓存、压缩和预取的 Web 加速技术不断改善终端用户的连接，这种带宽仍在持续不断地增加。

　　延迟（latency）又称为时间延迟，是一个数据包从一个数据节点传递到另一个节点所需要的时间。在传递路径上，每经过一个中间节点，延迟就会增加。网络基础设施中的传输队列可能会导致负载过重，从而引起网络延迟增加。网络依赖于节点之间的传输条件，这使得网络延迟具有高度可变性，而且常常是不可预测的。

　　遵循"尽力而为"服务质量（QoS）的分组网通常是按照先来先服务的原则传输数据包的。在流量不分优先级时，使用拥塞网络路径的数据流会出现各种形式的服务质量下降，比如，带宽降低、延迟增加、数据包丢失等。

　　包交换的特性使得数据包在经过 Internet 网络基础设施时可以动态选择路由。这种动态选择会导致端到端 QoS 受到影响。因为数据包的传输速度容易受到诸如网络拥塞等条件的影响，从而造成速度不均匀。

　　需要对 IT 解决方案进行评估，看它能否满足受到网络带宽和延迟影响的业务要求，对于云互联来说，带宽和延迟的变化是必然的。对于与云之间有大量数据传输需求的应用而言，带宽非常重要，而对于需要快速响应时间的应用而言，延迟非常重要。

　　3. 云运营商和云提供者选择

　　云用户和云提供者间 Internet 连接的服务水平是由它们的 ISP 决定的，由于存在不同的 ISP，因此在路径上也包含多个 ISP 网络。在实际应用中，多个 ISP 之间的 QoS 管理是有难度的，这需要双方的云运营商协调，以保证其端到端服务水平能够满足业务需求。

　　为了获得必要的互联水平以及云应用的可靠性，云用户和云提供者可能需要多个云运营商，这会导致成本增加。因此，对具有更加宽松的延迟和带宽需求的应用而言，采用云也更容易。

关键点小结

- 云用户和云提供者通常利用 Internet 进行通信。Internet 以无中心的供给和管理模型为基础，不受任何集中式实体的控制。
- 网络互联架构的主要组件是使用网络路由器和交换机的无连接分组交换与基于路由器的互联。网络带宽和延迟是影响 QoS 的因素，而网络拥塞对其有巨大影响。

5.2 数据中心技术

与地理上分散的 IT 资源相比,彼此邻近成组的 IT 资源有利于能源共享、提高共享 IT 资源使用率以及提高 IT 人员的效率。这些优势使得数据中心的概念得以自然推广。现代数据中心是指一种特殊的 IT 基础设施,用于集中放置 IT 资源,包括服务器、数据库、网络与通信设备以及软件系统。

接下来介绍数据中心常见组成技术与部件。

5.2.1 虚拟化

数据中心包含了物理和虚拟的 IT 资源。物理 IT 资源层是指放置计算/网络系统和设备,以及硬件系统及其操作系统的基础设施(图 5-7)。虚拟层对资源进行抽象和控制,通常是由虚拟化平台上的运行和管理工具构成。虚拟化平台将物理计算和网络 IT 资源抽象为虚拟化部件,这样更易于进行资源分配、操作、释放、监视和控制。

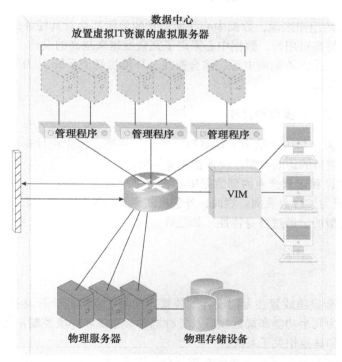

图 5-7 一个数据中心的常用组件,在物理 IT 资源的支持下,协同工作提供虚拟 IT 资源

虚拟化部件将在后面的 5.3 节予以介绍。

5.2.2 标准化与模块化

数据中心以标准化商用硬件为基础,用模块化架构进行设计,整合了多个相同的基础设施模块和设备,具备可扩展性、可增长性和快速更换硬件的特点。模块化和标准化是减少投资和运营成本的关键条件,因为它们能实现采购、收购、部署、运营和维护的规模经济。

常见的虚拟化策略和不断改进的物理设备的容量和性能都促进了 IT 资源的整合,因为只需要更少的物理组件就可以支持复杂的配置。整合的 IT 资源可服务于不同的系统,也可以被不同的云用户共享。

5.2.3 自动化

90
~
91

数据中心具备特殊的平台将供给、配置、打补丁和监控等任务进行自动化，而不需要监管。数据中心管理平台和工具的改进利用了自主计算技术来实现自配置和自恢复。附录 E 对自主计算进行了简要介绍。

5.2.4 远程操作与管理

在数据中心，IT 资源的大多数操作和管理任务都是由网络远程控制台和管理系统来指挥的。技术人员无需进入放置服务器的专用房间，除非是执行特殊任务，比如设备处理、布线或者硬件级的安装与维护。

5.2.5 高可用性

对于数据中心的用户来说，数据中心任何形式的停机都会对其任务的连续性造成重大影响。因此，为了维持高可用性，数据中心采用了冗余度越来越高的设计。为了应对系统故障，数据中心通常具有冗余的不间断电源、综合布线、环境控制子系统；为了负载均衡，则有冗余的通信链路和集群硬件。

5.2.6 安全感知的设计、操作和管理

由于数据中心采用集中式结构来存储和处理业务数据，因此它对安全的要求是彻底和全面的，比如物理和逻辑的访问控制以及数据恢复策略。

几十年来，建设和运营企业内部数据中心有时是令人望而却步的，因此，基于数据中心的 IT 资源外包就成为了行业惯例。然而，外包模式需要长期的用户承诺，并且常常缺乏灵活性，而这些都是典型的云通过自身特性（如随处访问、按需配置、快速弹性和按使用付费等）可以解决的问题。

5.2.7 配套设施

92

数据中心的配套设施放置在专门设计的位置，配备了专门的计算设备、存储设备和网络设备。这些设施分为几个功能布局区域以及各种电源、布线和环境控制站等，用于控制供暖、通风、空调、消防和其他相关子系统。

一个给定数据中心的位置和布局通常被划分为隔离的空间。附录 D 详细分析了数据中心内的常见房间和公用设施。

5.2.8 计算硬件

数据中心内许多工作量较重的处理是由标准化商用服务器来执行的，这些模块化服务器具备强大的计算能力和存储容量，包括了一些计算硬件技术，例如：
- 机架式服务器设计由含有电源、网络和内部冷却线路的标准机架构成。
- 支持不同的硬件处理架构，例如 x86-32 位、x86-64 位和 RISC。
- 在大小如标准机架一个单元的空间上，可以容纳一个具有几百个处理器内核的高效能多核 CPU。

● 冗余且可热插拔的组件，如硬盘、电源、网络接口和存储控制器卡。

计算架构（如刀片服务器技术）使用了嵌入式机架物理互联（刀片机箱）、光纤（交换机）、共享电源和散热风扇。在优化物理空间和能源的同时，这种互联增强了组件间网络连接和管理。这些系统通常支持单个服务器的热交换、扩展、替换和维护，这有利于部署构建在计算机集群上的容错系统。

现在的计算硬件平台通常支持工业标准的、专有的运维和管理软件系统，可以通过远程管理控制台对硬件 IT 资源进行配置、监视和控制。利用合适的成熟的管理控制台，单个操作员就可以监控成百上千个物理服务器、虚拟服务器和其他 IT 资源。

5.2.9 存储硬件

数据中心有专门的存储系统保存庞大的数字信息，以满足巨大的存储容量需求。这些存储系统包含了以阵列形式组织的大量硬盘。 93

存储系统通常涉及以下技术：

● 硬盘阵列（hard disk array）——这些阵列本身就进行了划分，并在多个物理硬盘间进行数据复制，利用备用磁盘提升性能和冗余度。这项技术一般利用独立磁盘冗余阵列（RAID）方案，通常使用硬件磁盘阵列控制器来实现。
● I/O 高速缓存（I/O caching）——通常由硬盘阵列控制器完成，通过数据缓存来降低磁盘访问时间，提高性能。
● 热插拔硬盘（hot-swappable hard disk）——无需关闭电源，即可安全地从磁盘阵列移除硬盘。
● 存储虚拟化（storage virtualization）——通过虚拟化硬盘和存储共享来实现。
● 快速数据复制机制（fast data replication mechanism）——包括快照（snapshotting）和卷克隆（volume cloning）。快照是指将虚拟机内存保存到一个管理程序可读的文件中，以备将来重新装载。卷克隆是指复制虚拟或物理硬盘的卷和分区。

存储系统包含三级冗余，如自动磁带库，通常依赖移动介质用于备份和恢复系统。这种类型的系统可能是通过网络连接的 IT 资源，也可能是直接附加存储（DAS），在 DAS 中存储系统通过主机总线适配器（HBA）直接连接到计算 IT 资源。在前一种情况中，存储系统是通过网络连接到一个或多个 IT 资源的。

网络存储设备通常分为如下两类：

● 存储区域网络（Storage Area Network，SAN）——物理数据存储介质通过专门网络互联，使用工业标准协议（如小型计算机系统接口（SCSI））提供数据块级的数据存储访问。
● 网络附加存储（Network-Attached Storage，NAS）——硬盘阵列包含在这个专用设备中，并由其管理。该设备通过网络连接，使用如网络文件系统（NFS）或服务器消息块（SMB）等以文件为中心的数据访问协议来访问数据。

NAS、SAN 和其他更先进的存储系统可以在多个组件中实现容错，例如控制器冗余、冷却系统冗余和使用 RAID 存储技术的磁盘阵列。 94

5.2.10 网络硬件

数据中心需要大量网络硬件来实现多层次互联。简单地说，数据中心的网络基础设施可分为五个网络子系统，下面简要介绍这些子系统以及实现它们所需的最常见的元素。

1. 运营商和外网互联

这是与网络互联基础设施相关的子系统。这种互联通常由主干路由器和外围网络安全设备组成。其中，主干路由器提供外部 WAN 连接与数据中心 LAN 之间的路由；外围网络安全设备包括防火墙和 VPN 网关。

2. Web 层负载均衡和加速

这个子系统包括 Web 加速设备，如 XML 预处理器、加密 / 解密设备以及进行内容感知路由的第 7 层交换设备。

3. LAN 光网络

内部 LAN 是光网络，为数据中心所有联网的 IT 资源提供高性能的冗余连接。LAN 结构包含多个网络交换机，其速度高达 10Gb/s，这有利于网络通信。同时，这些先进的网络交换机还可以实现多个虚拟化功能，比如：将 LAN 分隔为多个 VLAN、链路聚合、网络间的控制路由、负载均衡，以及故障转移。

4. SAN 光网络

SAN 光网构与提供服务器和存储系统互联的存储区域网络（SAN）相关，它通常由光纤通道（FC）、以太网光纤通道（FCoE）和 InfiniBand 网络交换机来实现。

5. NAS 网关

这个子系统为基于 NAS 的存储设备提供连接点，提供实现协议转换的硬件，以便实现 SAN 和 NAS 设备之间的数据传输。

使用冗余和 / 或容错配置可以满足数据中心网络技术对可扩展性和高可用性的操作需求。上述五个网络子系统改善了数据中心的冗余性和可靠性，以确保即使是在面对多故障时也有足够的 IT 资源来保持一定的服务水平。

超高速网络光链路利用复用技术（如密集波分复用（DWDM））将一个 Gb/s 的通道整合为多条独立的光纤通道。光链路分布在多个地点，连接服务器，存储系统和复制的数据中心，提高了传输速度和灵活性。

5.2.11 其他考量

IT 硬件受快速技术折旧的影响，其生命周期一般是 5 ~ 7 年。这就需要频繁更换设备，其结果是各种硬件混合在一起，这种异质性使得整个数据中心的操作和管理变得复杂（虽然通过虚拟化可以得到部分缓解）。

考虑到数据中心的作用以及其中存放的庞大数据，安全性也是一个关键问题。即使有广泛到位的安全防范措施，与数据分散存放在不同的互不连接的部件上相比，完全将数据存放在一个数据中心显然更加容易受到一次成功安全入侵的影响。

关键点小结

- 数据中心是专门的 IT 基础设施，用于集中存放 IT 资源，如服务器、数据库和软件系统。
- 数据中心的 IT 硬件通常是由标准商用服务器构成，其具有增强的计算能力和存储容量，而存储系统技术则包括了磁盘阵列和存储虚拟化。增加存储容量的技术包括 DAS、SAN 和 NAS。
- 计算硬件技术包括机架式服务器阵列和多核 CPU 架构。专用的高容量网络硬件和技术（如内容感知的路由、LAN 和 SAN 光网络及 NAS 网关等）可以提高网络互联性。

5.3　虚拟化技术

虚拟化是将物理 IT 资源转换为虚拟 IT 资源的过程。

大多数 IT 资源都能被虚拟化，包括：

- 服务器（server）——一个物理服务器可以抽象为一个虚拟服务器。
- 存储设备（storage）——一个物理存储设备可以抽象为一个虚拟存储设备或一个虚拟磁盘。
- 网络（network）——物理路由器和交换机可以抽象为逻辑网络，如 VLAN。
- 电源（power）——一个物理 UPS 和电源分配单元可以抽象为通常意义上的虚拟 UPS。

本节重点介绍通过服务器虚拟化技术创建和部署虚拟服务器。

注释
本书中，术语虚拟服务器（virtual server）和虚拟机（Virtual Machine，VM）为同义词。

用虚拟化软件创建新的虚拟服务器时，首先是分配物理 IT 资源，然后是安装操作系统。虚拟服务器使用自己的客户操作系统，它独立于创建虚拟服务器的操作系统的。

在虚拟服务器上运行的客户操作系统和应用软件都不会感知到虚拟化的过程，也就是说，这些虚拟化 IT 资源就好像是在独立的物理服务器上安装执行一样。这样程序在物理系统上执行和在虚拟系统上执行就是一样的，这种执行上的一致性是虚拟化的关键特性。通常，用户操作系统要求软件产品和应用可以在虚拟环境中无缝使用，而不需要为此对其进行定制、配置或修改。

运行虚拟化软件的物理服务器称为主机（host）或物理主机（physical host），其底层硬件可以被虚拟化软件访问。虚拟化软件功能包括系统服务，具体说来是与虚拟机管理相关的服务，这些服务通常不会出现在标准操作系统中。因此，这种软件有时也称为虚拟机管理器（virtual machine manager）或虚拟机监视器（Virtual Machine Monitor，VMM），而最常见的称呼为虚拟机监控器（hypervisor）（虚拟机监控器作为云计算机制将在第 8 章进行正式介绍）。

97

5.3.1　硬件无关性

在一个 IT 硬件平台上配置操作系统和安装应用软件会导致许多软硬件依赖关系。非虚拟化环境下，操作系统是按照特定的硬件模型进行配置的，当硬件资源发生变化时，操作系统需要重新配置。

而虚拟化则是一个转换的过程，它对某种 IT 硬件进行仿真，将其标准化为基于软件的版本。依靠硬件无关性，虚拟服务器能够自动解决软硬件不兼容的问题，很容易地迁移到另一个虚拟主机上。因此，克隆和控制虚拟 IT 资源比复制物理硬件要容易得多。本书第三部分在讨论架构模型时，提供了许多这方面的例子。

5.3.2　服务器整合

虚拟化软件提供的协调功能可以在一个虚拟主机上同时创建多个虚拟服务器。虚拟化技术允许不同的虚拟服务器共享同一个物理服务器。这就是服务器整合（sever consolidation），通常用于提高硬件利用率、负载均衡以及对可用 IT 资源的优化。服务器整合带来了灵活性，使得不同的虚拟服务器可以在同一台主机上运行不同的客户操作系统。

服务器整合是一项基本功能，它直接支持着常见的云特性，如按需使用、资源池、灵活性、可扩展性和可恢复性。

5.3.3 资源复制

创建虚拟服务器就是生成虚拟磁盘映像，它是硬盘内容的二进制文件副本。主机操作系统可以访问这些虚拟磁盘映像，因此，简单的文件操作（如复制、移动和粘贴）可以用于实现虚拟服务器的复制、迁移和备份。这种操作和复制的方便性是虚拟化技术最突出的特点之一，它有助于实现以下功能：

- 创建标准化虚拟机映像，通常包含了虚拟硬件功能、客户操作系统和其他应用软件，将这些内容预打包入虚拟磁盘映像，以支持瞬时部署。
- 增强迁移和部署虚拟机新实例的灵活性，以便快速向外和向上扩展。
- 回滚功能，将虚拟服务器内存状态和硬盘映像保存到基于主机的文件中，可以快速创建 VM 快照（操作员可以很容易地恢复这些快照，将虚拟机还原到之前的状态）。
- 支持业务连续性，具有高效的备份和恢复程序、为关键 IT 资源和应用创建多个实例。

5.3.4 基于操作系统的虚拟化

基于操作系统的虚拟化是指，在一个已存在的操作系统上安装虚拟化软件，这个已存在的操作系统被称为宿主操作系统（host operating system）（图 5-8）。比如，一个用户的工作站安装了某款 Windows 操作系统，现在想生成虚拟服务器，于是，就像安装其他软件一样，在宿主操作系统上安装虚拟化软件。该用户需要利用这个应用软件生成并运行一个或多个虚拟服务器，并对生成的虚拟服务器进行直接访问。由于宿主操作系统可以提供对硬件设备的必要支持，所以，即使虚拟化软件不能使用硬件驱动程序，操作系统虚拟化也可以解决硬件兼容问题。

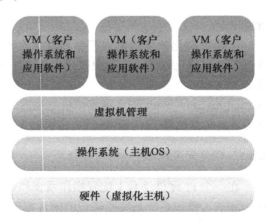

虚拟化带来的硬件无关性使得硬件 IT 资源的使用更加灵活。比如，考虑这样一个情况，物理计算机可以使用 5 个网络适配器，宿主操作系统有必要的软件来控制这 5 个适配器。那么，即使虚拟化操作系统无法实际容纳 5 个网络适配器，虚拟化软件也能使虚拟服务器使用这 5 个适配器。

图 5-8　基于操作系统虚拟化的逻辑分层。其中，VM 首先被安装在完整的宿主操作系统上，然后被用于产生虚拟机

虚拟化软件将需要特殊操作软件的硬件 IT 资源转换为兼容多个操作系统的虚拟 IT 资源。由于宿主操作系统自身就是一个完整的操作系统，因此，许多用来作为管理工具的基于操作系统的服务可以被用来管理物理主机。

这些服务的例子包括：

- 备份和恢复
- 集成目录服务

- 安全管理

基于操作系统的虚拟化会产生与性能开销相关的如下需求和问题：

- 宿主操作系统消耗 CPU、内存和其他硬件 IT 资源。
- 来自客户操作系统的硬件相关调用需要穿越多个层次，降低整体性能。
- 宿主操作系统通常需要许可证，而其每个客户操作系统也需要一个独立的许可证。

基于操作系统的虚拟化还有一个关注重点是运行虚拟化软件和宿主操作系统所需的处理开销。实现一个虚拟化层会对系统整体性能产生负面影响。而对影响结果的评估、监控和管理颇具挑战性，因为这要求具备对系统工作负载、软硬件环境和复杂的监控工具的专业知识。 [100]

5.3.5 基于硬件的虚拟化

基于硬件的虚拟化是指将虚拟化软件直接安装在物理主机硬件上，从而绕过宿主操作系统，这也适用于基于操作系统的虚拟化（图 5-9）。由于虚拟服务器与硬件的交互不再需要来自宿主操作系统的中间环节，因此，基于硬件的虚拟化通常更高效。

在这种情况下，虚拟化软件一般是指虚拟机管理程序（hypervisor），它具有简单的用户接口，需要的存储空间可以忽略不计。它由处理硬件管理功能的软件构成，形成了虚拟化管理层。虽然没有实现许多标准操作系统的功能，但是为了供给虚拟服务器，优化了设备驱动程序和系统服务。因此，这种虚拟化系统主要优化协调所带来的性

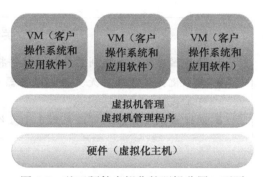

图 5-9 基于硬件虚拟化的逻辑分层，不再需要另一个宿主操作系统

能开销，这种协调使得多个虚拟服务器可以与同一个硬件平台进行交互。

基于硬件虚拟化的一个主要问题是与硬件设备的兼容性。虚拟化层被设计为直接与主机硬件进行通信，这就意味着所有相关的设备驱动程序和支撑软件都要与虚拟机管理程序兼容。硬件设备驱动程序可以被操作系统调用，却不表示它们同样可以被虚拟机管理程序平台使用。操作系统的高级功能通常包括宿主机控制与管理功能，但是虚拟机管理程序中就不一定有了。 [101]

5.3.6 虚拟化管理

与使用物理设备相比，许多管理任务使用虚拟服务器会更容易执行。当前的虚拟化软件提供了一些先进的管理功能，使得管理任务自动化，并减少虚拟 IT 资源上的总体执行负担。

虚拟化 IT 资源的管理通常是由虚拟化基础设施管理（Virtualization Infrastructure Management，VIM）工具予以实现。这个工具依靠集中管理模块对虚拟 IT 资源进行统一管理，也被称为控制器，在专门的计算机上运行。VIM 一般包含在资源管理系统机制中，该机制将在第 9 章进行介绍。

5.3.7 其他考量

- 性能开销（performance overhead）——对于高工作负载而又较少使用资源共享和复制的复杂系统而言，虚拟化可能并不是理想的选择。一个欠佳的虚拟化计划会导致过度的性能开销。通常用来改进开销问题的策略是一种被称为半虚拟化的技术，它向虚拟机提供

了一个不同于底层硬件的软件接口。为了降低客户操作系统的处理开销，会修改这个软件接口，而这会更难以管理。这个方法的主要缺点是需要让客户操作系统来适应半虚拟化 API，降低了解决方案的可移植性，无法使用标准客户操作系统。

- 特殊硬件兼容性（special hardware compatibility）——许多硬件厂商发布的专门硬件，可能没有与虚拟化软件兼容的设备驱动程序版本。反之，软件自身也可能与近期发布的硬件版本不兼容。解决这种兼容性问题的方法就是，使用现有的商品化硬件平台和成熟的虚拟化软件产品。
- 可移植性（portability）——对于不同的虚拟化解决方案都要运行的一个虚拟化程序而言，由于存在不兼容性，为该程序建立管理环境所需的编程和管理接口会带来可移植性问题。已经采取了一些举措来缓解这个问题，比如，开放虚拟化格式（OVF）这样的项目就是为了标准化虚拟磁盘格式。

[102]

关键点小结

- 服务器虚拟化是指利用虚拟化软件将 IT 硬件抽象为虚拟服务器。
- 虚拟化提供了硬件无关性、服务器整合、资源复制、对资源池更强的支持和灵活的可扩展性。
- 实现虚拟服务器既可以采用基于操作系统的虚拟化，也可以采用基于硬件的虚拟化。

5.4 Web 技术

由于云计算对网络互联、Web 浏览器的普遍性和基于 Web 的服务开发的简单易用具有根本性的依赖，Web 技术通常被用作云服务的实现介质和管理接口。

本节介绍主要的 Web 技术，并讨论它们与云服务之间的关系。

资源与 IT 资源

可以通过 WWW 访问的事物称为资源（resource）或 Web 资源（Web resource）。本书第 3 章对这个术语进行了介绍和定义，与 IT 资源相比，这个术语更加通用。IT 资源在云计算上下文中是指物理或虚拟的与 IT 相关的事物，这个事物可以是基于软件的，也可以是基于硬件的。但是，Web 上的资源表示可以通过 WWW 访问的范围广泛的事物。比如，通过 Web 浏览器可以访问到的一个 JPG 图像就被认为是资源。常见的 IT 资源的实例请参阅 3.2.2 节。

此外，资源可能具有更广泛的意义，它可以表示常见类型的可处理事物，但同时又不是独立的 IT 资源。比如，CPU 和 RAM 存储器就是资源，它们可以组成资源池（参见第 8 章），也可以被分配给实际的 IT 资源。

[103]

5.4.1 基本 Web 技术

WWW 是由通过 Internet 访问的互联 IT 资源构成的系统。它的两个基本组件是 Web 浏览器客户端和 Web 服务器。还有其他一些组件，如代理、缓存服务、网关、负载均衡等，用于改进诸如可扩展性和安全性这样的 Web 应用特性。这些额外的组件位于客户端和服务器之间的层次架构中。

Web 技术架构由三个基本元素组成：

- 统一资源定位符（Uniform Resource Locator，URL）——一个标准语法，用于创建指向 Web 资源的标识符。URL 通常由逻辑网络位置构成。
- 超文本传输协议（Hypertext Transfer Protocol，HTTP）——通过 WWW 交换内容和数据的基本通信协议。通常，URL 通过 HTTP 传送。
- 标记语言（Markup Language）（HTML，XML）——标记语言提供一个轻量级方法来表示以 Web 为中心的数据和元数据。HTML（表示 Web 页面的样式）和 XML（允许定义词汇表，以便通过元数据对 Web 数据赋以意义）是两种主要的标记语言。

例如，Web 浏览器可以请求对 Internet 上的 Web 资源执行读、写、更新或删除等操作，并通过该资源的 URL 对其进行识别和定位。请求通过 HTTP 发送到由一个 URL 标识的资源主机，然后，Web 服务器定位资源并处理所请求的操作，将处理结果发送回浏览器客户端。处理结果中可能包含 HTML 和 XML 语句。

Web 资源也被称为超媒体（hypermedia），以区别于超文本。这也意味着，媒体，如图形、音频、视频、纯文本和 URL 等，全部可以在单个文件中引用。但是，有些类型的超媒体需要额外的软件或 Web 浏览器插件才可以提供。

5.4.2　Web 应用

使用基于 Web 技术的分布式应用（一般通过 Web 浏览器显示用户界面）通常被认为是 Web 应用。由于具有较高的可访问性，这些应用出现在所有基于云的环境类型中。

图 5-10 显示的是一个 Web 应用的通用简化结构，该应用基于基本的三层模型。第一层为表示层（presentation layer），用于表现用户界面。第二层为应用层（application layer），用于实现应用逻辑。第三层为数据层（data layer），由持久性数据存储构成。

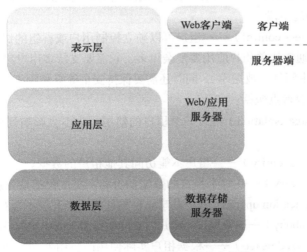

图 5-10　Web 应用的三层基本架构

表示层分为客户端和服务器端。Web 服务器接收客户端请求后，根据应用逻辑，如果请求对象是静态 Web 内容，则直接访问；如果是动态 Web 内容，则间接访问。为了执行请求的应用逻辑，Web 服务器要与应用服务器交互，通常这种交互会涉及一个或多个底层数据库。

已就绪的 PaaS 环境使得云用户可以开发和部署 Web 应用。典型的 PaaS 会为 Web 服务器、应用服务器和数据存储服务器环境提供独立的实例。

注释
获取更多关于 URL、HTTP、HTML 和 XML 的信息，请访问网站：www.servicetechspecs.com。

105

关键点小结

- Web 技术经常被用于云服务的实现，并在前端用于远程管理云 IT 资源。
- Web 架构的基本技术包括 URL、HTTP、HTML 和 XML。

5.5　多租户技术

设计多租户应用的目的是使得多个用户（租户）在逻辑上同时访问同一个应用。每个租户对其使用、管理和定制的应用程序都有自己的视图，是该软件的一个专有实例。同时，每个租户都不会意识到还有其他租户正在使用该应用。

多租户应用确保每个租户都不会访问到不属于自己的数据和配置信息。并且，每个租户都可以独立定制应用特性：

- 用户界面（user interface）——租户可以定义具有专门界面外观的应用接口。
- 业务流程（business process）——在实现应用时，租户可以定制业务处理的规则、逻辑和工作流。
- 数据模型（data model）——租户可以扩展应用的数据模式，以包含、排除或者重命名应用数据结构的字段。
- 访问控制（access control）——租户可以独立控制用户或群组的访问权限。

多租户应用架构通常比单租户应用要复杂得多，它需要支持多用户对各种构件的共享（包括入口、数据模式、中间件和数据库），同时还需要保持安全等级来隔离不同租户的操作环境。

多租户应用的一般特点包括：

- 使用隔离（usage isolation）——一个租户的使用行为不会影响到该应用对其他租户的可用性和性能。
106
- 数据安全（data security）——租户不能访问其他租户的数据。
- 可恢复性（recovery）——每个租户的数据备份和恢复过程都是分别执行的。
- 应用升级（application upgrade）——共享软件构件的同步升级不会对租户造成负面影响。
- 可扩展性（scalability）——根据现有租户增长的使用需求或租户数量的增加来扩展应用。
- 使用计费（metered usage）——根据租户实际使用的应用处理和功能来收费。
- 数据层隔离（data tier isolation）——租户拥有独立的且与其他租户隔离的数据库、表格和模式。或者，数据库、表格和模式也可以特意设计为多租户共享的。

如图 5-11 所示，一个多租户应用同时被两个不同的租户使用。这类应用通常是由 SaaS 实现的。

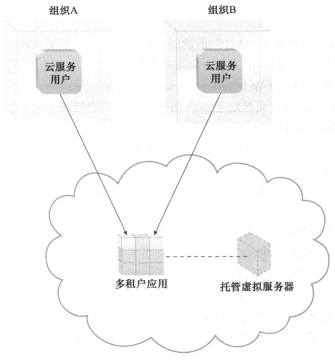

图 5-11 同时为多个云服务用户提供服务的多租户应用

多租户与虚拟化

由于多个租户的概念与虚拟化实例的概念相似，因此，多租户有时会与虚拟化混淆。两者的区别在于在作为主机的物理服务器上多倍化的是什么：

- 虚拟化：一个物理服务器上可以容纳服务器环境的多个虚拟副本。每个副本都可以提供给不同的用户，可以独立配置，还可以包含自己的操作系统和应用程序。
- 多租户：一个物理或虚拟服务器运行着一个应用程序，该应用程序允许被多个不同用户共享。每个用户都感觉只有自己在使用该应用程序。

5.6 服务技术

服务技术是云计算的基石，它形成了"作为服务"的云交付模型的基础。本节介绍几个实现和建立云环境的突出的服务技术。

关于基于 Web 的服务

借助于使用标准化协议，基于 Web 的服务作为独立的逻辑单元，支持通过网络的机器到机器的协作交互。通常这些服务被设计为利用符合工业标准和惯例的非专有技术进行通信。由于它们唯一的功能就是处理计算机之间的数据，因此，这些服务有公开的 API，但是没有用户界面。Web 服务和 REST 服务是基于 Web 的服务的两种常见形式。

5.6.1 Web 服务

Web 服务也常冠以"基于 SOAP"的前缀, 对于复杂的、基于 Web 的服务逻辑来说, 它是确定的和通用的媒介。与 XML 一起, Web 服务的核心技术表现为如下工业标准:

- Web 服务描述语言(Web Service Description Language)——这个标记语言用于创建 WSDL 定义, 该定义界定了 Web 服务的应用编程接口(API), 包括其独立的操作(功能)和每个操作的输入输出消息。
- XML 模式描述语言(XML schema definition language)——Web 服务交换的消息必须用 XML 表示。XML 模式定义了基于 XML 的输入输出消息的数据结构, 这些消息由 Web 服务来交换。XML 模式可以直接链接到 WSDL 定义, 或是嵌入到 WSDL 定义中。
- SOAP——前身为简单对象访问协议, 这个标准定义了 Web 服务交换的请求和响应消息的通用消息格式。SOAP 消息由报体和报头组成, 报体是主要消息内容, 报头一般包含运行时可处理的元数据。
- 统一描述、发现和集成(Universal Description, Discovery, and Integration, UDDI)——该标准规定服务要进行注册, 将 WSDL 定义发布到服务目录, 以便用户发现该服务。

上述四项技术形成了第一代 Web 服务技术(图 5-12)。第二代 Web 服务技术(通常被称

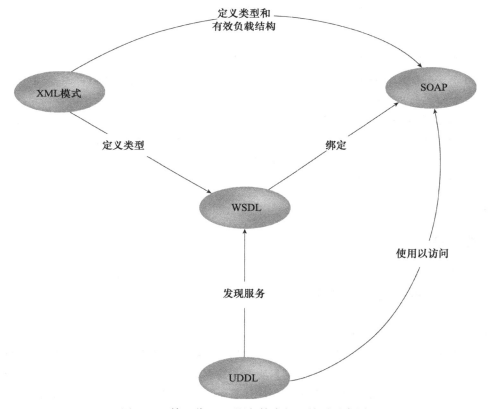

图 5-12 第一代 Web 服务技术相互关系示意图

为 WS-*）的开发更加全面，可以应对各种其他功能问题，如安全性、可靠性、事务处理、路由和业务流程自动化。

注释
若需进一步了解 Web 服务技术，请参考 Thomas Erl 所著的《Web Service Contract Design & Versioning for SOA》。该书从技术的角度阐述了第一代和第二代 Web 服务标准。更多信息请访问网站：www.servicetechbooks.com/wsc。

5.6.2　REST 服务

REST 服务是按照一组约束条件设计的，这组约束条件使得服务架构模拟 WWW 的属性，从而导致服务的实现要依赖于使用核心 Web 技术（参见 5.4 节）。

与 Web 服务不同，REST 服务没有独立的技术接口，取而代之的是共享一个通用技术接口，该接口称为统一合约（uniform contract），一般通过使用 HTTP 方法来建立。

REST 有 6 个设计约束，分别为：

- 客户端 – 服务器
- 无状态
- 缓存
- 接口 / 统一合约
- 层次化系统
- 按需编码

每个设计约束的细节详见 www.whatisrest.com。

注释
若需进一步了解 REST，请参考 Thomas Erl 所著《Principles，Pattern & Costraints for Building Enterprise Solutions with REST》。更多细节请访问网站：www.servicetechbooks.com/rest。

5.6.3　服务代理

服务代理是事件驱动程序，它在运行时拦截消息。服务代理分为主动服务代理和被动服务代理，两者在基于云的环境中都比较常见。主动服务代理在拦截并读取消息内容后，会采取一定的措施，通常是修改消息的内容（最常见的是修改消息头部数据，少部分会要求修改消息体数据），或者修改消息路径。反之，被动服务代理不会修改消息内容，而是在读取消息后，捕捉特定内容以便进行监控、记录或者报告。

基于云的环境非常依赖于使用系统级并且定制的服务代理来执行大部分运行监控和计量，以确保一些功能能够立即执行，比如，弹性扩展和按使用计费。

本书第二部分阐述的一些机制就是以服务代理的方式存在的，或者是依赖于使用服务代理。

5.6.4 服务中间件

服务技术的大框架下是市场巨大的中间件平台，它从主要促进集成的面向消息的中间件（MOM）平台演变为适应复杂服务组合的高级服务中间件平台。

与服务计算相关的中间件平台有两种最常见的类型，一个是企业服务总线（ESB），另一个是业务流程平台。ESB包含了一系列中间处理功能，如服务中介、路由和消息队列。业务流程环境用于存储和执行工作流逻辑，以驱动运行时的服务组合。

上述两种服务中间件都可以在基于云的环境中进行部署和运行。

关键点小结

- 基于Web的服务（如Web服务和REST服务）依靠非专有通信和技术接口定义来建立基于Web技术的标准通信框架。
- 服务代理提供事件驱动运行时处理，适用于云中大量的功能。许多代理都自动部署在操作系统和基于云的产品中。
- 服务中间件（如ESB和业务流程平台）可以在云上部署。

[112]

案例研究示例

DTGOV已经在它的每一个数据中心内建立起了云感知的基础设施，这些基础设施由以下组件构成：

- 3层设备基础设施，数据中心设备层的所有中央子系统都有冗余配置。
- 与公共设施服务提供商之间的冗余连接，这些提供商已经在本地安装了相应的供电和供水设施，以便在出现一般故障时使用。
- 互联网络，通过专用链接在3个数据中心之间提供超高带宽的互联。
- 冗余的Internet连接，用于将每个数据中心与多个ISP和.GOV外联网相连。.GOV外联网将DTGOV与其主要的政府客户进行互联。
- 由云感知虚拟化平台抽象出来的具有更高整合能力的标准化硬件。

物理服务器组织并放置在服务器机架上，每个机架有两个架顶式路由器交换机（第3层）与其中的所有物理服务器相连，这些路由器交换机与配置成集群的LAN核心交换机互联。核心交换机与路由器相连提供网络互联功能，与防火墙相连提供网络访问控制功能。图5-13显示的是数据中心内服务器网络连接的物理布局。

[113] 连接存储系统和服务器的是一个单独的网络，其中安装了集群化的存储区域网络（SAN）交换机，以及类似的与各种设备的冗余连接（图5-14）。

如图5-14和图5-15所示，将互联的物理IT资源和位于物理层之上的虚拟IT资源整合起来，使得人们可以动态、便于管理地配置和分配虚拟IT资源。

图5-15给出的是DTGOV公司基础设施内每对数据中心之间的网络互联架构。

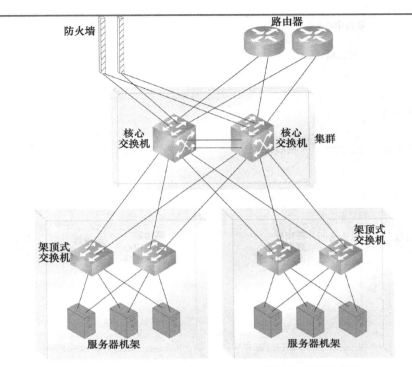

图 5-13 DTGOV 数据中心内部服务器网络连接示意图

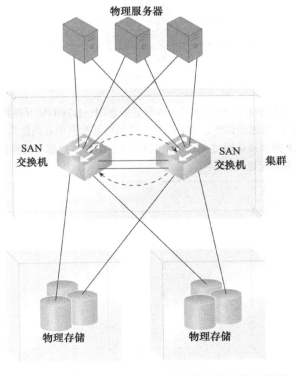

图 5-14 DTGOV 数据中心内的存储系统网络连接图

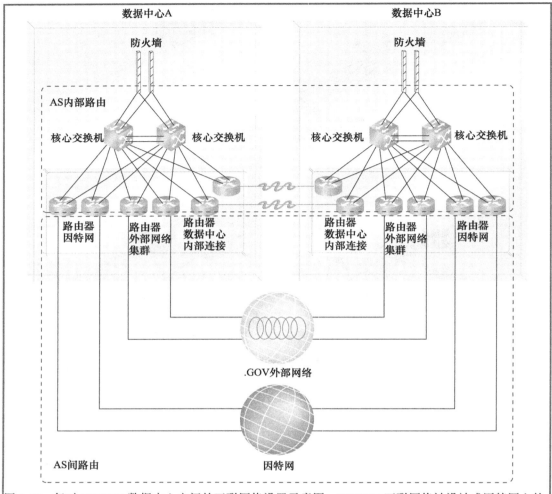

图 5-15 每对 DTGOV 数据中心之间的互联网络设置示意图。DTGOV 互联网络被设计成因特网上的自治系统（AS），意思是说数据中心间的互联链路和数据中心内的局域网确定了这个 AS 路由域。到外部 ISP 的链接是通过 AS 间路由技术来控制的，这属于因特网流量，可以根据负载均衡和故障处理灵活配置

基本云安全

本章介绍解决云中基本信息安全问题的术语和概念，然后定义了一组对公有云环境来说最常见的威胁和攻击。第 10 章讲述的云安全机制是用来对抗这些威胁的安全控制。

6.1 基本术语和概念

信息安全是技术、科技、规章和行为的复杂组合，它们联合起来保护计算机系统和数据的完整性和对之的访问。IT 安全措施旨在防御由于恶意的企图和无心的用户错误造成的威胁和干扰。

接下来的小节将定义与云计算相关的基础安全术语，描述相应的概念。

6.1.1 保密性

保密性（confidentiality）是指事物只有被授权方才能访问的特性（图 6-1）。在云环境中，保密性主要是关于对传输和存储的数据进行访问限制的。

图 6-1　如果云用户发往云服务的消息没有被未授权方访问或读到，就被认为是保密的

6.1.2 完整性

完整性（integrity）是指未被未授权方篡改的特性（图 6-2）。关系到云中数据完整性的一个重要问题是能否向云用户保证传送到云服务的数据与云服务接收到的数据完全一致。完整性可以扩展至云服务和基于云的 IT 资源如何存储、处理和检索数据。

图 6-2　如果云用户发往云服务的消息没有被篡改过，就被认为是完整的

6.1.3　真实性

真实性（authenticity）是指事物是由经过授权的源提供的这一特性。这个概念包括不可否认性，也就是一方不能否认或质疑一次交互的真实性。不可否认的交互中的真实性提供了一种证明，证明这些交互是否是唯一链接到一个经过授权的源的。例如，在收到一个不可否认的文件后，如果不产生一条对此访问的记录，那么用户就不能访问该文件。

6.1.4　可用性

可用性（availability）是在特定的时间段内可以访问和可以使用的特性。在典型的云环境中，云服务的可用性可能是云提供者和云运营商共同的责任。当基于云的解决方案扩展到云服务用户时，可用性也会是云用户的责任。

119

6.1.5　威胁

威胁（threat）是潜在的安全性违反，可能试图破坏隐私并/或导致危害，以此挑战防护。由手动或自动策动的威胁被设计用来利用已知的弱点，这些弱点也称为漏洞（vulnerability）。威胁实施的结果就是攻击（attack）。

6.1.6　漏洞

漏洞（vulnerability）是一种可能被利用的弱点，可能是因为安全控制保护不够，也可能是因为攻击击败了现有的安全控制。造成 IT 资源漏洞的原因有很多，包括配置缺陷、安全策略弱点、用户错误、硬件或者固件缺陷、软件漏洞和安全架构薄弱。

6.1.7　风险

风险（risk）是指执行一个行为带来损失或危害的可能性。风险一般是由它的威胁等级和可能或已知的漏洞数量来衡量的。有两个标准可以用来确定 IT 资源的风险：
- 威胁利用 IT 资源中漏洞的概率
- 如果 IT 资源被损害，预期会造成的损失

关于风险管理的细节会在本章后面进行讲解。

6.1.8　安全控制

安全控制是用来预防或响应安全威胁以及降低或避免风险的对策。如何使用安全对策的细节通常是在安全策略中设定的，其中包括一组规则和行为，指定如何实现一个系统、服务或安全规划，尽最大可能保护敏感和关键的 IT 资源。

120

6.1.9　安全机制

对策通常是以安全机制的形式来描述的，安全机制是构成保护 IT 资源、信息和服务的防御框架的组成部分。

6.1.10　安全策略

安全策略建立了一套安全规则和规章。通常，安全策略会进一步定义该如何实现和加强

这些规则和规章。例如，安全策略会确定安全控制和机制的定位和使用。

关键点小结

- 保密性、完整性、真实性和可用性是可以与衡量安全性相关联的特性。
- 威胁、漏洞和风险是与衡量和评估不安全性或安全性缺乏相关联的。
- 安全控制、机制和策略是与建立支持改进安全性的对策和保护措施相关联的。

6.2　威胁作用者

威胁作用者（threat agent）是引发威胁的实体，因为它能够实施攻击。云安全威胁可能来自内部也可以来自外部，可能来自于人也可能来自于软件程序。接下来的小节会介绍相应的威胁作用者。图 6-3 说明了相对于漏洞、威胁和风险以及安全策略和安全机制建立起来的保护措施而言，威胁作用者所承担的角色。

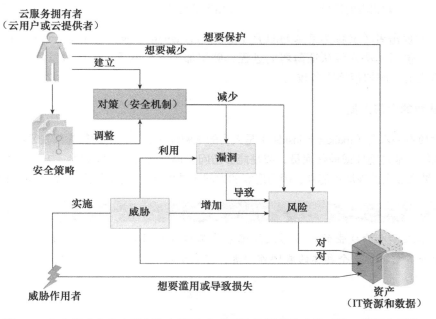

图 6-3　安全策略和安全机制如何用来应对威胁作用者造成的威胁、漏洞和风险

6.2.1　匿名攻击者

匿名攻击者（anonymous attacker）是云中没有权限的、不被信任的云服务用户（图 6-4）。它通常是一个外部软件程序，通过公网发动网络攻击。当匿名攻击者对安全策略和防护所知有限时，这会抑制他们形成有效攻击的能力。因此，匿名攻击者往往诉诸绕过用户账号或窃取用户证书的手段，同时使用能确保匿名性或需要大量资源才能被检举的方法。

6.2.2　恶意服务作用者

恶意服务作用者（malicious service agent）能截取并转发云内的网络流量（图 6-5）。它通常是带有被损害的或恶意逻辑的服务代理（或伪装成服务代理的程序）。也有可能是能够远程截取并破坏消息内容的外部程序。

6.2.3　授信的攻击者

授信的攻击者（trusted attacker）与同一云环境中的云用户共享 IT 资源，试图利用合法的证书来把云提供者以及与他们共享 IT 资源的云租户作为攻击目标（图 6-6）。不同于匿名攻击者（他们是非授信的），授信的攻击者通常通过滥用合法的证书或通过挪用敏感和保密的信息，在云的信任边界内部发动攻击。

图 6-4　用以表示匿名攻击者的记号

图 6-5　用以表示恶意服务作用者的记号

图 6-6　用以表示授信的攻击者的记号

授信的攻击者（又称为恶意的租户（malicious tenant）能够使用基于云的 IT 资源做很多非法之用，包括非法入侵认证薄弱的进程、破解加密、往电子邮件账号发垃圾邮件，或者发起常见的攻击，例如拒绝服务攻击。

6.2.4　恶意的内部人员

恶意的内部人员（malicious insider）是人为的威胁作用者，他们的行为代表云提供者或者与之有关。他们通常是现任或前任雇员，或是能够访问云提供者资源范围的第三方。这种类型的威胁作用者会带来极大的破坏可能性，因为恶意的内部人员可能拥有访问云用户 IT 资源的管理特权。

注释

用来表示人为攻击的一般形式的记号是工作站和闪电的组合（图 6-7）。这种一般性的符号并不意味着一个具体的威胁作用者，只表示攻击是通过工作站发起的。

图 6-7　用以表示发起自工作站的攻击的记号。人形符号是可选的

关键点小结

- 匿名攻击者是不被信任的威胁作用者，通常试图从云边界的外部进行攻击。
- 恶意服务作用者截取网络通信，试图恶意地使用或篡改数据。
- 授信的攻击者是经过授权的云服务用户，具有合法的证书，他们会使用这些证书来访问基于云的 IT 资源。
- 恶意的内部人员是试图滥用对云资源范围的访问特权的人。

6.3　云安全威胁

本节介绍几种基于云的环境中常见的威胁和漏洞，同时描述前面提到的威胁作用者的角色。用来对抗这些威胁的安全机制会在第 10 章中讲述。

6.3.1　流量窃听

流量窃听（traffic eavesdropping）是指当数据在传输到云中或在云内部传输时（通常是从云用户到云提供者）被恶意的服务作用者被动地截获，用于非法的信息收集之目的（图 6-8）。这种攻击的目的就是直接破坏数据的保密性，可能也破坏了云用户和云提供者之间关系的保密性。由于这种攻击被动的本质，这种攻击更容易长时间进行而不被发现。

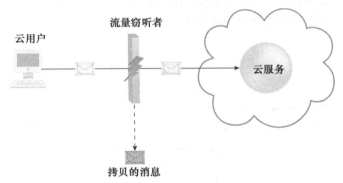

图 6-8　一个位于云外部的恶意服务作用者进行了流量窃听攻击，截获了由云服务用户发给云服务的消息。在消息按照原有的路径送到云服务之前，这个服务作用者获取了该消息的非法拷贝

6.3.2　恶意媒介

恶意媒介（malicious intermediary）威胁是指消息被恶意服务作用者截获并且被篡改，因此可能会破坏消息的保密性和完整性。它还有可能在把消息转发到目的地之前插入有害的数据。图 6-9 说明了一个常见的恶意媒介攻击的例子。

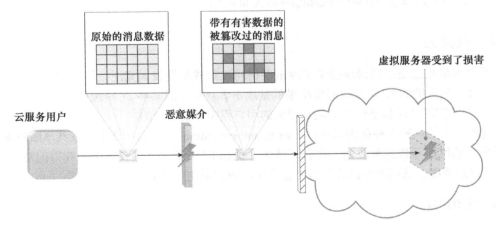

图 6-9　恶意的服务作用者截获并修改云服务用户发往位于虚拟服务器上的云服务（图中未显示）的消息。因为有害数据被打包进了消息，虚拟服务器受到了损害

注释
虽然不太常见，但是恶意媒介攻击也有可能是由恶意的云服务用户程序发起的。

6.3.3　拒绝服务

拒绝服务（DoS）攻击的目标是使 IT 资源过载至无法正确运行。这种形式的攻击通常是以以下方式之一发起的：

- 云服务上的负载由于伪造的消息或重复的通信请求不正常地增加。
- 网络流量过载，降低了响应性，性能下降。
- 发出多个云服务请求，每个请求都设计成消耗过量的内存和处理资源。

成功的 DoS 攻击使得服务器性能恶化或失效，如图 6-10 所示。

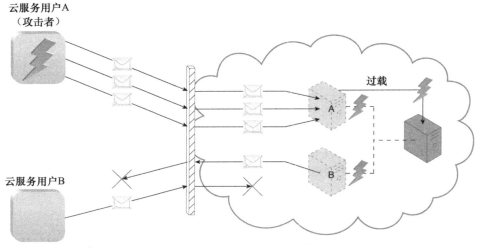

图 6-10　云服务用户 A 向位于虚拟服务器 A 上的云服务（图中未显示）发送多个消息。这超过了底层物理服务器的容量，导致虚拟服务器 A 和 B 中断服务。结果，合法的云服务用户（例如云服务用户 B）无法与任何位于虚拟服务器 A 和 B 上的云服务通信

6.3.4　授权不足

授权不足攻击是指错误地授予了攻击者访问权限或是授权太宽泛，导致攻击者能够访问到本应该受到保护的 IT 资源。通常结果就是攻击者获得了对某些 IT 资源的直接访问的权利，这些 IT 资源实现的时候是假设只能是授信的用户程序才能访问的。

这种攻击的一种变种称为弱认证（weak authentication），如果用弱密码或共享账户来保护 IT 资源，就可能导致这种攻击。在云环境内，根据 IT 资源的范围和攻击者获得的对 IT 资源的访问权限范围，这些类型的攻击可能会产生严重的影响（图 6-12）。

6.3.5　虚拟化攻击

虚拟化提供了一种方法使得多个云用户可以访问 IT 资源，这些 IT 资源共享底层硬件但是逻辑上互相独立。因为云提供者给予云用户对虚拟化的 IT 资源（例如虚拟服务器）的管理

权限，随之而来的风险就是云用户会滥用这种访问权限来攻击底层物理 IT 资源。

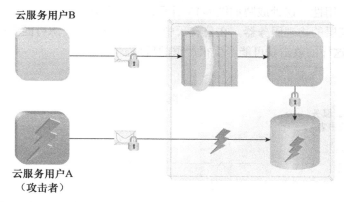

图 6-11　云服务用户 A 获得了对数据库的访问权限，这个数据库实现的时候假设只能通过具有公开服务合同的 Web 服务来访问它（就像云服务用户 B 那样）

127

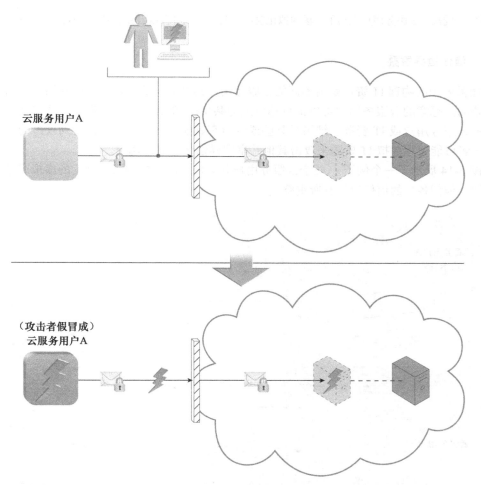

图 6-12　攻击者破解了云服务用户 A 使用的弱密码。结果（攻击者拥有的）恶意的云服务用户就假冒成云服务用户 A 来获得对基于云的虚拟服务器的访问权限

128

虚拟化攻击（virtualization attack）利用的是虚拟化平台中的漏洞来危害虚拟化平台的保密性、完整性和可用性。这种威胁如图 6-13 所示，一个授信的攻击者成功地接入了一台虚拟服务器，破坏它底层的物理服务器。在公有云中，一个物理 IT 资源可能要向多个云用户提供虚拟化 IT 资源，这样的攻击就可能产生很严重的后果。

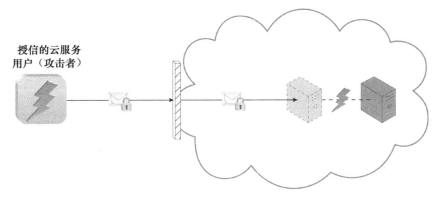

图 6-13 授权的云服务用户发动了一场虚拟化攻击，滥用了他对虚拟服务器的管理权限来获取底层硬件

6.3.6 信任边界重叠

如果云中的物理 IT 资源是由不同的云服务用户共享的，那么这些云服务用户的信任边界是重叠的。恶意的云服务用户可以把目标设定为共享的 IT 资源，意图损害其他共享同样信任边界的云服务用户或 IT 资源。结果是某些或者所有其他的云服务用户都受到攻击的影响，或者攻击者可能使用虚拟 IT 资源来攻击其他共享同样信任边界的用户。

图 6-14 展示了一个例子：两个云服务用户共享位于同一物理服务器上的虚拟服务器，不情愿地，他们各自的信任边界有所重叠。

129

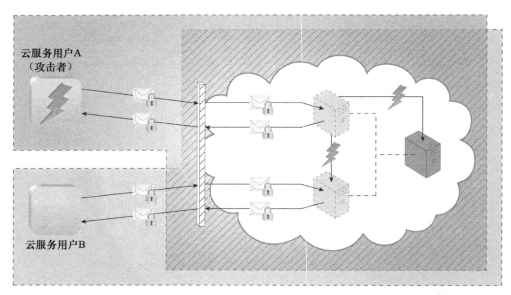

图 6-14 云服务用户 A 是被云授信的，因此获得了对虚拟服务器的访问权限，然后它再意图攻击底层的物理服务器以及云服务用户 B 使用的虚拟服务器

关键点小结

- 流量窃听和恶意媒介攻击通常是由截取网络流量的恶意服务作用者实施的。
- 拒绝服务攻击的发生是当目标 IT 资源由于请求过多而负载过重，这些请求意在使 IT 资源性能陷于瘫痪或不可用。授权不足攻击是指错误地授予了攻击者访问权限或是授权太宽泛，或是使用了弱密码。
- 虚拟化攻击利用的是虚拟化环境中的漏洞，获得了对底层物理硬件未被授权的访问。重叠的信任边界潜藏了一种威胁，攻击者可以利用多个云用户共享的、基于云的 IT 资源。

130

6.4　其他考量

本节提供一个多样的、与云安全有关的问题和指导方针的清单。列出来的考量因素没有特别的顺序。

6.4.1　有缺陷的实现

云服务部署不合规范的设计、实现或配置会有不利的后果，而不仅仅是运行时的异常和失效。如果云提供者的软件或硬件有内在的安全缺陷或操作弱点，攻击者便会利用这些漏洞来损害云提供者的 IT 资源和由托管给云提供者的云用户的 IT 资源的完整性、保密性和可用性。

图 6-15 描绘了一个实现得不太好的云服务，导致服务器关机。虽然在这个场景中，这个缺陷是由一个合法的云服务用户不小心暴露出来的，但还是很容易被攻击者发现并加以利用。

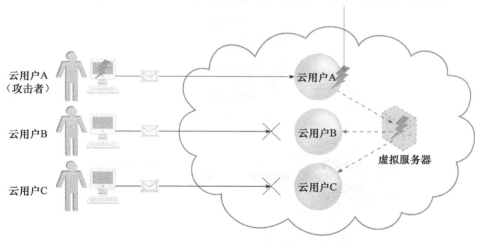

图 6-15　云服务用户 A 的消息引发了云服务 A 中的一个配置缺陷，结果导致同时承担着云服务 B 和 C 的虚拟服务器崩溃

131

6.4.2　安全策略不一致

当云用户把 IT 资源放到公有云提供者那里时，就需要接受云提供者提供的信息安全方法与传统的方法可能会不完全相同，甚至不相似。需要评估这种不兼容性，保证对被放置到公有云的数据或其他 IT 资产的保护是足够的。即使是租用原始的基于基础设施的 IT 资源时，对于

会应用到从云提供者那里租赁来的 IT 资源上的安全策略，云用户也可能没有足够的管理控制或影响。这主要是因为这些 IT 资源从法律上讲还是由云提供者所拥有的，一直都在它的责任范围内。

此外，在有些公有云中，其他的第三方（例如安全代理和证书授权方）可能会引入他们自己不同的安全策略和措施，使得任何对云用户资产保护进行标准化的试图都进一步复杂化。

6.4.3   合约

云用户需要很小心地检查云提供者提出的合约和 SLA，确保涉及资产安全的安全策略和其他相关的保障令人满意。需要有明确的语言指明云提供者承担的责任和 / 或云提供者可能要求的免赔等级。云提供者承担的责任越大，云用户的风险就越低。

有关合约责任的另一点是云用户和云提供者资产之间的界限在哪里。在云提供者提供的基础设施之上部署自己解决方案的云用户会构建出一个由云用户和云提供者拥有的物件共同组成的技术架构。如果发生了安全泄露（或其他类型的运行时失效），该怪谁呢？此外，如果云用户对它的解决方案设置自己的安全策略，但是云提供者坚持它的支撑基础设施是由不同的（可能是不兼容的）安全策略管理的，那么由此导致的不一致该如何克服呢？

有时最好的解决方案就是找另外一家提供更兼容合约条款的云提供者。

[132]

6.4.4   风险管理

在评估与采用云相关的可能的影响和挑战时，云用户被鼓励进行一个正式的风险评估，作为风险管理策略的一部分。用于增强战略、战术安全和风险管理的循环执行过程是由一组相互协调的监管和控制风险的活动组成的。主要的工作通常是风险评估、风险处理和风险控制（图 6-16）。

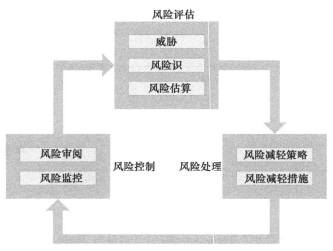

图 6-16   持续的风险管理过程，从三个阶段中的任意一个开始都可以

- 风险评估（risk assessment）——在风险评估阶段，要分析云环境，识别出威胁可能会利用的潜在的漏洞和缺陷。云提供者可能会被要求提供过去在它的云中发生过的（成功和不成功的）攻击。根据发生的概率和对云用户计划使用基于云的 IT 资源的影响的程度，对识别出来的风险进行定量和定性。

[133]

- 风险处理（risk treatment）——在风险处理阶段设计的风险减轻策略和计划意在成功

地处理在风险评估阶段发现的风险。有些风险可以消除，有些可以减轻，还有一些可以通过外包或者甚至加入保险或运营损失预算中。云提供者本身也可能同意把责任作为合同义务的一部分。

- 风险控制（risk control）——风险控制阶段是与风险监控相关的，含有一个三阶段处理过程，包括调查相关的事件，审阅这些事件来决定前期评估和处理的有效性，确认是否需要进行策略调整。根据所需监控的本质，这个阶段可以由云提供者进行或与云提供者一同进行。

本章讲述的威胁作用者和云安全威胁（以及其他可能出现的情况）都可以被视作和记录为风险评估阶段的一部分。第 10 章中描述的云安全机制可以被记录和引用为相应的风险处理的一部分。

关键点小结

- 云用户需要意识到，部署有缺陷的基于云的解决方案可能会引入安全风险。
- 在选择云提供厂商时，理解云提供者如何定义和强加所有权，以及可能的不兼容的云安全策略，是形成评估标准的关键部分。
- 在云用户和云提供者签署的法律协议中，需要明确定义和相互理解对潜在的安全泄露的责任、免责和问责。
- 对于云用户来说，在理解具体针对某个特定云环境的安全相关的可能的问题之后，对识别出的风险进行相应的评估是很重要的。

134

案例研究示例

根据对内部应用的评估，ATN 分析师确认出了一组风险。其中一个是与 myTrendek 应用相关的，这个应用采用自 OTC，这是 ATN 新近收购的一家公司。这个应用包括一个特性，它分析电话和因特网使用，有一种多用户模式，授予各种不同的访问权限。因此，系统管理员、行政管理人员、审计员和日常用户都被赋予了不同的权利。应用的用户群包括内部用户和外部用户，例如商业合作伙伴和承包商。

myTrendek 应用对于内部人员的使用有不少安全考验：

- 认证不需要或强制复杂的密码
- 与应用的通信不是加密的
- 欧盟的规定（ETelReg）要求应用收集的某些类型的数据必须在六个月之后删除

ATN 计划采用 PaaS 环境将这个应用迁移到云中，但是弱认证威胁和应用缺乏保密性的支持使得他们再三斟酌。后续的风险评估进一步揭示了如果应用迁移到一个位于欧盟之外的云托管的 PaaS 环境，本地的规定可能与 ETelReg 有冲突。假定这个云提供者不关心 ETelReg 兼容性，就很容导致 ATN 受到罚款处分。基于这样的风险评估结果，ATN 决定不继续推行这项云迁移计划。

135
~
136

云计算机制

技术机制是指在 IT 行业内确立的具有明确定义的 IT 构件，它通常区别于具体的计算模型或平台。云计算具有以技术为中心的特点，这就需要建立一套正式机制作为探索云技术架构的基础。

本部分所含章节共定义了 20 个常用云计算机制，它们可以形成不同的组合。这部分并未包含所有机制，还可能存在更多的机制定义。

本书第三部分中的大量架构模型均包含了本部分介绍的技术机制。

云基础设施机制

云基础设施机制是云环境的基础构建块，它是形成基本云技术架构基础的主要构件。

本章介绍如下云基础设施机制：

- 逻辑网络边界
- 虚拟服务器
- 云存储设备
- 云使用监控
- 资源复制
- 已就绪环境

这些机制并非全都应用广泛，也不需要为其中的每一个机制都建立独立的架构层。相反，它们应被视为云平台中常见的核心组件。

7.1　逻辑网络边界

逻辑网络边界（logical network perimeter）被定义为将一个网络环境与通信网络的其他部分隔离开来，形成了一个虚拟网络边界，它包含并隔离了一组相关的基于云的 IT 资源，这些资源在物理上可能是分布式的（图 7-1）。

该机制可被用于：

- 将云中的 IT 资源与非授权用户隔离
- 将云中的 IT 资源与非用户隔离
- 将云中的 IT 资源与云用户隔离
- 控制被隔离 IT 资源的可用带宽

逻辑网络边界通常由提供和控制数据中心连接的网络设备来建立，一般是作为虚拟化 IT 环境进行部署的。其中包括：

- 虚拟防火墙（virtual firewall）——一种 IT 资源，可以主动过滤被隔离网络的网络流量，并控制其与 Internet 的交互。
- 虚拟网络（virtual network）——一般通过 VLAN 形成，这种 IT 资源用来隔离数据中心基础设施内的网络环境。

图 7-2 显示的是表示这两种 IT 资源的符号。图 7-3 显示了两个逻辑网络边界，一个包含了云用

图 7-1　虚线框代表了一个逻辑网络边界的界限　　　　图 7-2　表示虚拟防火墙（左）和虚拟网络（右）的符号

户的企业内部环境，另一个包含了属于云提供者的基于云的环境，这两个边界通过一个 VPN 相连。由于 VPN 通常的实现方法是在通信端点之间发送点对点的加密数据包，因此这样可以保护通信。

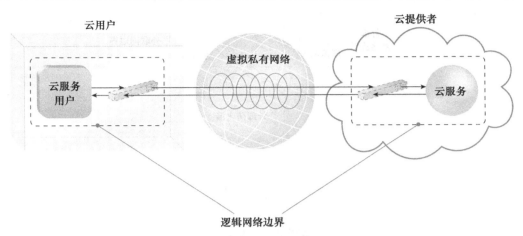

图 7-3　包含云用户和云提供者环境的两个逻辑网络边界　[141]

案例研究示例

　　为了方便网络分段和隔离，DTGOV 将其网络基础设施进行虚拟化，形成了一个逻辑网络布局。图 7-4 表示的是每个 DTGOV 数据中心实现的逻辑网络边界：

- 连接到 Internet 和外联网的路由器与外部防火墙相连，它利用虚拟网络为最外层网络边界提供网络控制和保护，这个虚拟网络是通过对外部网络和外联网的边界进行逻辑抽象形成的。连接到这些网络边界的设备呈松散隔离状态，并且被保护不受外部用户的干扰。在这些边界中没有可用的云用户 IT 资源。

- 逻辑网络边界被看作是建立在外部防火墙和自身防火墙之间的控制区（demilitarized zone，DMZ）。DMZ 抽象为一个虚拟网络，其中包含了代理服务器（未在图 7-3 中出现）和 Web 服务器，这里的代理服务器协调对常用网络服务（DNS、E-mail、Web 门户）的访问，而 Web 服务器则具有外部管理功能。

- 流出代理服务器的网络流量会经过一组管理防火墙，这组防火墙隔离出管理网络边界。管理网络边界内的服务器提供多个可以被云用户从外部访问的管理服务，它们直接支持对基于云的 IT 资源的自助服务和按需分配。

- 所有到基于云的 IT 资源的流量都经过 DMZ 流向云服务防火墙，这些防火墙隔离了每个云用户的边界网络。云用户的边界网络抽象为与其他网络隔离的虚拟网络。

- 管理边界和隔离虚拟网络都与内部数据中心的防火墙相连，该防火墙调节与其他 DTGOV 数据中心交互的网络流量。这些数据中心也与内部数据中心网络边界上的路由器相连。

　　虚拟防火墙由单个云用户进行分配和控制，以便调整其虚拟 IT 资源流量。这些 IT 资源通过与其他云用户隔离的虚拟网络进行互联。虚拟防火墙和隔离的虚拟网络共同形成了云用户的逻辑网络边界。　[142]

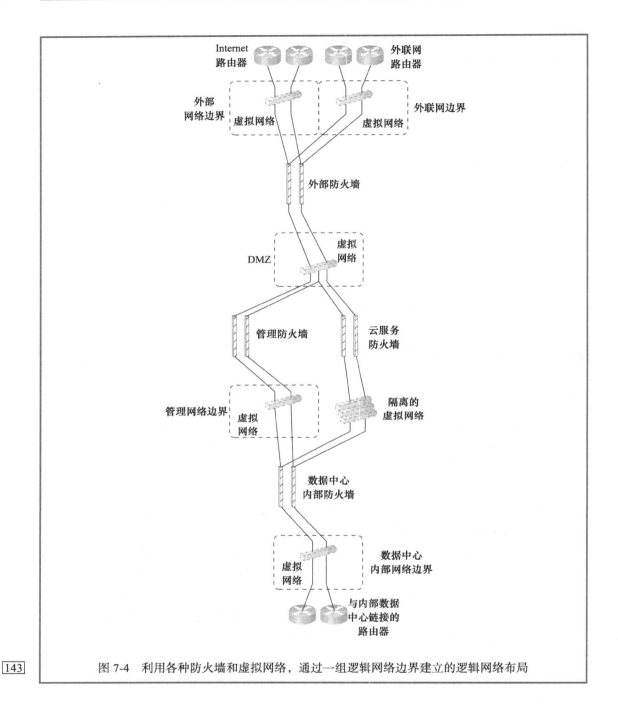

图 7-4 利用各种防火墙和虚拟网络，通过一组逻辑网络边界建立的逻辑网络布局

7.2 虚拟服务器

虚拟服务器（virtual server）是一种模拟物理服务器的虚拟化软件。通过向云用户提供独立的虚拟服务器实例，云提供者使多个云用户共享同一个物理服务器。如图 7-5 所示，2 个物理服务器控制 3 个虚拟服务器。一个给定物理服务器可以共享的实例数量由其容量决定。

作为一个有价值的机制，虚拟服务器是最基本的云环境构建块。每个虚拟服务器都可以存储大量的 IT 资源、基于云的解决方案和各种其他的云计算机制。从映像文件进行虚拟服务器的实例化是一个可以快速且按需完成的资源分配过程。

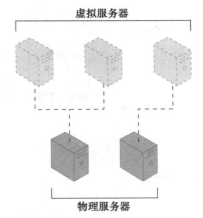

图 7-5　第一个物理服务器控制 2 个虚拟服务器，第二个物理服务器控制 1 个虚拟服务器

注释
● 本书所用的虚拟服务器和虚拟机器（VM）为同义词。 ● 本章涉及的虚拟机监控器机制详见第 8 章 8.7 节。 ● 本章涉及的虚拟基础设施管理器（VIM）详见第 9 章 9.2 节。

通过安装或释放虚拟服务器，云用户可以定制自己的环境，这个环境独立于其他正在使用由同一底层物理服务器控制的虚拟服务器的云用户。如图 7-6 所示，云服务用户 B 正在访问虚拟服务器的云服务，与此同时，云服务用户 A 为了执行一个管理任务，直接访问了该虚拟服务器。 144

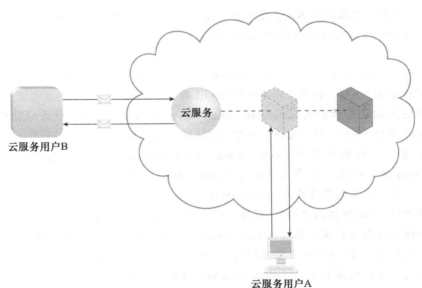

图 7-6　一个虚拟服务器驻留着一个正在被使用的云服务，同时一个云用户以管理为目的对该
　　　　服务器进行访问

案例研究示例
DTGOV 的 IaaS 环境包含托管的虚拟服务器。物理服务器运行虚拟机监控器软件来控制虚拟服务器，并将其实例化。它们的 VIM 用于协调与虚拟服务器实例创建相关的物理服务器。每个数据中心都使用这种方法来实行虚拟化层的统一实现。 　　图 7-7 显示了运行在物理服务器上的几个虚拟服务器，它们都由中心 VIM 进行控制。

145

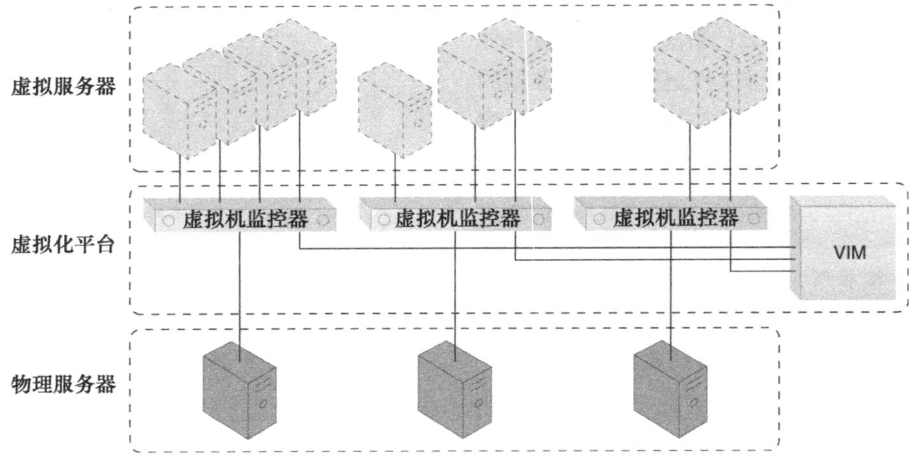

图 7-7　通过物理服务器的虚拟机监控器和中心 VIM 创建虚拟服务器

为了能够按需创建虚拟服务器，DTGOV 向云用户提供了一组样板虚拟服务器，通过预制 VM 映像就可使用。

这些 VM 映像是虚拟机监控器引导虚拟服务器的虚拟磁盘映像文件。根据正在使用的操作系统、驱动程序和管理工具，DTGOV 为样板虚拟服务器准备各种不同的初始化配置选项。有些样板虚拟服务器还具备额外的预先安装的应用服务器软件。

下列虚拟服务器包是提供给 DTGOV 云用户的，每个包都有不同的预定义性能配置和限制。

- 小型虚拟服务器实例（small virtual server instance）——1 个虚拟处理器内核，4GB 虚拟 RAM，引导文件系统中 20GB 的存储空间。
- 中型虚拟服务器实例（medium virtual server instance）——2 个虚拟处理器内核，8GB 虚拟 RAM，引导文件系统中 20GB 的存储空间。
- 大型虚拟服务器实例（large virtual server instance）——8 个虚拟处理器内核，16GB 虚拟 RAM，引导文件系统中 20GB 的存储空间。
- 内存大型虚拟服务器实例（memory large virtual server instance）——8 个虚拟处理器内核，64GB 虚拟 RAM，引导文件系统中 20GB 的存储空间。
- 处理器大型虚拟服务器实例（processor Large virtual server instance）——32 个虚拟处理器内核，16GB 虚拟 RAM，引导文件系统中 20GB 的存储空间。
- 超大型虚拟服务器实例（ultra-large virtual server instance）——128 个虚拟处理器内核，512GB 虚拟 RAM，引导文件系统中 40GB 的存储空间。

从云存储设备添加一个虚拟磁盘到虚拟服务器可以增加其存储容量。所有的样板虚拟机映像都存储在常见的云存储设备中，只有使用云用户的管理工具才能访问该存储设备，这些管理工具用于控制 IT 资源的部署。当有新虚拟服务器需要实例化时，云用户可以从可用配置列表中选择最合适的虚拟服务器模板，然后产生一个虚拟机映像副本，并分配给云用户，于是该云用户便可以行使管理权限。

只要云用户自定义虚拟服务器，分配的 VM 映像就会更新。云用户启动虚拟服务器之后，分配的 VM 映像及其相关性能文件被传递给 VIM，VIM 就从合适的物理服务器中创建虚拟服务器实例。

图 7-8 表示的是上述过程。DTGOV 利用这个过程支持具有不同初始软件配置和性能特性的虚拟服务器的创建与管理。

147

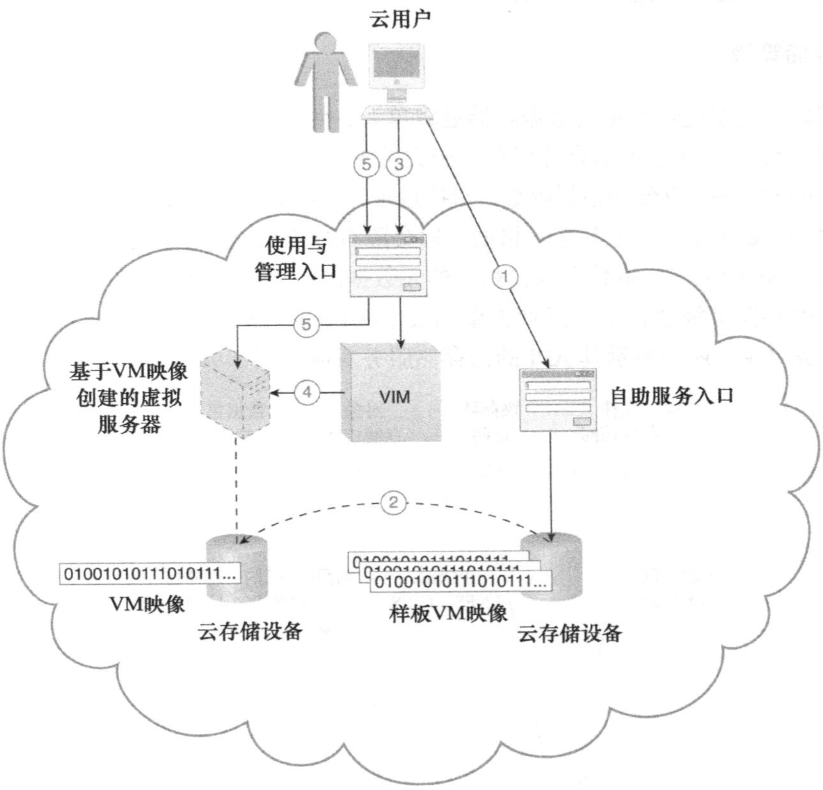

图 7-8 云用户使用自助服务入口，为创建选择一个样板虚拟服务器（1）。在云用户控制的云存储设备中生成相应 VM 映像的副本（2）。云用户通过使用与管理入口启动虚拟服务器（3），该入口与 VIM 交互，通过底层硬件生成虚拟服务器实例（4）。通过使用与管理入口的其他功能，云用户可以使用并定制虚拟服务器（5）（注意：自助服务入口和使用与管理入口将在第 9 章进行介绍）

148

7.3 云存储设备

云存储设备（cloud storage device）机制是指专门为基于云配置所设计的存储设备。如同物理服务器如何大量产生虚拟服务器映像一样，这些设备的实例可以被虚拟化。在支持按使用计费的机制时，云存储设备通常可以提供固定增幅的容量分配。此外，通过云存储服务，还可以远程访问云存储设备。

注释
这是一种父机制（parent mechanism），代表的是一般的云存储设备，实际上还存在许多特殊的云存储设备，其中的一些将在本书第三部分的架构模型中进行描述。

一个与云存储相关的主要问题是数据的安全性、完整性和保密性，当数据被委托给外部云提供者和其他第三方时，就更容易出现危害。此外，数据出现跨地域或国界的迁移时，也会导致法律和监管问题。还有一个问题是关于大型数据库性能方面的，即 LAN 提供的本地数据存储在网络可靠性和延迟水平上均优于 WAN。

7.3.1   云存储等级

云存储设备机制提供常见的数据存储逻辑单元，例如：

- 文件（file）——数据集合分组存放于文件夹中的文件里。
- 块（block）——存储的最低等级，最接近硬件，数据块是可被独立访问的最小数据单位。
- 数据集（dataset）——基于表格的、以分隔符分隔的或以记录形式组织的数据集合。
- 对象（object）——将数据及其相关的元数据组织为基于 Web 的资源。

每个数据存储等级通常都与某种类型的技术接口相关联，这个技术接口不仅与特定类型的云存储设备对应，还与显示其 API 的云存储服务对应（图 7-9）。

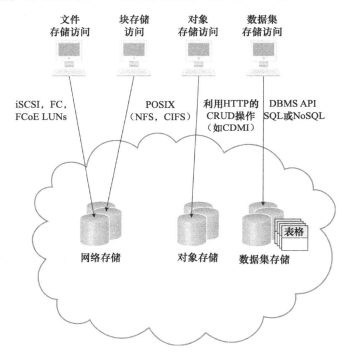

图 7-9   不同的云服务用户使用不同的技术与虚拟化云存储设备相连接（改编自 CDMI 云存储模型）

7.3.2   网络存储接口

传统的网络存储大多受到网络存储接口类别的影响，它包括了符合工业标准协议的存储设备，比如，用于存储块和服务器消息块（SMB）的 SCSI，用于文件与网络存储的通用Internet 文件系统（CIFS）和网络文件系统（NFS）。文件存储需要将独立的数据存入不同的文件，这些文件的大小和格式可以不同，并且可以形成文件夹和子文件夹。当数据发生变化时，原来的文件通常要被生成的新文件所替换。

当一种云存储设备机制是基于这种接口时，其数据搜索和抽取性能很可能不是最优的。通常，文件分配的存储处理水平和阈值都是由文件系统本身来决定的。 [150]

块存储要求数据具有固定格式（称为数据块（data block）），这种格式最接近硬件，并且是存储和访问的最小单位。不论是使用逻辑单元号（LUN）还是虚拟卷，与文件级存储相比，块级存储通常都具有更好的性能。

7.3.3 对象存储接口

各种类型的数据都可以作为 Web 资源被引用和存储，这就是对象存储，它以可以支持多种数据和媒体类型的技术为基础。实现这种接口的云存储设备机制通常可以通过以 HTTP 为主要协议的 REST 或者基于 Web 服务的云服务来访问。网络存储行业协会（SNIA）的云数据管理接口（CDMI）规范支持使用对象存储接口。

7.3.4 数据库存储接口

基于数据库存储接口的云存储设备机制除了支持基本存储操作外，通常还支持查询语言，并通过标准 API 或管理用户接口来实现存储管理。

根据存储结构，这种存储接口分为两种主要类型。

1. 关系数据存储

传统上，许多企业内部的 IT 环境在存储数据时，使用的是关系数据库或关系数据库管理系统（RDBMS）。关系数据库（或关系存储设备）依靠表格，将相似的数据组织为行列形式。表格之间的关系可以增加数据的结构，保护数据完整性，避免数据冗余（这里指的是数据规范化）。使用关系存储，通常也要用到工业标准结构化查询语言（SQL）。

使用关系数据存储来实现的云存储设备机制可以以许多可用的商业数据库产品为基础，比如，IBM DB2、Oracle 数据库、Microsoft SQL Server 和 MySQL。

基于云的关系数据库的挑战主要来自于扩展和性能。对一个关系云存储设备进行垂直扩展比水平扩展更加复杂，其投入使用效率也更低。尤其是被云服务远程访问的时候，复杂关系数据库和含有大量数据的数据库会出现更高的处理开销和延迟。 [151]

2. 非关系数据存储

非关系存储（通常被称为 NoSQL 存储）与传统关系数据库模型相比有较大差异，它采用"更加松散的"结构来存储数据，不强调定义关系和实现数据规范化。使用非关系存储的主要动力是避免关系数据库带来的可能的复杂性和处理成本。同时，与关系存储相比，非关系存储可以进行更多的水平扩展。

由于有限的或原始的模式或者数据模型，非关系存储需要权衡的是数据失去多少原始形式和验证。此外，非关系存储还倾向于不支持关系数据库的功能，如事务或连接。

规范化数据导出到非关系存储库后，通常就变为了非规范化数据，这意味着数据大小一般会增加。一定程度的规范化可以保留，但通常不是为了复杂的关系。云提供者经常提供非关系存储。在多服务器环境中，这可以带来存储数据的可扩展性和可用性。然而，许多非关系存储机制是专有的，因此严重限制了数据的可移植性。

案例研究示例

DTGOV 允许云用户访问基于对象存储接口的云存储设备。使用此 API 的云服务提供了对存储对象进行操作的基本功能，如：搜索，创建，删除和更新。搜索功能使用的是类似于文件系统的层次化对象结构。此外，DTGOV 还提供了一种仅供虚拟服务器使用的云服务，它通过块存储网络接口来创建云存储设备。这两种云服务使用的 API 都符合 SNIA 的 CDMI 规范 1.0 版。

基于对象的云存储设备的底层存储系统有各种存储容量，该系统由具有公开接口的软件组件进行直接控制。这个软件可以为云用户创建分配独立的云存储设备。同时，存储系统采用安全认证管理系统来管理对设备数据对象的基于用户的访问控制（图 7-10）。

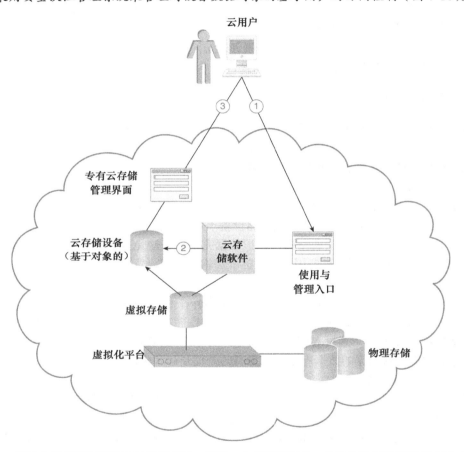

图 7-10 云用户和使用与管理入口进行交互，创建一个云存储设备，并定义访问控制规则（1）使用与管理入口和云存储软件交互，创建云存储设备实例，并对其数据对象实行请求访问策略（2）。每个数据对象都分配到云存储设备，所有的数据对象都存入同一个虚拟存储卷。云用户通过专有云存储设备界面直接与数据对象交互（3）（注意：使用与管理入口将在第 9 章进行介绍）

访问控制作用于每个对象上，对每个数据对象的创建、读和写操作都采用独立的访问规则。允许公共访问权限，但是该权限只能为只读。通过认证管理系统提前注册的指定用户可以形成访问组。由云存储软件实现的 Web 应用和 Web 服务接口都可以访问数据对象。

创建云用户基于块的云存储设备是由虚拟化平台管理的，它将虚拟存储的 LUN 实现进行了实例化（图 7-11）。云存储设备（或 LUN）在使用前，必须由 VIM 分配一个已存在的虚拟服务器。衡量基于块的云存储设备的容量是以 GB 为单位的。创建时，可以是云用户以管理方式修改的固定大小的存储容量，或者是可变有储容量，初始容量为 5GB，之后根据使用需求以 5GB 为单位进行自动增减。

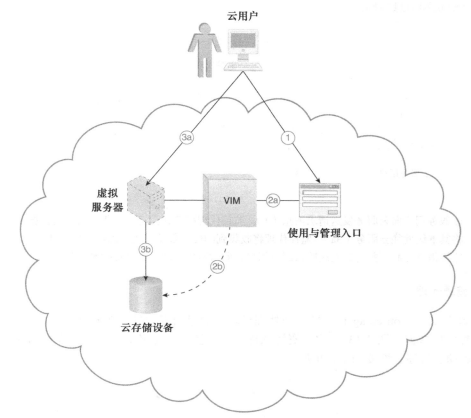

图 7-11　云用户通过使用与管理入口，为一个已有虚拟服务器创建并分配一个云存储设备（1）。使用与管理入口和 VIM 交互（2a），创建并配置适当的 LUN（2b）。每个云存储设备使用的是虚拟化平台控制下的独立 LUN。云用户直接远程登录到虚拟服务器（3a）以便访问云存储设备（3b）

154

7.4　云使用监控

云使用监控机制是一种轻量级的自治软件程序，用于收集和处理 IT 资源的使用数据。

注释
这是一种父机制，代表了广义的云使用监控器。其中的几种将在第 8 章作为专门机制进行介绍，还有几种将在本书第三部分的云架构模型中进行介绍。

根据需要收集的使用指标类型和使用数据收集方式，云使用监控器可以以不同的形式存在。下面将介绍 3 种常见的基于代理的实现形式。每种形式都将收集到的使用数据发送到日志数据库，以便进行后续处理和报告。

7.4.1　监控代理

监控代理（monitoring agent）是一个中间的事件驱动程序，它作为服务代理驻留在已有通信路径上，对数据流进行透明的监控和分析（图7-12）。这种类型的云使用监控通常被用来计量网络流量和消息指标。

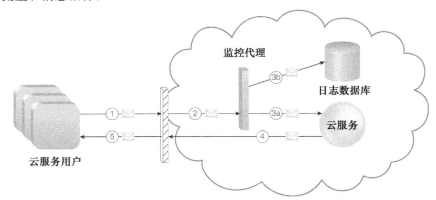

图 7-12　云服务用户向云服务发送请求消息（1）。监控代理拦截此消息，收集相关使用数据（2），然后将其继续发往云服务（3a）。监控代理将收集到的使用数据存入日志数据库（3b）。云服务产生应答消息（4），并将其发送回云服务用户，此时监控代理不会进行拦截（5）

7.4.2　资源代理

资源代理（resource agent）是一种处理模块，通过与专门的资源软件进行事件驱动的交互来收集使用数据（图7-13）。它在资源软件级上，监控预定义的且可观测事件的使用指标，比如：启动、暂停、恢复和垂直扩展。

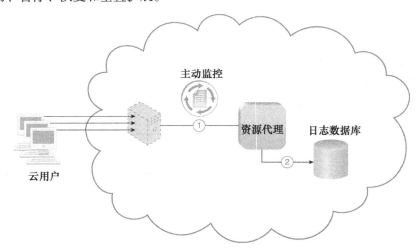

图 7-13　资源代理主动监控虚拟服务器，并检测到使用的增加（1）。资源代理从底层资源管理程序收到通知，虚拟服务器正在进行扩展，按照其监控指标，资源代理将收集的使用数据存入日志数据库（2）

155
₹
156

7.4.3　轮询代理

轮询代理（polling agent）是一种处理模块，通过轮询IT资源来收集云服务使用数据。它通常被用于周期性地监控IT资源状态，比如正常运行时间与停机时间（图7-14）。

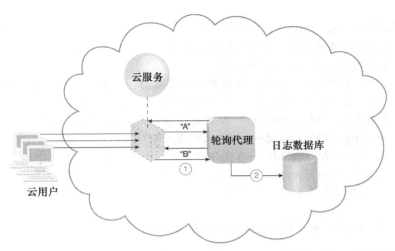

图 7-14　轮询代理监控虚拟服务器上的云服务状态，它周期性地发送轮询消息，并在数个轮询周期后接
　　　　收到使用状态为 "A" 的轮询响应消息。当代理接收到的使用状态为 "B" 时（1），轮询代理
　　　　就将新的使用状态记录到日志数据库中（2）

案例研究示例

　　在 DTGOV 决定采用云时，遇到的挑战之一就是确保收集到的使用数据是准确的。
不论实际使用情况如何，过去 IT 外包模式的资源分配方式都是按照每年租赁合同中列出
的物理服务器数量来对客户进行计费扣费。

　　现在，DTGOV 需要定义一个模型，允许各种性能水平的虚拟服务器可以按小时进行
租赁和计费。为了获得必要的准确度，使用数据必须达到极细的粒度级。DTGOV 实现了 |157|
资源代理，它依靠 VIM 平台产生的资源使用事件来计算虚拟服务器的使用数据。

　　资源代理设计的逻辑和指标基于如下规则：

1）VIM 软件产生的每个资源使用时间都包含以下数据：

- 事件类型（EV_TYPE）——由 VIM 平台产生，有 5 种类型：
  VM 启动（VM Starting）（由虚拟机监控器创建）
  VM 已启动（VM Started）（引导过程已完成）
  VM 停止（VM Stopping）（正在关闭）
  VM 已停止（VM Stopped）（由虚拟机监控器终止）
  VM 扩展（VM Scaled）（性能参数的变化）
- VM 类型（VM_TYPE）——该数据表示由其性能参数决定的虚拟服务器类型。预
  先定义的可能的虚拟服务器配置列表提供了参数，这些参数由 VM 启动或扩展时
  的元数据来描述。
- 唯一的 VM 标识符（VM_ID）——该标识符由 VIM 平台提供。
- 唯一的云用户标识符（CS_ID）——该标识符也由 VIM 平台提供，用于代表云用户。
- 事件时间戳（EV_T）——事件发生的标识，根据数据中心的时区，以时间和日期
  格式表示，并按照 RFC 3339 的定义以 UTC 格式引用（根据 ISO 8601 文件）。

2）为云用户创建的每一个虚拟服务器记录使用量。 |158|

3）记录测量周期内的使用量，该时间段由 t_{start} 和 t_{end} 两个时间戳定义。测量时
间段默认开始时间为历月的起始（t_{start}=2012-12-01T00：00：00-08：00），结束时间

为历月的末尾（t_{end}=2012-12-31T23：59：59-08：00）。此外还支持定制测量时间。

4）记录每分钟的使用量。虚拟机监控器创建虚拟服务器时，开始该服务器的使用测量周期，当其终止时，结束使用测量周期。

5）在使用测量周期中，虚拟服务器可以多次启动、扩展和停止。这些连续事件的开始时间用 i（i=1，2，3，…）表示，i 之间的时间间隔称为使用周期，用 T_{cycle_i} 表示：

- VM_Starting，VM_Stopping——VM 大小在周期结束时没有变化。
- VM_Starting，VM_Scaled——VM 大小在周期结束时发生变化。
- VM_Scaled，VM_Scaled——在周期结束时，如果扩展，VM 大小发生变化。
- VM_Scaled，VM_Stopping——VM 大小在周期结束时发生变化。

6）每个虚拟服务器在测量周期内的使用总量 U_{total} 用如下资源使用事件日志数据库公式计算：

- 对于日志数据库中的每个 VM_TYPE 和 VM_ID，

$$U_{total\_VM\_type\_j} = \sum_{I_{start}}^{I_{end}} T_{cycle_i}$$

- 根据每个 VM_TYPE 测量的总使用时间，每个 VM_ID 的使用向量为 U_{total}：

$$U_{total} = \{type1,\ U_{total\_VM\_type\_1},\ type2,\ U_{total\_VM\_type\_2}, \cdots\}$$

图 7-15 显示的是资源代理与 VIM 事件驱动 API 之间的交互。

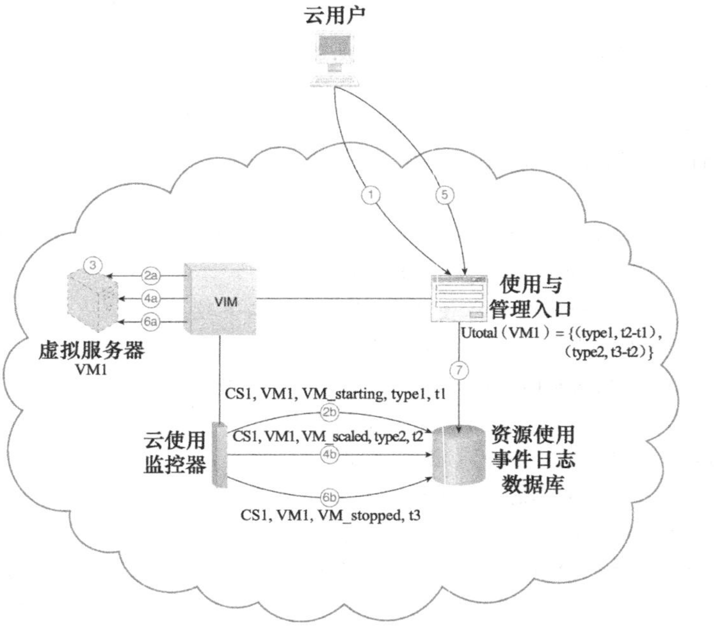

图 7-15 云用户（CS_ID=CS1）请求创建虚拟服务器（VM_ID=VM1），配置大小为 type1（VM_TYPE= type1）（1）。VIM 事件驱动 API 生成时间戳为 $t1$ 的资源使用事件，云使用监控软件将其捕捉并记录在资源使用事件日志数据库中（2b）。虚拟服务器使用增加并达到自动扩展的阈值（3）。VIM 将虚拟服务器 VM1 的配置从 type1 扩展到 type2（VM_TYPE=type2）。VIM 事件驱动 API 生成时间戳为 $t2$ 的资源使用事件，云使用监控软件代理将其捕捉并记录在资源使用事件日志数据库中（4b）。云用户关闭虚拟服务器（5）。VIM 停止虚拟服务器 VM1（6a），其事件驱动 API 生成时间戳为 $t3$ 的资源使用事件，云使用监控软件代理将其捕捉并记录在资源使用事件日志数据库中（6b）。使用与管理入口访问日志数据库，计算虚拟服务器的使用总量 Utotal VM1（7）

7.5 资源复制

复制被定义为对同一个 IT 资源创建多个实例，通常在需要加强 IT 资源的可用性和性能时执行。使用虚拟化技术来实现资源复制（resource replication）机制可以复制基于云的 IT 资源（图 7-16）。

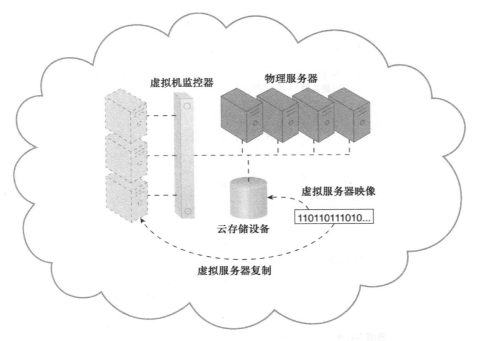

图 7-16 虚拟机监控器利用已存储的虚拟服务器映像复制了该虚拟服务器的多个实例

注释
这是一个父机制，代表了不同类型的具有复制 IT 资源能力的软件程序。其中最常见的例子是第 8 章描述的虚拟机监控器机制。比如，虚拟化平台上的虚拟机监控器可以访问虚拟服务器映像来创建多个实例，或者部署和复制已就绪环境和全部应用程序。复制 IT 资源的其他常见类型包括云服务实现、各种形式的数据和云存储设备的复制。

161

案例研究示例
DTGOV 建立了一套高可用性的虚拟服务器，在应对严重故障时可以自动重定位到运行在不同数据中心的物理服务器上。图 7-17 到 7-19 阐释了这个过程，图中，一个物理服务器位于一个数据中心内，在其上驻留的一个虚拟服务器出现了故障。不同数据中心的 VIM 通过协作，将这个虚拟服务器重定位到另一个数据中心的物理服务器上，从而解决了其不可用的问题。

162

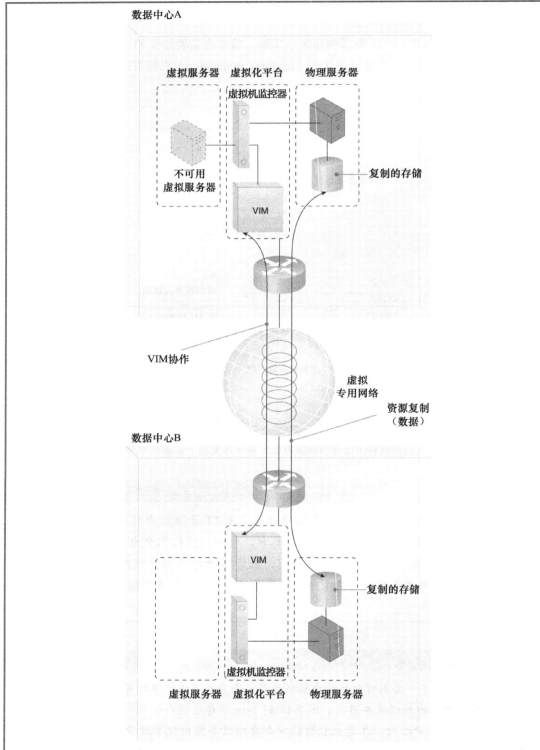

图 7-17   一个高可用性虚拟服务器运行在数据中心 A。数据中心 A 和 B 中的 VIM 实例执行协调功能，以便检测故障情况。高可用性架构的结果是已存储的 VM 映像在数据中心之间进行复制

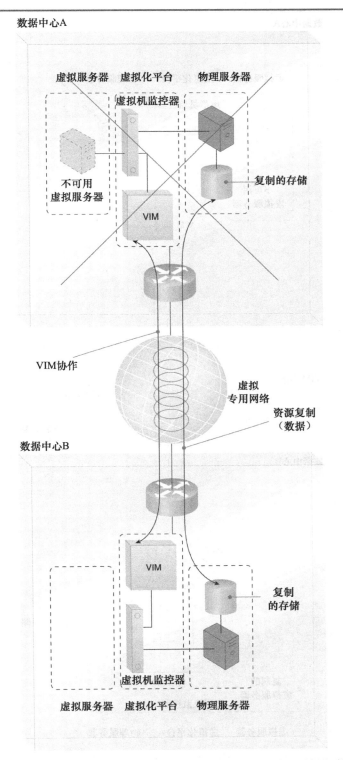

图 7-18 数据中心 A 的虚拟服务器变得不可用。数据中心 B 的 VIM 检测到该故障情况，
开始将数据中心 A 的高可用服务器重定位到 B

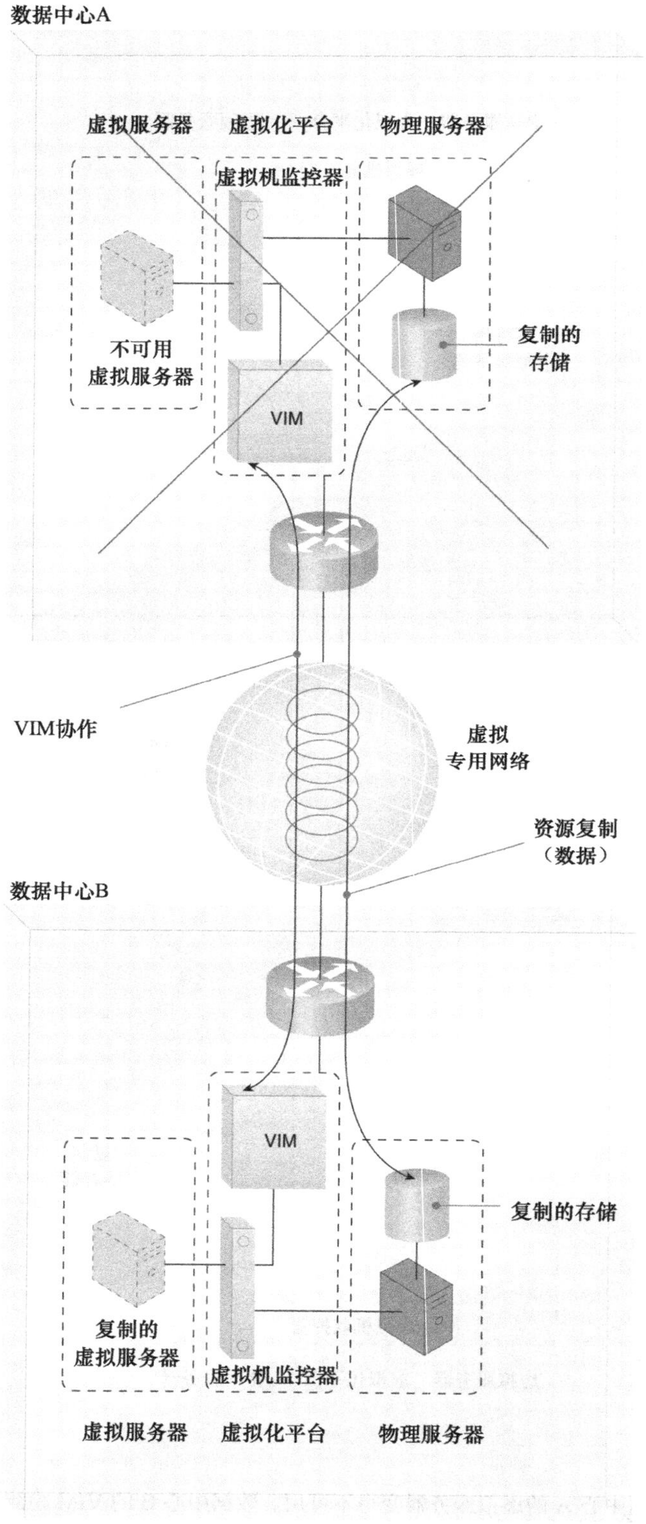

图 7-19　在数据中心 B 创建了一个新的虚拟服务器实例，该实例为可用状态

7.6　已就绪环境

已就绪环境机制（图 7-20）是 PaaS 云交付模型的定义组件，它代表的是预定义的基于云的平台，该平台由一组已安装的 IT 资源组成，可以被云用户使用和定制。云用户使用这些环境在云内远程开发和配置自身的服务与应用程序。典型的已就绪环境包括预安装的 IT 资源，如数据库、中间件，开发工具和管理工具。

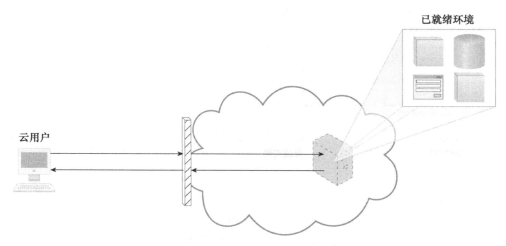

图 7-20　一个云用户访问位于虚拟服务器上的已就绪环境

已就绪环境通常配备一套完整的软件开发工具包（SDK），它向云用户提供包括首选编程栈在内的对开发技术的编程访问。

中间件用于多租户平台，支持开发和部署 Web 应用程序。一些云提供者向基于不同运行时性能和计费参数的云服务提供运行时执行环境。例如，与后端实例相比，通过配置云服务的前端实例可以更有效地响应时间敏感的请求，而前者的变化也以不同于后者的比率进行计费。

下面的案例将进一步展示解决方案可以按逻辑分组并指定为前端和后端实例调用，以便优化运行时执行与计费。

案例研究示例

ATN 租用 PaaS 环境开发并部署了多个非关键的业务应用程序。其中一个是基于 Java 的零件号目录 Web 应用，主要用于其制造的交换机和路由器。该应用被不同的厂家使用，但是却不进行交易数据的操作，而是由独立的库存控制系统进行处理。

该应用逻辑分为前端和后端处理逻辑。前端逻辑用于处理简单查询和目录更新，后端逻辑用于提供完整的目录，关联相似组件和旧零件号。

ATN 零件号目录应用的开发和部署环境如图 7-21 所示。请注意云用户是如何假设开发人员和最终用户的角色的。

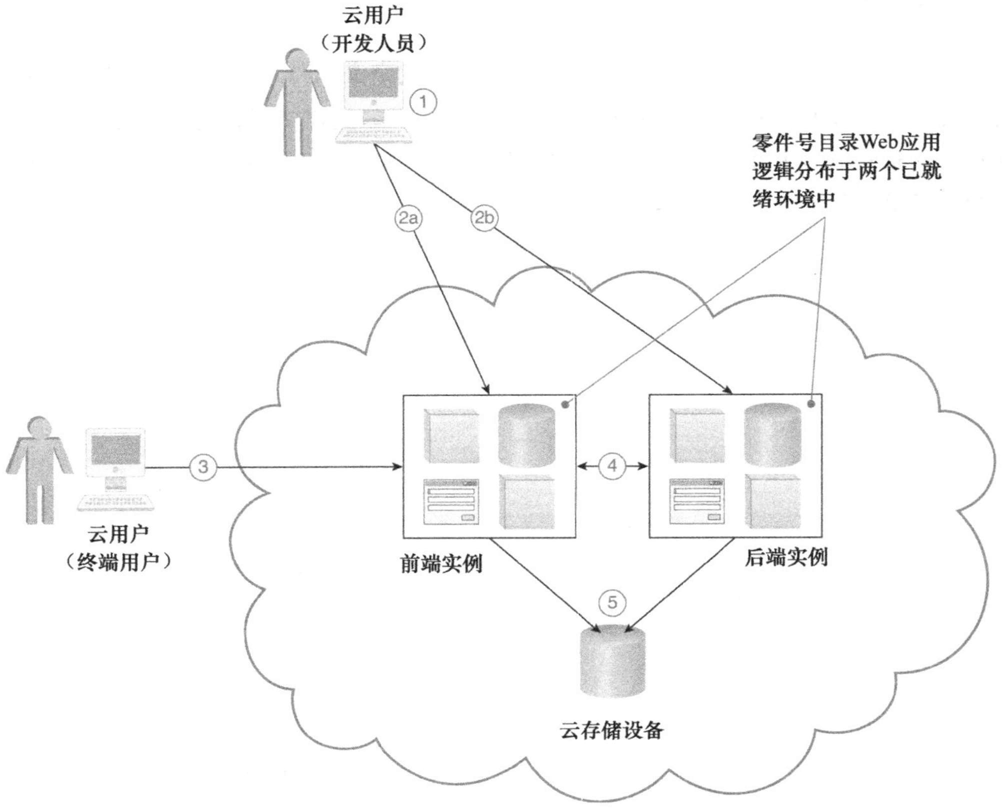

图 7-21 开发人员使用环境提供的 SDK 开发零件号目录 Web 应用（1）。应用软件部署在由两个已就绪环境建立的 Web 平台上，这两个环境分别称为前端实例（2a）和后端实例（2b）。应用程序可使用，一个终端用户访问其前端实例（3）。运行在前端实例上的软件调用位于后端实例的长线任务，该任务对应于终端用户请求的处理（4）。部署在前端和后端实例中的应用软件在云存储设备中进行备份，该设备提供了应用数据的持久性存储（5）

特殊云机制

典型的云技术架构包括大量灵活的部分，这些部分应对 IT 资源和解决方案的不同使用要求。本章中介绍的每种机制都完成一个特定的运行时功能，来支持一个或多个云特性。

本章描述了下列特殊的云机制：

- 自动伸缩监听器
- 负载均衡器
- SLA 监控器
- 按使用付费监控器
- 审计监控器
- 故障转移系统
- 虚拟机监控器
- 资源集群
- 多设备代理
- 状态管理数据库

可以把所有这些机制看做对云基础设施的扩展，它们能以多种方式组合为不同的和定制的技术架构的一部分，本书第三部分中提供了许多示例。

8.1 自动伸缩监听器

自动伸缩监听器（automated scaling listener）机制是一个服务代理，它监控和追踪云服务用户和云服务之间的通信，用以动态自动伸缩。自动伸缩监听器部署在云中，通常靠近防火墙，在这里它们自动追踪负载状态信息。负载量可以由云用户产生的请求量或某种类型的请求引发的后端处理需求量来决定。例如，少量的流入数据可能会导致大量的处理。

对于不同负载波动的条件，自动伸缩监听器可以提供不同类型的响应，例如：

- 根据云用户事先定义的参数，自动伸缩 IT 资源（通常称为自动伸缩（auto-scaling））。
- 当负载超过当前阈值或低于已分配资源时，自动通知云用户

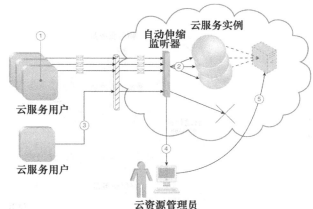

图 8-1　三个云服务用户试图同时访问一个云服务（1）。自动伸缩监听器扩展启动创建该服务的三个冗余实例（2）。第四个云服务用户试图使用该云服务（3）。预先设定只允许该云服务有三个实例，自动伸缩监听器拒绝第四个请求，并通知云用户超出了请求负载限度（4）。云服务的云资源管理员访问远程管理环境，调整供给设置并增加冗余的实例限制（5）

（图 8-1）。采用这种方式，云用户能选择调节它当前的 IT 资源分配。

不同的云提供者对作为自动伸缩监听器的服务代理有不同的名字。

注释
下面的案例研究示例提到了虚拟机在线迁移的部分，这会在第 12 章中介绍，在后续的架构场景中会作进一步描述和演示。

案例研究示例

　　DTGOV 的物理服务器可以垂直地扩展虚拟服务器实例的资源，从最小的虚拟机配置（1 个虚拟处理器核心，4GB 虚拟 RAM）到最大的配置（128 虚拟处理器核心，512GB 虚拟 RAM）。虚拟化平台被配置成在运行时自动伸缩的虚拟服务器，规则如下：

- 缩小（Scaling-Down）——虚拟服务器还是继续驻留在同一物理主机上，但是规模缩小到较低的性能配置。
- 增大（Scaling-Up）——在原来的物理服务器上，虚拟服务器的容量翻倍。如果原来的主机服务器过量使用了，VIM 还可以把虚拟服务器在线迁移到另一台物理服务器上。迁移是在运行时自动执行的，不需要虚拟服务器关机。

　　云用户控制的自动伸缩的设置确定了自动伸缩监听器代理的运行时行为，自动伸缩监听器代理运行在虚拟机监控器上，监视虚拟服务器的资源使用。例如，云用户可以设定当资源使用超过虚拟服务器容量的 80%、持续时间超过 60 秒时，自动伸缩监听器触发扩展过程，向 VIM 平台发送一个增大命令。相反地，当资源使用率持续 60 秒低于容量的 15% 时，自动伸缩监听器也会向 VIM 发送缩小的命令（图 8-2）。

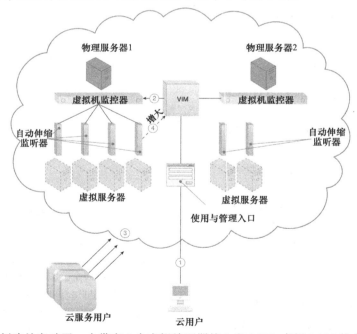

图 8-2　云用户创建并启动了一个带有 8 个虚拟处理器核心和 16GB 虚拟 RAM 的虚拟服务器（1）。VIM 根据云服务用户的请求创建了该虚拟机，并把它分配到了物理服务器 1 上，该物理服务器上已经有了三个活动着的虚拟服务器（2）。云用户的需求导致虚拟服务器的使用上升到持续 60 秒超出 CPU 能力的 80%（3）。运行在虚拟机监控器上的自动伸缩监听器察觉到了需求，相应地发送增大命令给 VIM（4）

图 8-3 描述了 VIM 执行虚拟机在线迁移的过程。

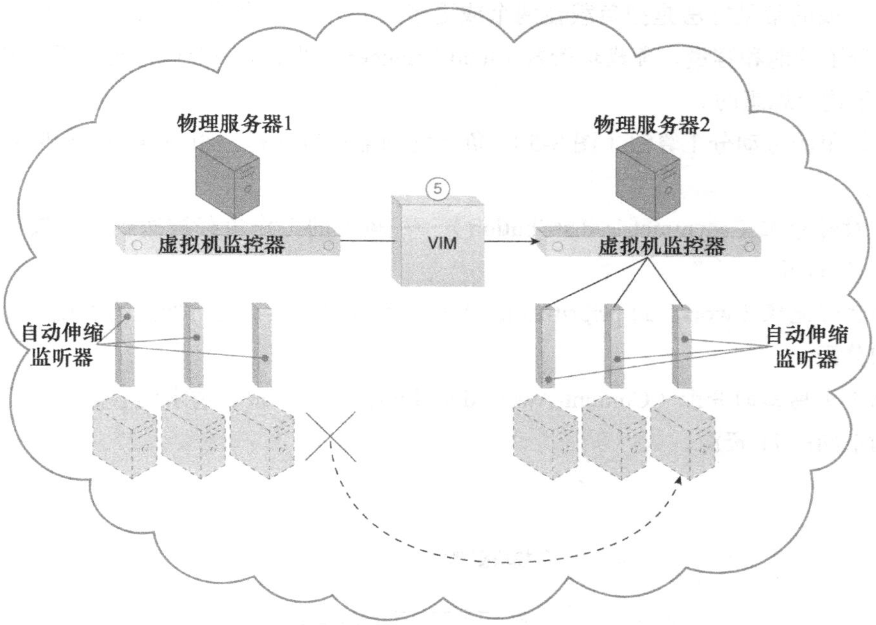

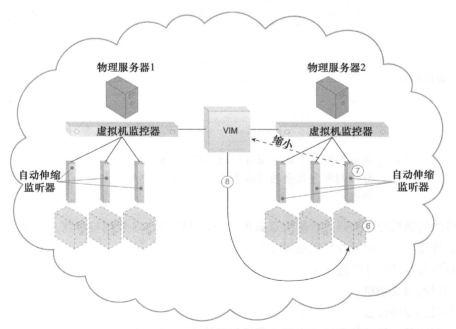

图 8-3 VIM 确定在物理服务器 1 上增大虚拟服务器是不可能的，就进而把它在线迁移到物理服务器 2 上

图 8-4 中描述的是 VIM 执行虚拟机缩小的过程。

图 8-4 虚拟服务器的 CPU/RAM 使用持续 60 秒低于容量的 15%（6）。自动伸缩监听器发现了这一需求，发送缩小命令给 VIM（7），VIM 会缩小虚拟服务器的容量（8），虚拟服务器在物理服务器 2 上仍然保持活跃 172~175

8.2 负载均衡器

水平扩展的常见方法是把负载在两个或更多的 IT 资源上做负载均衡，与单一 IT 资源相比，这提升了性能和容量。负载均衡器（load balancer）机制是一个运行时代理，其逻辑基本上就是基于这个思想的。

除了简单的劳动分工算法（图 8-5），负载均衡器可以执行一组特殊的运行时负载分配功能，包括：

- 非对称分配（asymmetric distribution）——较大的工作负载被送到具有较强处理能力的 IT 资源。
- 负载优先级（workload prioritization）——负载根据其优先等级进行调度、排队、丢弃和分配。
- 上下文感知的分配（Content-Aware distribution）——根据请求内容的指示把请求分配到不同的 IT 资源。

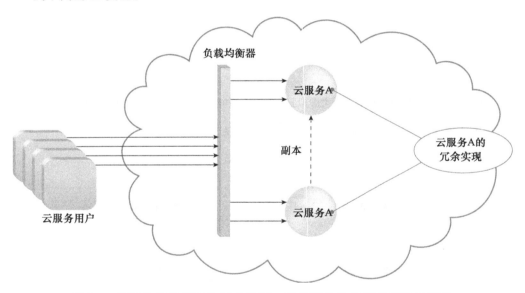

图 8-5 负载均衡器实现为服务代理，把收到的负载请求消息透明地
       分配到两个冗余的云服务实现上，相应地最大化云服务用户
       的性能

176

负载均衡器被程序编码或者被配置成含有一组性能和 QoS 规则与参数，一般目标是优化 IT 资源的使用，避免过载并最大化吞吐量。

负载均衡器机制可以是：

- 多层网络交换机
- 专门的硬件设备
- 专门的基于软件的系统（在服务器操作系统中比较常见）
- 服务代理（通常由云管理软件控制）

负载均衡器通常位于产生负载的 IT 资源和执行负载处理的 IT 资源之间的通信路径上。

这个机制可以被设计成一个透明的代理，保持对云服务用户不可见，或者设计成一个代理组件，对执行工作负载的 IT 资源进行抽象。

案例研究示例

尽管 ATN 零件号目录（Part Number Catalog）云服务被多家不同地区的工厂使用，但是它不处理交易数据。每个月的最初几天是它的峰值使用时间段，与工厂准备处理大量库存控制的惯常程序的时间相吻合。ATN 采纳了他们的云提供者的建议，升级了这个云服务，使之高度可扩展以应对预期中的工作负载波动。

在完成必要的升级之后，ATN 决定用模拟较重工作负载的机器人自动化测试工具来测试一下可扩展性。测试要确定应用是否能无缝地扩展到服务高过平均工作负载 1000 倍的峰值负载。机器人模拟工作负载持续 10 分钟。

应用得到的自动扩展功能如图 8-6 所示。

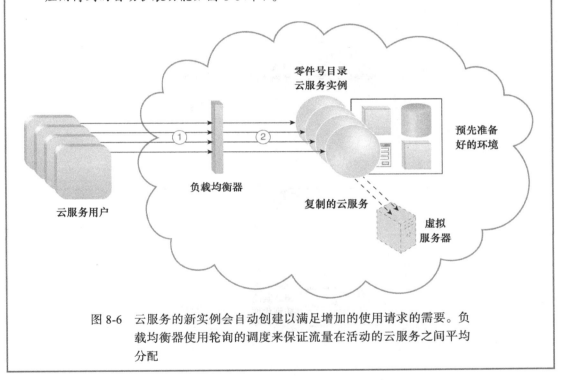

图 8-6 云服务的新实例会自动创建以满足增加的使用请求的需要。负载均衡器使用轮询的调度来保证流量在活动的云服务之间平均分配

8.3 SLA 监控器

SLA 监控器（SLA monitor）机制被用来专门观察云服务的运行时性能，确保它们履行了 SLA 中公布的约定 QoS 需求（图 8-7）。SLA 监控器收集的数据由 SLA 管理系统处理并集成到 SLA 报告的标准中。当异常条件发生时，例如当 SLA 监控器报告有云服务"下线"时，系统可以主动地修复或故障转移云服务。

SLA 管理系统机制将在第 9 章中讨论。

177
178

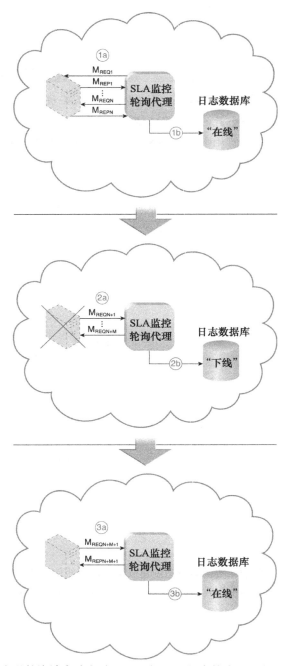

图 8-7　SLA 监控器通过发送轮询请求消息（M_{REQ1} 到 M_{REQN}）来轮询云服务。监控器接收轮询响应消息（M_{REP1} 到 M_{REPN}），报告在每个轮询周期服务都是"在线"的（1a）。SLA 监控器在日志数据库中存储"在线"的时间——所有的轮询周期 1 到 N 的时间长度（1b）

　　SLA 监控器通过发送轮询请求消息（M_{REQN+1} 到 M_{REQN+M}）来轮询云服务。没有收到轮询响应消息（2a）。响应消息一直超时，所以 SLA 监控器在日志数据库中存储"下线"时间——所有的轮询周期 N+1 到 N+M 的时间长度（2b）

　　SLA 监控器发送轮询消息（$M_{REQN+M+1}$）并接收轮询响应消息（$M_{REPN+M+1}$）（3a）。SLA 监控器在日志数据库中存储"在线"时间（3b）

案例研究示例

在 DTGOV 的租约中，虚拟服务器的标准 SLA 定义了最低的 IT 资源可用性为 99.95%，用两个 SLA 监控器来记录可用性：一个是基于轮询代理，另一个是基于常规的监控代理。

1. SLA 监控轮询代理

DTGOV 的轮询 SLA 监控器运行在外部的边缘网络上，探测物理服务器是否超时。它能够识别出导致物理服务器不响应的数据中心网络、硬件和软件（细粒度的）故障。轮询周期为 20 秒，如果连续三次超时，就认为该 IT 资源不可用了。

会产生三种类型的事件：

- PS_Timeout——物理服务器轮询超时
- PS_Unreachable——物理服务器连续三次超时

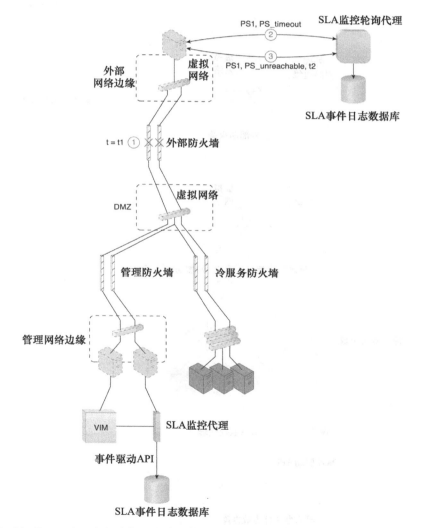

图 8-8　在时间戳 =t1 时，防火墙集群失效，数据中心内的所有 IT 资源都不可用（1）。SLA 监控轮询代理停止收到来自物理服务器的响应，开始发送 PS_timeout 事件（2）。在收到三个连续的 PS_timeout 事件之后，SLA 监控轮询代理开始发送 PS_unreachable 事件。时间戳现在是 t2（3）

- PS_Reachable——先前不可用的物理服务器又开始响应轮询了

2. SLA 监控代理

VIM 的事件驱动 API 把 SLA 监控器实现为一个监控代理，产生如下三种事件：

- VM_Unreachable——VIM 不能访问 VM
- VM Failure——VM 失效而不可用
- VM_Reachable——VM 可达

轮询代理产生的事件有时间戳，会被记录进 SLA 事件日志数据库，并被 SLA 管理系统用来计算 IT 资源的可用性。用复杂的规则来关联来自不同轮询 SLA 监控器和受到影响的虚拟服务器的事件，以及丢弃对不可用时间的假阳性误报。

图 8-8 和图 8-9 显示了 SLA 监控器在数据中心网络失效和恢复期间采用的步骤。

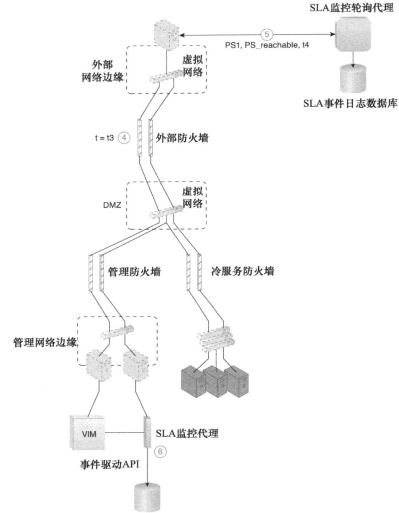

图 8-9　IT 资源在时间戳 =t3 时变得可运行（4）。SLA 监控轮询代理收到来自物理服务器的响应，发送 PS_reachable 事件。现在时间戳是 t4（5）。SLA 监控代理没有察觉到任何不可用，因为 VIM 平台和物理服务器之间的通信没有受到失效的影响（6）

SLA 管理系统使用存储在日志数据库中的信息来计算不可用时长 t4-t3，这会影响到数据中心内所有的虚拟服务器。

图 8-10 和图 8-11 说明了在运行有三个虚拟机服务器（VM1、VM2 和 VM3）的物理服务器失效和后续恢复期间采用的步骤。

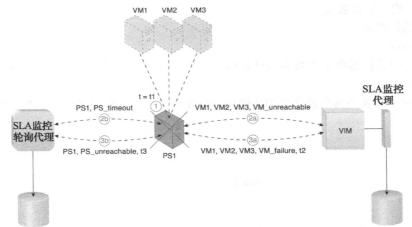

图 8-10 在时间戳 =t1 时，物理主机服务器失效，变得不可用（1）。SLA 监控代理捕获了 VM_unreachable 事件，这是对失效主机服务器上的每个虚拟服务器都会产生的（2a）。SLA 监控轮询代理停止接收来自主机服务器的响应，并发送 PS_timeout 事件（2b）。在时间戳 =t2 时，SLA 监控代理捕获了 VM_failure 事件，这是对失效主机服务器的三个虚拟服务器中的每一个都会产生的（3a）。在时间戳 =t3 时，在收到三个连续的 PS_timeout 事件后，SLA 监控轮询代理开始发送 PS_unavailable 事件（3b）

183

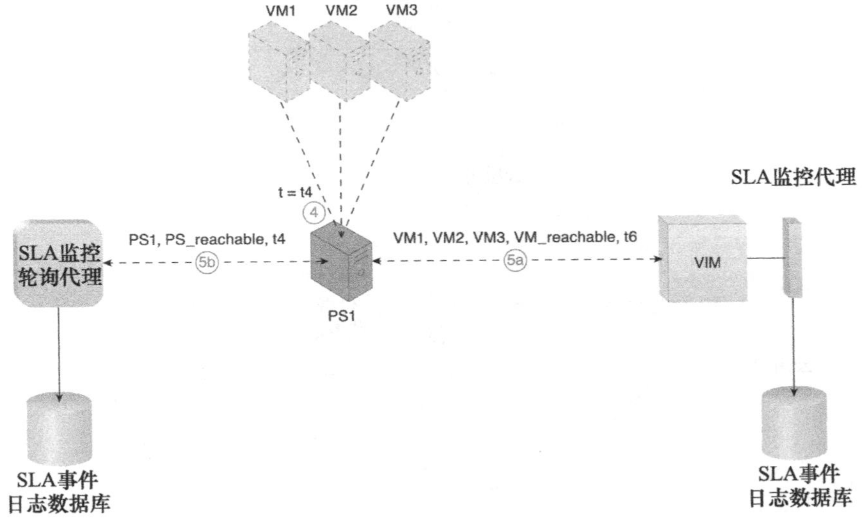

图 8-11 在时间戳 =t4 时，主机服务器变得可运行。在时间戳 =t5 时，SLA 监控轮询代理收到来自物理服务器的响应，发送 PS_reachable 事件（5a）。在时间戳 =t6 时，SLA 监控代理收到为每个虚拟服务器产生的 VM_reachable 事件（5b）。SLA 管理系统把影响所有虚拟服务器的不可用时间计算为 t6-t2

8.4   按使用付费监控器

按使用付费监控器（pay-per-use monitor）机制按照预先定义好的定价参数测量基于云的 IT 资源使用，并生成使用日志用于计算费用。

一些典型的监控变量包括：

- 请求 / 响应消息数量
- 传送的数据量
- 带宽消耗

按使用付费监控器收集的数据由计算付款费用的计费管理系统进行处理。计费管理系统机制将在第 9 章讲述。

图 8-12 显示了实现为资源代理的按使用付费监控器，用来确定虚拟服务器的使用周期。

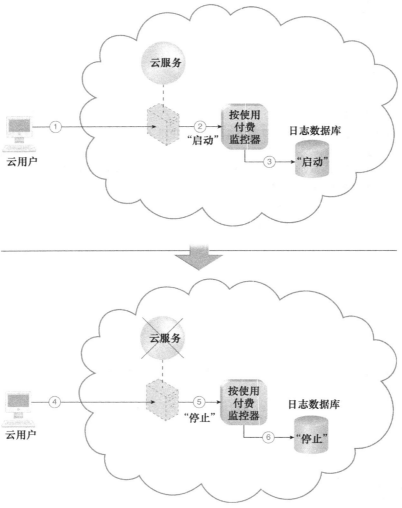

图 8-12   云用户请求创建一个新的云服务实例（1）。IT 资源被实例化了，按使用付费监控器从资源软件处收到"启动"事件通知（2）。按使用付费监控器在日志数据库中存储时间戳的值（3）。云用户稍后请求停止该云服务实例（4）。按使用付费监控器收到来自资源软件的"停止"事件通知（5），将时间戳值存储到日志数据库中（6）

　　图 8-13 展示了设计为监控代理的按使用付费监控器，它透明地截取和分析与云服务的运行时通信。

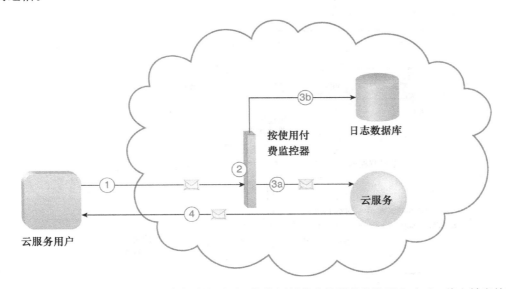

图 8-13　云服务用户向云服务发送请求消息（1）。按使用付费监控器截获该消息（2），将它转发给云服务（3a），按照监控指标把使用信息存储起来（3b）。云服务将响应消息转发回云服务用户，提供所请求的服务（4）

186

案例研究示例

　　DTGOV 决定投资一个商业系统，它能够基于事先定义为"可计费的"的事件和自定义的定价模型生成发票。安装该系统需要两个专有的数据库：计费事件数据库和定价机制数据库。

　　使用 VIM 的 API 实现的云使用监控器是 VIM 平台的扩展，由它们来收集运行时事件。按使用付费监控器轮询代理周期性地向计费系统中装入可计费事件信息。一个独立的监控代理进一步提供与计费有关的补充性数据，例如：

- 云用户订阅类型（cloud consumer subscription type）——该信息用来确认使用费计算的定价模型的类型，包括带使用定额的预付费订阅、带最大使用定额的后付费订阅以及无使用限额的后付费订阅。
- 资源使用类别（resource usage category）——计费管理系统用这个信息来确认使用费的范围，适用于每个使用事件。例子包括正常使用、保留的 IT 资源使用以及高价的（受控的）服务使用。
- 资源使用定额消费（resource usage quota consumption）——当使用合同定义了 IT 资源使用定额时，使用事件条件通常会补充有定额消费和更新的定额限额。

　　图 8-14 说明了 DTGOV 的按使用付费监控器在一次典型的使用事件期间采取的步骤。

187

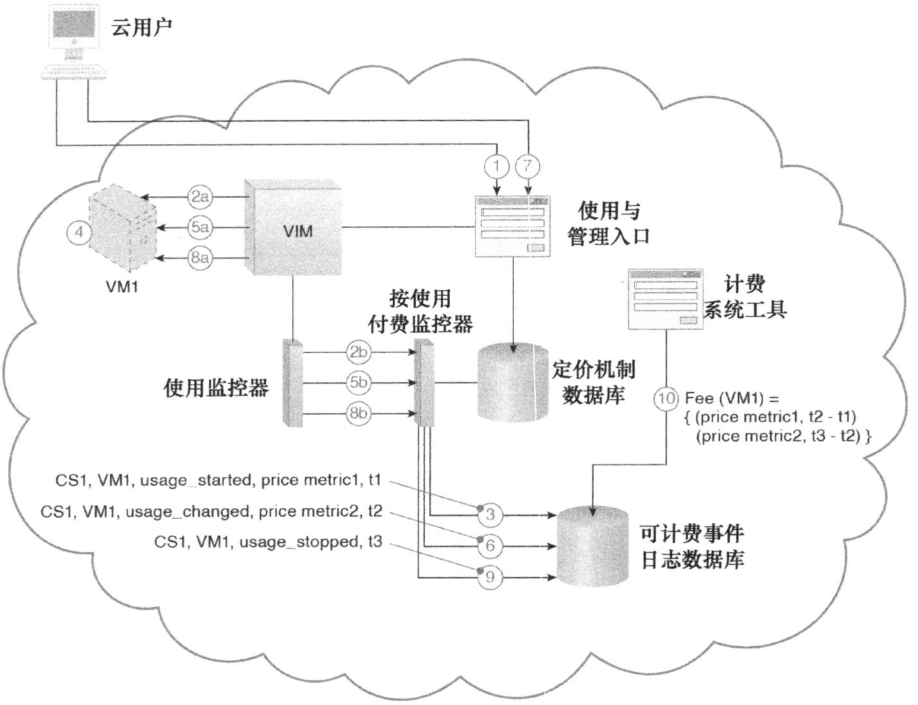

图 8-14　云用户（CS_ID=CS1）创建并启动了一个虚拟服务器（VM_ID=VM1），配置大小为类型（type）1（VM_TYPE=type1）（1）。VIM 按照请求创建了虚拟服务器实例（2a）。VIM 的事件驱动 API 产生一个时间戳 =t1 的资源使用事件，该事件被云使用监控器捕获并转发给按使用付费监控器（2b）。按使用付费监控器与定价机制数据库进行交互，确定适用于此次资源使用的扣费和使用指标。生成"开始使用"可计费事件，并存储到可计费事件日志数据库中（3）。虚拟服务器的使用增加，到达了自动扩展的阈值（4）。VIM 扩展虚拟服务器 VM1（5a），配置从类型 1 变到类型 2（VM_TYPE=type2）。VIM 的事件驱动 API 产生一个时间戳 =t2 的资源使用事件，该事件被云使用监控器捕获并转发给按使用付费监控器（5b）。按使用付费监控器与定价机制数据库进行交互，确定适用于此次更新的资源使用的扣费和使用指标。生成"使用变化"可计费事件，并存储到可计费事件日志数据库中（6）。云用户关闭此虚拟机（7），VIM 停止虚拟服务器 VM1（8）。VIM 的事件驱动 API 产生一个时间戳 =t3 的资源使用事件，该事件被云使用监控器捕获并转发给按使用付费监控器（8b）。按使用付费监控器与定价机制数据库进行交互，确定适用于此次更新的资源使用的扣费和使用指标。生成"使用完成"可计费事件，并存储到可计费事件日志数据库中（9）。此时云提供者可以使用计费系统工具来访问日志数据库，计算这个虚拟服务器的所有使用费用（Fee（VM1））（10）

8.5　审计监控器

审计监控器机制用来收集网络和 IT 资源的审计记录数据，用以满足管理需要或者合同义务，有时这也是强制性要求的。图 8-15 描绘了一个实现为监控代理的审计监控器，它截获"登录"请求，在日志数据库中存储请求者的安全证书，以及成功和失败的登录尝试，以供今后审计报告之用。

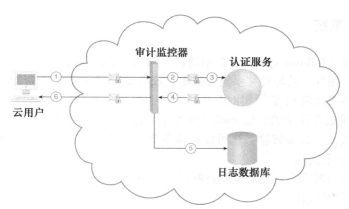

图 8-15   云服务用户请求访问云服务，发送一个带有安全证书的登录请求消息，（1）。审计监控器截
　　　　获该消息（2），将它转发给认证服务（3）。认证服务处理安全证书。除了登录尝试的结果之
　　　　外，还为该云服务用户生成一个响应消息（4）。审计监控器截获响应消息，按照该组织的审
　　　　计策略要求，将收集到的整个登录事件都存储到日志数据库中（5）。访问已经被授权，响应
　　　　被发回给云服务用户（6）

案例研究示例

　　Innovartus 角色扮演解决方案的关键特色就是它独一无二的用户接口。不过，其设计
中使用的高级技术施加了许可证限制，法律上不允许 Innovartus 针对某些地理区域中的解
决方案用户进行收费。Innovartus 的法律部门正在努力解决这些问题。但是同时，它向 IT
部门提供了一份国家清单，位于这些国家的用户有的不允许访问该应用，有的则是免费
访问。 |189|

　　为了收集访问该应用的客户的来源信息，Innovartus 要求它的云提供者建立一个审计
监控系统。云提供者部署了一个审计监控代理，截取每个进入的消息，分析消息对应的
HTTP 头部，收集终端用户来源的细节。按照 Innovartus 的请求，云提供者又增加了一个
日志数据库，收集每个终端用户请求的地区数据，供今后报告之用。Innovartus 还进一步
升级了它的应用，这样来自选定国家的终端用户能够免费访问这个应用（图 8-16）。

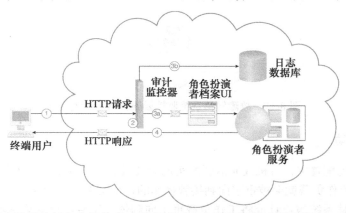

图 8-16   终端用户试图访问角色扮演者云服务（1）。审计监控器透明地获取 HTTP 请求消息，分
　　　　析消息头以确定终端用户的地理来源（2）。审计监控代理确定终端用户来自的区域不是被
　　　　Innovartus 授权收费的地区。代理将这个消息转发给云服务（3a），生成一条审计追踪信息，
　　　　存储在日志数据库中（3b）。云服务收到这个 HTTP 消息，授权终端用户免费访问（4） |190|

8.6   故障转移系统

故障转移系统（failover system）机制通过使用现有的集群技术提供冗余的实现来增加 IT 资源的可靠性和可用性。故障转移系统会被配置成只要当前活跃的 IT 资源变得不可用时，便自动切换到冗余的或待机 IT 资源实例上。

故障转移系统通常用于关键任务程序和可重用的服务，这些程序和服务可能成为多个应用程序的单一失效点。故障转移系统可以跨越多个地理区域，这样每个地点都能有一个或多个同样 IT 资源的冗余实现。

故障转移系统有时会利用资源复制机制提供冗余的 IT 资源实例，主动监控这些资源实例以探测错误和不可用的情况。

故障转移系统有两种基本配置。

8.6.1   主动 – 主动

在主动 – 主动这种配置中，IT 资源的冗余实现会主动地同步服务工作负载（图 8-17）。在活跃的实例之间需要进行负载均衡。当发现故障时，把失效的实例从负载均衡调度器中移除（图 8-18）。在发现失效时，仍然保持可运行的 IT 资源就会接管处理工作（图 8-19）。

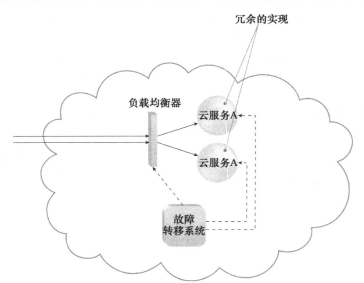

图 8-17   故障转移系统监控云服务 A 的运行状态

8.6.2   主动 – 被动

在主动 – 被动配置中，待机或非活跃的实现会被激活，从变得不可用的 IT 资源处接管处理工作，相应的工作负载就会被重定向到接管操作的这个实例上（图 8-20 至图 8-22）。

一些故障转移系统被设计成将工作负载重定向到依赖于专门负载均衡器的主动 IT 资源，负载均衡器检测故障条件，并将失效的 IT 资源实例从工作负载分配中移除。这类故障转移系统适用于不需要执行状态管理和提供无状态处理能力的 IT 资源。在通常基于集群和虚拟化技术的技术架构中，还需要冗余或待机 IT 资源实现分享它们的状态和执行上下文。运行复杂任务的 IT 资源如果出现故障了，任务的冗余实现还是可以继续运行。

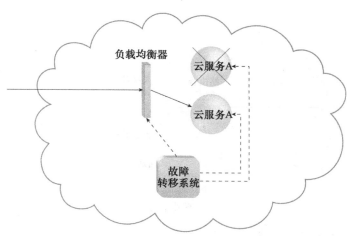

图 8-18 当察觉到云服务 A 的一个实现失效时，故障转移系统会命令负载均衡器将工作负载切换到云服务 A 的冗余实现上

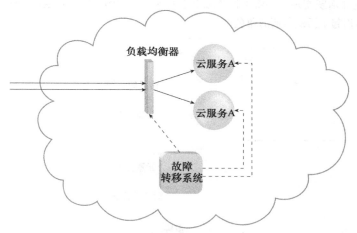

图 8-19 失效的云服务 A 实现被恢复，或者复制到一个可运行的云服务上。这时故障转移系统命令负载均衡器再次分配工作负载

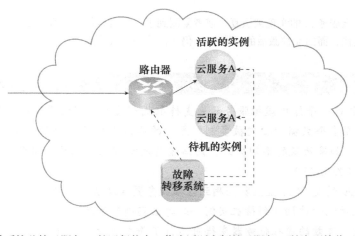

图 8-20 故障转移系统监控云服务 A 的运行状态。作为活跃实例的云服务 A 的实现接收云服务用户的请求

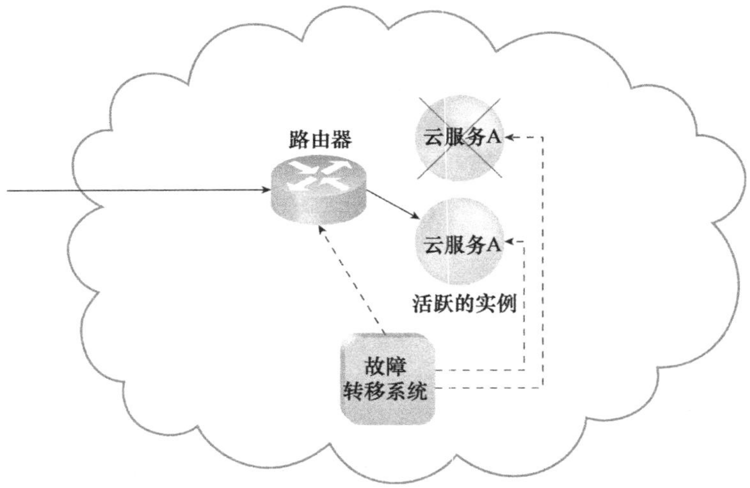

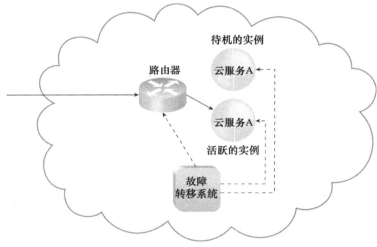

图 8-21 作为活跃实例的云服务 A 的实现发生了故障，故障转移系统检测到了，接着就激活了云服务 A 的非活跃实现，并将工作负载重定向到这个实例。这个新激活的云服务 A 的实现现在就承担起了活跃实例的角色

图 8-22 失效的云服务 A 的实现被恢复，或者复制到了一个可运行的云服务上，现在就被定位为待机的实例，而前面被激活的云服务 A 仍然保持为活跃的实例

193
~
195

案例研究示例

DTGOV 创建一个弹性虚拟服务器来支持承载有关键应用的虚拟服务器实例的分配，这些关键应用在多个数据中心内被复制。复制的弹性虚拟服务器有相关联的主动－被动故障转移系统。如果活跃的实例失效，网络流量流就可以在位于不同数据中心的 IT 资源实例之间切换（图 8-23）。

图 8-24 说明的是 SLA 监控器检测到虚拟服务器活跃实例失效。

图 8-25 显示流量被切换到待机实例，此时该实例变为活跃的。

图 8-26 中，失效的虚拟服务器变得可运行了并成为待机实例。

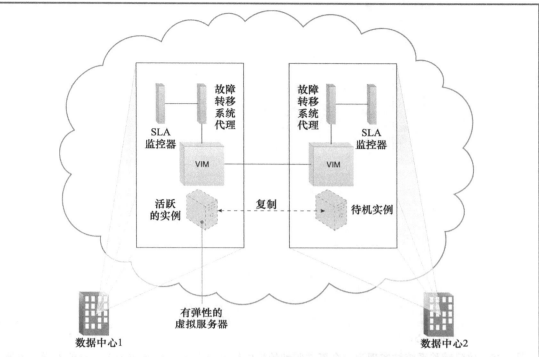

图 8-23 有弹性的虚拟服务器是通过跨两个不同的数据中心复制虚拟服务器实例建立起来的，是由运行在两个数据中心上的 VIM 执行的。活跃的实例接收网络流量，根据流量做垂直扩展的响应，而待机的实例没有工作负载，以最小配置运行

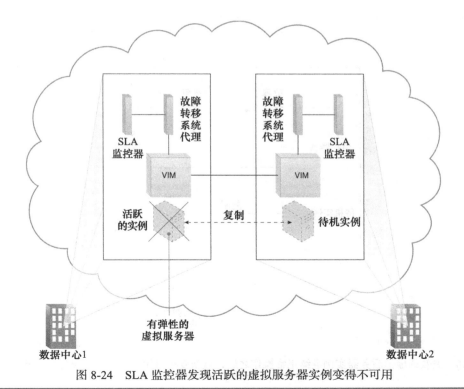

图 8-24 SLA 监控器发现活跃的虚拟服务器实例变得不可用

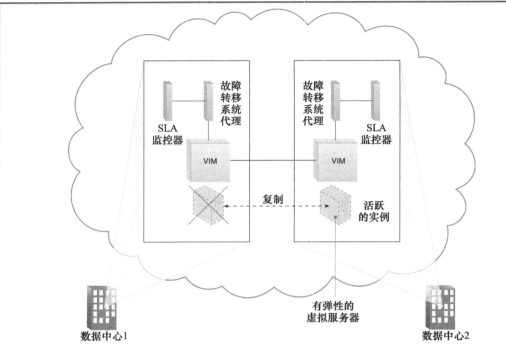

图 8-25   故障转移系统被实现为一个事件驱动的软件代理，它截获 SLA 监控器发送的关于服务器不可用的消息通知。作为响应，故障转移系统与 VIM 和网络管理工具交互，将所有的网络流量重定向到现在活跃的、之前待机的实例上

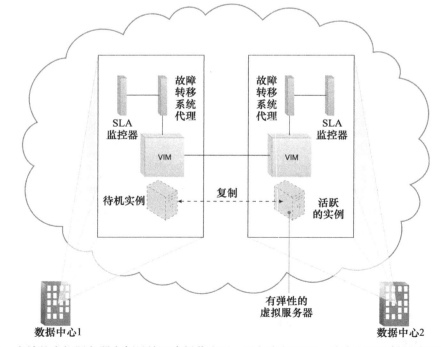

图 8-26   失效的虚拟服务器实例继续正常操作之后，重新变得可用，并缩小至最低的待机实例配置

8.7 虚拟机监控器

虚拟机监控器（hypervisor）机制是虚拟化基础设施的最基础部分，主要用来在物理服务器上生成虚拟服务器实例。虚拟机监控器通常限于一台物理服务器，因此只能创建那台服务器的虚拟映像（图 8-27）。类似地，虚拟机监控器只能把它自己创建的虚拟服务器分配到位于同一底层物理服务器上的资源池里。虚拟机监控器限制了虚拟服务器的管理特色，例如增加虚拟服务器的容量或关闭虚拟服务器。VIM 提供了一组特性来管理跨物理服务器的多虚拟机监控器。

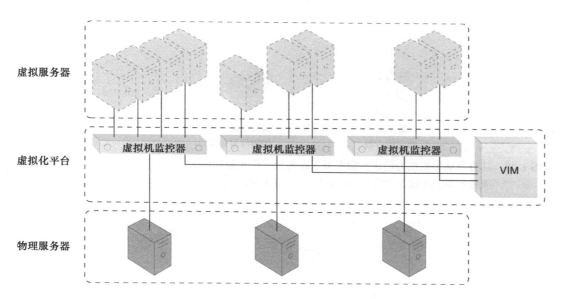

图 8-27 虚拟服务器是通过在每个物理服务器上的单个虚拟机监控器创建的。
这三个虚拟机监控器联合起来受同一个 VIM 控制

虚拟机监控器软件可以直接安装在裸机服务器上，提供对硬件资源使用的控制、共享和调度功能，这些硬件资源包括处理器、内存和 I/O。它们可以当做专有的资源，呈现在每台虚拟服务器的操作系统里。

200

案例研究示例

DTGOV 建立起了一个虚拟化平台，所有的物理服务器上运行的都是相同的虚拟机监控器软件。VIM 协调每个数据中心里的硬件资源，使得能在最适当的底层物理服务器上创建虚拟服务器实例。

因此，云用户能够租用到具有自动伸缩特性的虚拟服务器。为了提供灵活的配置，DTGOV 虚拟化平台提供了同一数据中心内的物理服务器之间的虚拟机在线迁移功能。如图 8-28 和图 8-29 所示，虚拟服务器从一台很繁忙的物理服务器在线迁移到了另一台空闲的物理服务器上，这使得虚拟服务器在工作负载增加时，能通过扩展予以响应。

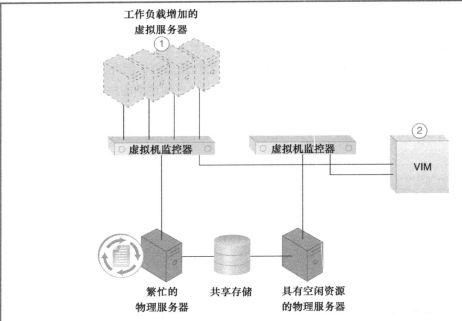

图 8-28   具有自动伸缩能力的虚拟服务器正在经历工作负载的增加（1）。由于虚拟服务器底层的物
理服务器正在被其他虚拟服务器使用，VIM 决定无法进行扩展（2）

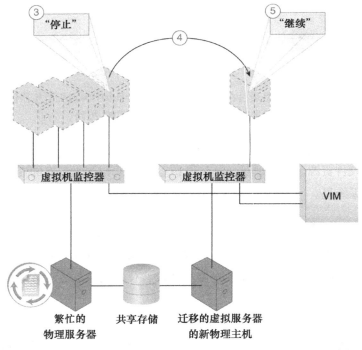

图 8-29   VIM 命令繁忙的物理服务器上的虚拟机监控器挂起该虚拟服务器的执行（3）。然后 VIM
命令在空闲的物理服务器上实例化该虚拟服务器。状态信息（例如，脏的内存页和处理器
寄存器）通过共享云存储设备进行同步（4）。VIM 命令新物理服务器上的虚拟机监控器继
续进行虚拟服务器的处理（5）

8.8 资源集群

基于云的 IT 资源在地理上是分散的，但是逻辑上可以合并成组以改进它们的分配和使用。资源集群（resource cluster）机制（图 8-30）是把多个 IT 资源实例分为一组，使得它们能像一个 IT 资源那样进行操作。这增强了集群化 IT 资源的组合计算能力、负载均衡能力和可用性。

图 8-30　虚曲线用来表明 IT 资源被集群化了

资源集群架构依赖于 IT 资源实例之间的高速专用网络连接或者集群节点，在 IT 资源实例间就工作负载分布、任务调度、数据共享和系统同步等进行通信。集群管理平台是作为分布式中间件运行在所有的集群节点上的，它通常负责上述活动。这个平台实现协调功能，它使得能执行集群里的 IT 资源的同时，让分布式 IT 资源看上去像一个 IT 资源。

常见的资源集群类型包括：

- 服务器集群（server cluster）——物理或虚拟服务器组成集群以提高性能和可用性。运行在不同物理服务器上的虚拟机监控器可以被配置成共享虚拟服务器执行状态（例如，内存页和处理器寄存器状态），以此建立起集群化的虚拟服务器。在这种通常需要物理服务器访问共享存储的配置下，虚拟服务器能够从一个物理服务器在线迁移到另一个。在这个过程中，虚拟化平台挂起某个物理服务器上给定的虚拟服务器的执行，再在另一物理服务器上继续执行它。这个过程对虚拟服务器操作系统来说是透明的，可以通过把运行在负载过重的物理服务器上的虚拟服务器在线迁移到容量适合的另一台物理服务器上，来增加可扩展性。

- 数据库集群（database cluster）——这种高可用资源集群用于改进数据可用性，它具有同步的特性，可以维持集群中使用到的各种存储设备上存储数据的一致性。冗余能力通常是基于致力于维护同步条件的主动 - 主动或主动 - 被动故障迁移系统的。

- 大数据集集群（large dataset cluster）——实现了数据的分区和分布，这样目标数据集可以很有效地划分区域，而不需要破坏数据的完整性或计算的准确性。每个集群节点都可以处理工作负载，而不需要像其他集群类型一样，与其他节点进行更多的通信。

许多资源集群要求集群节点有大致相同的计算能力和特性，这样可以简化资源集群架构设计并维护其一致性。高可用集群架构中的集群节点需要访问和共享共同的存储 IT 资源。这可能要求节点间有两层通信——一层是为了访问存储设备，另一层是为了进行 IT 资源的协调（图 8-31）。有些资源集群是为更加松耦合的 IT 资源设计的，只要求网络层通信（图 8-32）。

资源集群有两种基本类型：

- 负载均衡的集群（load balanced cluster）——这种资源集群的专长在于在集群节点中分布工作负载，既提高 IT 资源的容量又保持 IT 资源的集中管理。它通常要实现一个负载均衡器机制，要么是嵌入集群管理平台，要么是设定为一个独立的 IT 资源。

- HA 集群（HA cluster）——高可用集群在遇到多节点失效的情况时，仍然能够维持系统的可用性，而且大多数或者所有集群化的 IT 资源都有冗余实现。它实现一个故障转移系统机制，监控失效情况，并自动将工作负载重定向为远离故障节点。

203

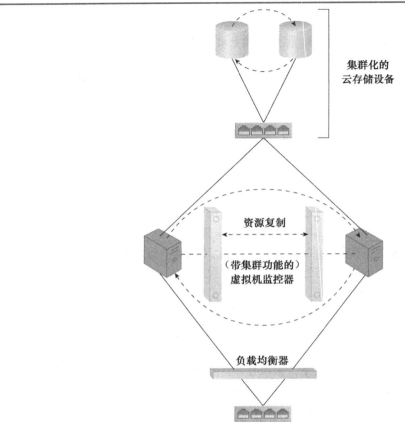

图 8-31   负载均衡和资源复制是通过带集群功能的虚拟机监控器来实现的。一个专门的存储区域网用
　　　　　来连接集群化的存储和集群化的服务器，它们能够共享共有的云存储设备。这简化了存储复
　　　　　制过程，这个过程是在存储集群内独立进行的（更详细的描述请参考第 12 章的 12.1 节）

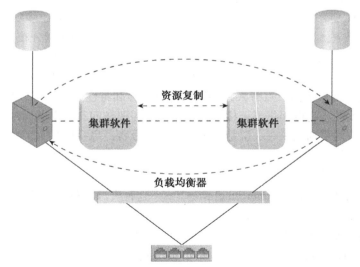

图 8-32   一个带有负载均衡器的松耦合服务器集群。没有共享存储，集群软件通过网络用资源复制
　　　　　来复制云存储设备

在同等计算能力的条件下，集群化 IT 资源配置比单个 IT 资源配置要贵得多。

204
~
205

案例研究示例

DTGOV 正在考虑引入集群化的虚拟服务器，作为虚拟化平台的一部分运行在一个高可用的集群中（图 8-33）。虚拟服务器可以在物理服务器间在线迁移，这些物理服务器位于一个高可用的硬件集群中，而这个集群是由相互协作的带集群功能的虚拟机监控器控制的。协作功能会保存正在运行的虚拟服务器的快照副本，以便在遇到失效时迁移到其他物理服务器上。

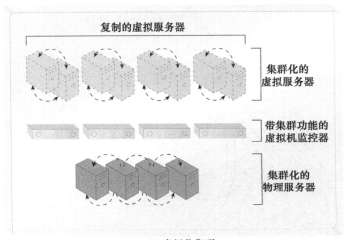

图 8-33 一个物理服务器的 HA 虚拟化集群是用带集群功能的虚拟机监控器来部署的，这样的虚拟机监控器保证物理服务器是持续同步的。每个在集群中实例化的虚拟服务器会自动复制到至少两个物理服务器上

206

图 8-34 说明的是一些虚拟服务器从它们失效的物理主机服务器上迁移到另一些可用的物理服务器上。

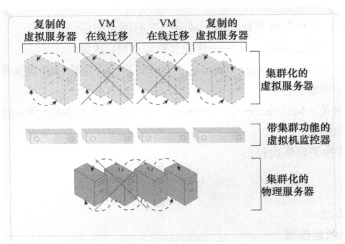

图 8-34 当一台物理服务器遇到故障时，其上所有的虚拟服务器都会自动迁移到其他物理服务器上

207

8.9 多设备代理

一个云服务可能会被大量云服务用户访问，而它们对主机硬件设备和通信需求都不同。为了克服云服务和迥异的云服务用户之间的不兼容性，需要创建映射逻辑来改变（或转换）运行时交换的信息。

多设备代理（multi-device broker）机制用来帮助运行时的数据转换，使得云服务能够被更广泛的云服务用户程序和设备所使用（图 8-35）。

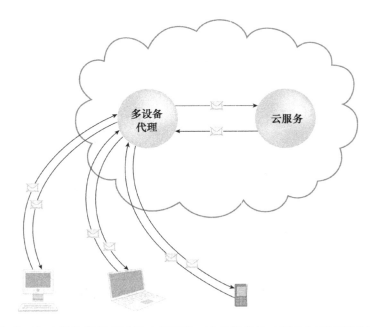

图 8-35 多设备代理包含转换数据所需的映射逻辑，这些数据是云服务和不同类型的云服务用户设备之间交换的。这个场景把多设备代理描绘成具有自己 API 的云服务。这个机制还可以实现为运行时截取消息来完成必要转换的服务代理

多设备代理通常是作为网关存在的，或者包含有网关组件，例如：

- XML 网关（XML gateway）——传输和验证 XML 数据
- 云存储网关（Cloud Storage Gateway）——转换云存储协议并对云存储设备进行编码，以帮助数据传输和存储
- 移动设备网关（Mobile Device Gateway）——把移动设备使用的通信协议转换为与云服务兼容的协议

可以创建的转换逻辑层次包括：

- 传输协议
- 消息协议
- 存储设备协议
- 数据模式 / 数据模型

例如，对于云服务用户使用移动设备访问云服务，一个多设备代理可以包含既转换传输协议又转换消息协议的映射逻辑。

Innovartus 决定要使得它的角色扮演的应用在各种移动设备和智能手机设备上都可用。在移动增强设计阶段出现的一个难题阻碍了 Innovartus 的开发团队，这就是很难在不同的移动平台间获得同样的用户体验。为了解决这个问题，Innovartus 实现了一个多设备代理，截获来自设备的进入消息，确定软件平台，将消息格式转换成服务器端应用的本地格式（图 8-36）。

209

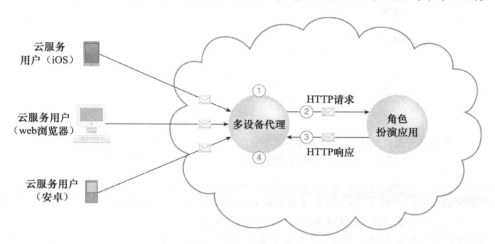

图 8-36 多设备代理截取进入的消息，确定源设备的平台（Web 浏览器、iOS、安卓）（1）。多设备代理将消息转换成 Innovartus 云服务要求的标准格式（2）。云服务处理请求，并以同样的标准格式进行响应（3）。多设备代理将响应消息转换到源设备需要的格式，并传送该消息（4）

8.10 状态管理数据库

状态管理数据库（state management database）是一种存储设备，用来暂时地持久化软件程序的状态数据。作为把状态数据缓存在内存中的一种替代方法，软件程序可以把状态数据卸载到数据库中，用以降低程序占用的运行时内存量（图 8-37 和图 8-38）。由此，软件程序和周边的基础设施都具有更大的可扩展性。状态管理数据库通常是由云服务使用的，特别是涉及长时间运行时活动的服务。

210

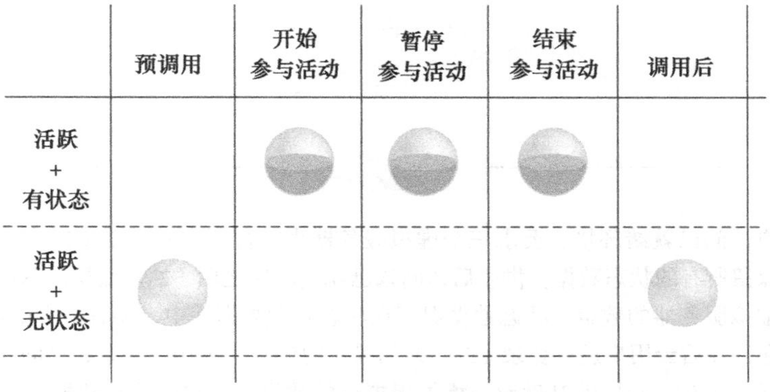

	预调用	开始 参与活动	暂停 参与活动	结束 参与活动	调用后
活跃 + 有状态		◓	◓	◓	
活跃 + 无状态	◯				◯

图 8-37 在云服务实例的生命期内，它可能被要求保持有状态，
即使在空闲时，也要把状态数据缓存在内存中

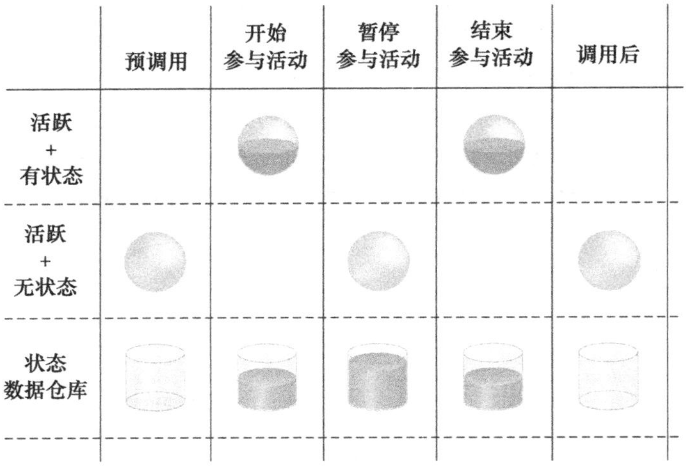

预调用
开始
参与活动
暂停
参与活动
结束
参与活动
调用后
活跃
+
有状态
活跃
+
无状态
状态
数据仓库

图 8-38　通过把状态数据推后到状态仓库中，云服务能够转入一种无状态的情况（或者一种部分无状态的情况），因此暂时释放了系统资源

案例研究示例

ATN 要扩张其已就绪环境架构，通过利用状态管理数据库机制，允许长时间地将状态信息推后到数据库中。图 8-39 说明了采用已就绪环境的云服务用户是如何暂停活动而
211 导致环境将缓存的状态数据卸载的。

云A
已就绪环境
已就绪环境
云用户
1
2
3
状态管理
数据库

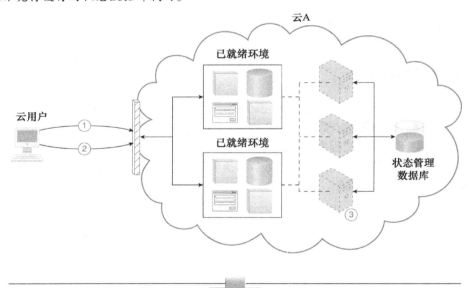

图 8-39　云用户访问已就绪环境，要求三个虚拟服务器来执行所有的活动（1）。云用户暂停活动。需要保留所有的状态数据，供今后访问该已就绪环境之用（2）。底层的基础设施自动收缩，减少虚拟服务器的数量。状态数据保存在状态管理数据库中，还有一个虚拟服务器保持活跃，允许今后云用户进行登录（3）。之后某个时间点，云用户登录，访问这个已就绪环境，继续活动（4）。底层的基础设施增加虚拟机的数量，从状态管理数据库检索出状态数据，并自动扩展（5）

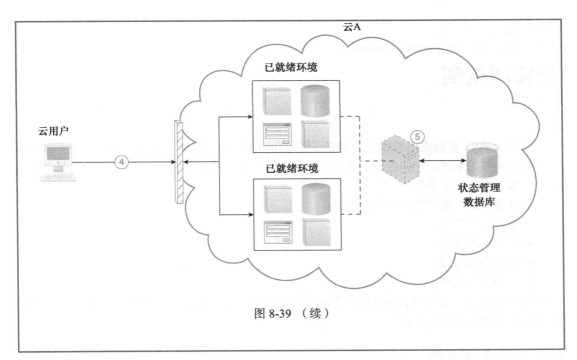

图 8-39 （续）

212

云管理机制

　　基于云的 IT 资源需要被建立、配置、维护和监控。本章主要介绍包含这些机制并能完成这些管理任务的系统。它们促进了形成云平台与解决方案的 IT 资源的控制和演化，从而形成了云技术架构的关键部分。

　　本章将介绍下述与管理相关的机制：

- 远程管理系统
- 资源管理系统
- SLA 管理系统
- 计费管理系统

　　这些系统通常提供整合的 API，并能够以个别产品、定制应用或者各种组合产品套装和多功能应用的形式提供给用户。

9.1　远程管理系统

　　远程管理系统（remote administration system）机制（图 9-1）向外部云资源管理者提供工具和用户界面来配置并管理基于云的 IT 资源。

远程管理系统

图 9-1　本书中用于表示远程管理系统的符号。显示的用户界面通常就是一个特定类型的门户网站

　　远程管理系统能够建立一个入口以便访问各种底层系统的控制与管理功能，这些功能包括了本章介绍的资源管理、SLA 管理和计费管理（图 9-2）。

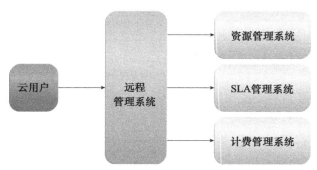

图 9-2　远程管理系统将底层管理系统抽象为公开的集中式管理控制，并提供给外部云资源管理者。该系统提供定制的用户控制台，通过底层管理系统的 API 实现编程交互

　　远程管理系统提供的工具和 API 一般被云提供者用来开发和定制在线入口，这些入口向

云用户提供各种管理控制。

远程管理系统主要创建如下两种类型的入口：

- 使用与管理入口（Usage And Administration Portal）——一种通用入口，集中管理不同的基于云的 IT 资源，并提供 IT 资源使用报告。这个入口是许多云技术架构的组成部分。云技术架构将在第 11 章到第 13 章进行介绍。

使用与管理入口

- 自助服务入口（Self-Service Portal）——该入口本质上是一个购买门户，它允许云用户搜索云提供者提供的最新云服务和 IT 资源（通常是租赁的）列表。然后，云用户向云提供者提交其选项进行资源调配。这个入口主要与第 12 章的快速供给架构相关。

自助服务入口

图 9-3 显示了一个远程管理系统、使用与管理入口及自助服务入口。

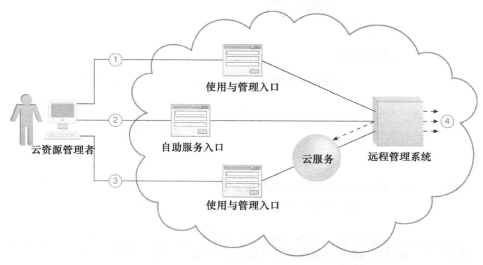

图 9-3　首先，云资源管理者通过使用与管理入口对一个已被租用的虚拟服务器（图中未显示）进行配置，以便托管（1）。然后云资源管理者通过自助服务入口选择并请求供给一个新的云服务（2）。最后，云资源管理者再次访问使用与管理入口，完成对新供给云服务的配置，该云服务托管于（1）中所提的虚拟服务器上（3）。通过上述步骤，远程管理系统与必要的管理系统进行交互，实现对请求的处理（4）

通过远程管理控制台，云用户通常能够执行的任务包括：

- 配置与建立云服务
- 为按需云服务提供和释放 IT 资源
- 监控云服务的状态、使用和性能
- 监控 QoS 和 SLA 的实行

215

216

- 管理租赁成本与使用费用
- 管理用户账户、安全凭证、授权和访问控制
- 跟踪对租赁服务内部与外部的访问
- 规划与评估 IT 资源供给
- 容量规划

虽然远程管理系统提供的用户界面趋向于为云提供者所专有，但是云用户更倾向于使用提供标准 API 的远程管理系统。这允许云用户投资创建自己的前端，因为当其决定转向另一个支持标准 API 的云提供者时，云用户可以重用这个控制台。此外，当云用户想要租用和集中管理多个云提供者的 IT 资源或者是驻留在云环境和企业内部环境的 IT 资源时，云用户还可以进一步使用标准 API。

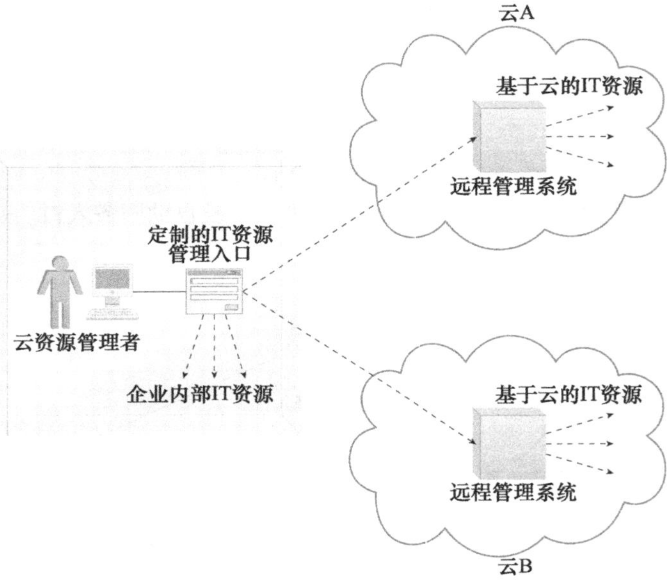

图 9-4　不同云的远程管理系统发布的标准 API 使得云用户开发了一个定制的入口，该入口是一个单一的 IT 资源管理入口，实现对基于云的和企业内部的 IT 资源的集中式管理

案例研究示例

在一段时间里，DTGOV 向它的云用户提供了用户友好的远程管理系统，但是最近，为了适应增加的云用户数量和不断多样化的请求，DTGOV 决定对该系统进行升级，计划通过一个开发项目扩展远程管理系统以便满足如下请求：

- 云用户需要可以自提供虚拟服务器和虚拟存储设备。该系统尤其需要与使用云的 VIM 平台的专有 API 进行交互操作，从而实现自提供功能。
- 单一登录机制需要被纳入集中认证和对云用户访问的控制中。
- 发布的 API 需支持虚拟服务器和云存储设备的供给、启动、停止、释放、向上向下扩展和复制的命令。

为了支持上述功能，需要开发自助服务入口，DTGOV 现有的使用与管理入口的功能集也要进行扩展。

9.2 资源管理系统

资源管理系统（resource management system）机制帮助协调 IT 资源，以便响应云用户和云提供者执行的管理操作（图 9-5）。此系统的核心是虚拟基础设施管理器（VIM），它用于协调服务器硬件，这样就可以从最合适的底层物理服务器创建虚拟服务器实例。VIM 是一个商业化产品，它用于管理一系列跨多个物理服务器的 IT 资源。例如，VIM 可以创建并管理跨不同物理服务器的虚拟机监控器的多个实例，或者将一个物理服务器上的虚拟服务器分配到另一个物理服务器上（或资源池上）。

通常通过资源管理系统自动化并实现的任务包括：

- 管理用来创建预构建实例的虚拟 IT 资源模板，如虚拟服务器映像。
- 在可用的物理基础设施中分配和释放虚拟 IT 资源，以响应虚拟 IT 资源实例的开始、暂停、继续和终止。
- 在有其他机制参与的条件下，协调 IT 资源，如：资源复制、负载均衡和故障转移系统。
- 在云服务实例的生命周期内，强制执行使用策略与安全规定。
- 监控 IT 资源的操作条件。

图 9-5 资源管理系统包含一个 VIM 平台和一个虚拟机映像库。VIM 也可能有额外的库，包括专门用来存放操作数据的

219

云资源管理者可以访问资源管理系统功能，这个资源管理者由云提供者或用户雇佣。如果管理者代表的是云提供者，那么它通常可以直接访问资源管理系统的本地控制台。

资源管理系统通常发布 API，以便云提供者建立远程管理系统入口。该入口可以定制为通过使用与管理入口，向代表云用户组织的外部云资源管理者选择性地提供资源管理控制。

图 9-6 表示的是两种访问形式。

220

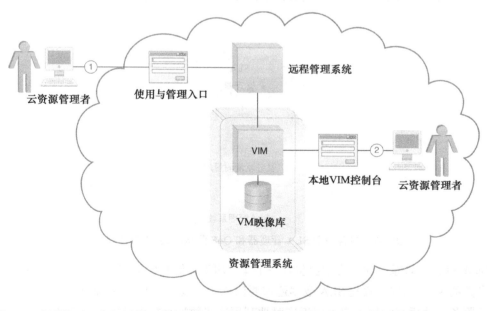

图 9-6 为了管理一个租用的 IT 资源，云用户的云资源管理器从外部访问使用与管理入口（1）。云提供者的云资源管理器使用 VIM 提供的本地用户界面来执行内部资源管理任务（2）

案例研究示例

DTGOV 资源管理系统是其购买的新 VIM 产品的扩展，它主要提供如下功能：

- 管理虚拟 IT 资源，灵活分配跨不同数据中心的 IT 资源池。
- 管理云用户数据库。
- 隔离逻辑边界网络的虚拟 IT 资源。
- 为立即实例化，管理样板虚拟服务器映像清单。
- 为创建虚拟服务器，自动复制（"快照"）虚拟服务器映像。
- 根据使用阈值，自动向上向下扩展虚拟服务器，以便在物理服务器间实现实时 VM 迁移。
- 提供 API 用于创建和管理虚拟服务器与虚拟存储设备。
- 提供 API 用于创建网络访问控制规则。
- 提供 API 用于向上向下扩展虚拟 IT 资源。
- 提供 API 用于在多个数据中心间迁移和复制虚拟 IT 资源。
- 通过 LDAP 接口，与单一登录机制进行交互操作。

定制的 SNMP 命令脚本进一步实现了与网络管理工具的交互操作，从而在多个数据中心上建立隔离的虚拟网络。

[221]

9.3 SLA 管理系统

SLA 管理系统（SLA management system）机制代表的是一系列商品化的可用云管理产品，这些产品提供的功能包括：SLA 数据的管理、收集、存储、报告以及运行时通知（图 9-7）。

SLA管理系统

图 9-7 包含一个 SLA 管理器和 QoS 测量库的 SLA 管理系统

[222]

部署 SLA 管理系统时，常常会包含一个库，用于存储和检索被收集的基于预定义指标和报告参数的 SLA 数据。收集 SLA 数据还需要依靠一个或多个 SLA 监控机制，之后，根据活跃的云服务，使用与管理入口可以近实时地利用这些数据来提供持续的反馈（图 9-8）。使得个人云服务监控的指标与云供给合同中的 SLA 条款保持一致。

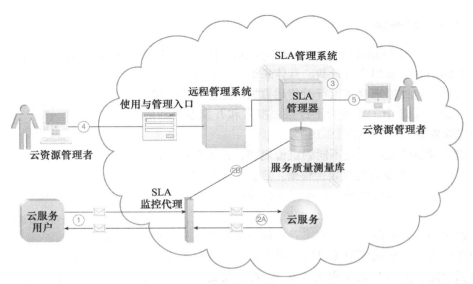

图 9-8　云服务用户与云服务交互（1）。SLA 监控器截获交换消息，评估此次交互，收集相关运行时数据。这些数据与定义在云服务 SLA 中的服务质量保证有关（2A）。收集到的数据存储在库中（2B），它是 SLA 管理系统的一部分（3）。通过使用与管理入口，外部云资源管理者可以发出查询和生成报告（4）；或者通过 SLA 管理系统的本地用户界面，内部云资源管理者可以发出查询和生成报告（5） 223

案例研究示例

　　DTGOV 实现了一个 SLA 管理系统与其现有的 VIM 进行交互操作。这种整合允许 DTGOV 云资源管理者通过 SLA 监控器监控一系列托管 IT 资源的可用性。

　　使用 SLA 管理系统的报告设计功能，DTGOV 可以通过自定义控制面板来创建下列预定义报告：

- 每个数据中心的可用性控制面板（Per-Data Center Availability Dashboard）——通过 DTGOV 的企业云门户网站可以公开访问，该控制面板显示了每个数据中心的每组 IT 资源整体的实时运行情况。
- 每个云用户的可用性控制面板（Per-Cloud User Availability Dashboard）——该控制面板显示的是单个 IT 资源的实时运行情况。每个 IT 资源的信息只能被云提供者以及租用或拥有它的云用户访问。
- 每个云用户的 SLA 报告（Per-Cloud User SLA Report）——该报告综合并总结了云用户 IT 资源的 SLA 统计信息，包括停机时间和其他 SLA 事件时间戳。

　　SLA 事件由 SLA 监控器产生，表示被虚拟化平台控制的物理 IT 资源和虚拟 IT 资源的状态和性能。SLA 管理系统与网络管理工具通过定制的 SNMP 软件代理进行交互操作，该代理可以接收 SLA 事件通知。

　　SLA 管理系统还通过其专用 API 与 VIM 交互，从而将每个网络 SLA 事件与受到影响的虚拟 IT 资源关联起来。系统中有一个专用数据库用来存放 SLA 事件（比如，虚拟服务器和网络停机时间）。

　　SLA 管理系统发布了一个 REST API，DTGOV 使用这个 API 与其中心远程管理系统交互。同时，该专用 API 有一个服务组件用于计费管理系统的批处理。DTGOV 利用它定期提供停机时间数据，以便转换为云用户使用费用。 224

9.4 计费管理系统

计费管理系统（billing management system）机制专门用于收集和处理使用数据，它涉及云提供者的结算和云用户的计费。具体来说，计费管理系统依靠按使用付费监控器来收集运行时使用数据。这些数据存储在系统组件的一个库中，然后为了计费、报告和开发票等目的，从库中提取数据（图 9-9 和图 9-10）。

计费管理系统允许制定不同的定价规则，还可以针对每个云用户或每个 IT 资源自定义定价模型。定价模型可以是传统的按使用付费模型，也可以是固定费率或按分配付费模式，还可以是它们的组合。

计费是根据使用前支付和使用后支付来安排的。后一种支付类型又分为预定义限值和无限制使用（无限制使用需要与云用户协议制定，其后果是无限制计费）。如果设定了限值，它们通常是以使用配额的形式出现的。当超出配额时，计费管理系统可以阻止云用户的进一步请求。

计费管理系统

图 9-9　由一个定价与合同管理器和一个按使用付费测量库构成的计费管理系统

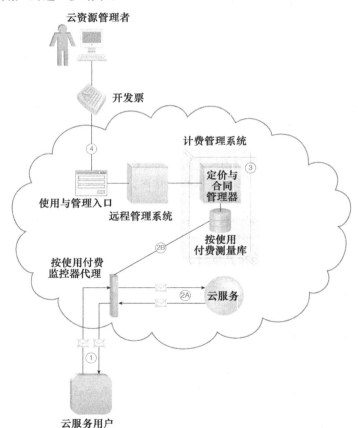

图 9-10　云服务用户与云服务交互（1）。按使用付费监控器跟踪使用情况，并收集与计费相关的数据（2A），然后将数据发送到计费管理系统中的库（2B）。系统定期计算综合云服务使用费用，并为云用户生成发票（3）。发票可以通过使用与管理入口提供给云用户（4）

案例研究示例

　　DTGOV 决定建立一个计费管理系统，使其能为定制的计费事件创建清单，比如，订阅和 IT 资源使用量。计费管理系统根据必要事件和定价模型元数据进行定制。

　　它包括如下两个相应的专用数据库：

- 计费事件库
- 定价模型库

　　按使用付费监控器是 VIM 平台的扩展，它收集使用事件。细粒度使用事件（如虚拟服务器启动、停止、向上向下扩展以及关闭）都存放在由 VIM 平台管理的库中。

　　按使用付费监控器还可以定期向计费管理系统提供适当的计费事件。大多数云用户合同都使用标准定价模型，但是，当磋商特别条款时，这种定价模型也可以定制。

227
～
228

云安全机制

本章将介绍一组基本的云安全机制，其中有些可以被用来对抗第 6 章描述的安全威胁。

10.1 加密

默认情况下，数据按照一种可读的格式进行编码，这种格式称为明文（plaintext）。当明文在网络上传输时，容易遭受未被授权的和潜在的恶意的访问。加密（encryption）机制是一种数字编码系统，专门用来保护数据的保密性和完整性。它用来把明文数据编码成为受保护的、不可读的格式。

加密技术通常依赖于称为加密部件（cipher）的标准化算法，把原始的明文数据转换成加密的数据，称为密文（ciphertext）。除了某些形式的元数据，例如消息的长度和创建日期，对密文的访问不会泄露原始的明文数据。当对明文进行加密时，数据与一个称为密钥（encryption key）的字符串结成对，其中密钥是由被授权的各方建立和共享的秘密消息。密钥用来把密文解密回原始的明文格式。

加密机制可以帮助对抗流量窃听、恶意媒介、授权不足和信任边界重叠这样一些安全威胁。例如，试图进行流量窃听的恶意服务代理如果没有加密密钥，就不能对传输的消息解密（图 10-1）。

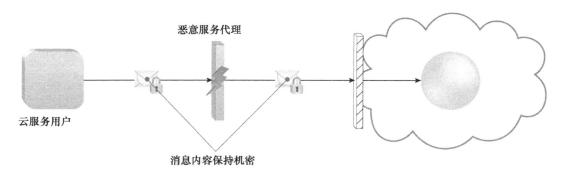

图 10-1 恶意服务代理无法从加密消息中获取出数据。这种试图破解的行为还有可能被云服务用户发现（注意：使用锁符号来指示消息内容使用了安全机制）

有两种常见的加密类型：对称加密（symmetric encryption）和非对称加密（asymmetric encryption）。

10.1.1 对称加密

对称加密在加密和解密时使用的是相同的密钥，这两个过程都是由授权的各方用共享的密钥执行的。对于密钥式密码技术（secret key cryptography），以一个特定的密钥加密的消息只能用相同的密钥解密。有权解密数据的一方会得到证据证明原来的加密也是由有权拥有的密钥的一方执行的。这样的基本认证检查是必须执行的，因为只有拥有密钥的被授权方才能创建消息。这个过程维护并验证了数据的保密性。

要注意的是，对称加密没有不可否认性（non-repudiation），因为如果有多于一方拥有密钥，就无法确定到底是哪一方执行的消息加密或解密。

10.1.2　非对称加密

非对称加密依赖于使用两个不同的密钥，称为私钥和公钥。在非对称加密（也被称为公钥密码技术（public key cryptography））中，只有所有者才知道私钥，而公钥一般来说是可得的。一篇用某个私钥加密的文档只能用相应的公钥正确解密。相反地，以某个公钥加密的文档也只用与之对应的私钥解密。因为使用了两个不同的密钥而不仅仅是一个，非对称加密计算起来几乎总是比对称加密慢。 [231]

用私钥还是公钥来加密明文指明了获得的安全性等级。因为每个非对称加密的消息都有其私钥 – 公钥对，以私钥加密的消息能够被任何拥有相应公钥的一方正确解密。即使成功的解密能证明该文字是由合法的私钥拥有者加密的，这种加密方法也不提供任何保密性保护。因此，私钥加密提供真实性、不可否认性和完整性保护。以公钥加密的消息只能被合法的私钥拥有者解密，这就提供了保密性保护。不过，任何拥有公钥的一方都能产生密文，这意味着由于公钥共有的本质，这种方法既不能提供数据的完整性，也不能提供真实性保护。

注释

在用于安全的基于 Web 的数据传输时，加密机制通常是通过 HTTPS 来实现的，HTTPS 的意思是用 SSL/TLS 作为 HTTP 的底层加密协议。TLS（transport layer security，传输层安全）是 SSL（secure sockets layer，安全套接字层）技术的后继。由于非对称加密通常比对称加密更耗时，TLS 只把前者作为交换密钥的方法。在交换完毕密钥后，TLS系统就切换到对称加密了。

大多数 TLS 实现主要支持以 WRSA 为主的非对称加密算法，而对称加密支持例如RC4、Triple-DES 和 AES 这样的加密算法。 [232]

案例研究示例

Innovartus 最近了解到，通过公共 Wi-Fi 热点区域和不安全的 LAN 访问其注册门户的用户会用明文传输详细的个人用户档案。Innovartus 立即修补了这个漏洞，使用 HTTPS对它的 Web 门户进行了加密（图 10-2）。

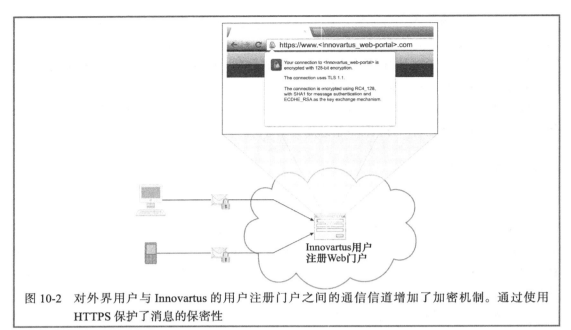

图 10-2   对外界用户与 Innovartus 的用户注册门户之间的通信信道增加了加密机制。通过使用
HTTPS 保护了消息的保密性

[233]

10.2   哈希

当需要一种单向的、不可逆的数据保护形式时，就会使用哈希（hasing）机制。对消息进行哈希时，消息就被锁住了，并且不提供密钥打开该消息。这种机制的常见应用是密码的存储。

哈希技术可以用来获得消息的哈希代码或消息摘要（message digest），通常是固定的长度，小于原始的消息大小。于是，消息发送者可以用哈希机制把消息摘要附加到消息后面。接收者对收到的消息使用同样的哈希函数，验证生成的消息摘要和与消息一同收到的消息摘要是否一致。任何对原始数据的修改都会导致完全不同的消息摘要，而消息摘要不同就明确表明发生了篡改。

除了用来保护存储数据外，可以用哈希机制减轻的云威胁包括恶意媒介和授权不足。减轻授权不足威胁的例子如图 10-3 所示。

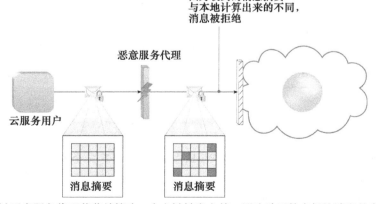

图 10-3   消息被恶意服务代理截获并篡改，在它被转发之前，用哈希函数来保护消息的完整性。可以把
防火墙配置成确定消息是否被篡改过了，从而在消息进入云服务之前，让防火墙拒绝掉该消息

[234]

案例研究示例

被选择移植到 ATN 的 PaaS 平台的一部分应用允许用户访问和修改高度敏感的公司数据。这部分信息存放在云上，允许受信任的合作伙伴访问，这些合作伙伴可能会用这些信息做关键的计算和评估之用。由于担心数据可能会被篡改，ATN 决定使用哈希机制作为保护和保持数据完整性的手段。

ATN 云资源管理员与云提供者合作，在每个部署在云中的应用程序里增加了一个摘要生成过程。当前的值被记录到一个安全的、在企业内部的数据库中，并不断进行结果分析。图 10-4 说明了 ATN 是如何实现哈希以确定是否有针对移植到云中的应用程序的未被授权行为发生。

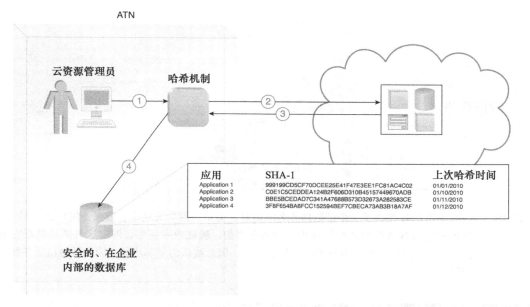

图 10-4 当访问 PaaS 环境时，调用哈希过程（1）。检查被移植到这个环境的应用（2），计算它们的消息摘要（3）。消息摘要存放在一个安全的、在企业内部的数据库中（4），如果任何值与存储在数据库中的值不相等，就发送通知

235

10.3 数字签名

数字签名（digital signature）机制是一种通过身份验证和不可否认性来提供数据真实性和完整性的手段。在发送之前，赋予消息一个数字签名，如果之后消息发生了未被授权的修改，那么这个数字签名就会变得非法。数字签名提供了一种证据，证明收到的消息与合法的发送者创建的那个消息是否是一样的。

数字签名的创建中涉及哈希和非对称加密，它实际上是一个由私钥加密了的消息摘要被附加到原始消息中。接收者要验证签名的合法性，用相应的公钥来解密这个数字签名，得到消息摘要。也可以对原始的消息应用哈希机制来得到消息摘要。两个不同的处理得到相同的结果表明消息保持了其完整性。

236 　　数字签名机制帮助缓解恶意媒介、授权不足和信任边界重叠等安全威胁（图 10-5）。

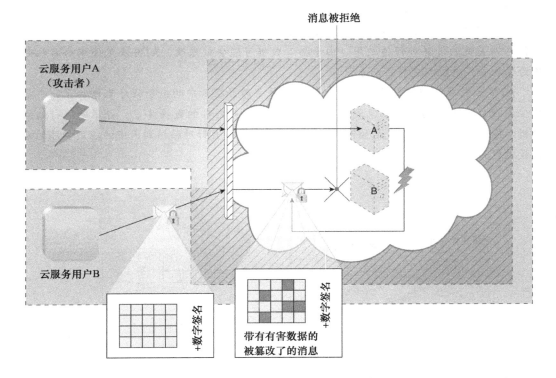

图 10-5　云服务用户 B 发送了一个带数据签名的消息，但是被授信的攻击者云服务用户 A 篡改了。
　　　　　虚拟服务器 B 被配置成在处理进来的消息之前，验证数字签名，即使这些消息是在它的
　　　　　信任边界以内的。由于消息的数字签名无效，消息被认为是非法的，因此被虚拟服务器 B
237 　　　　拒绝。

<hr>

案例研究示例

　　随着 DTGOV 客户范围扩展到包括政府控制的组织，它的许多云计算策略就变得不合适了，需要修改。考虑到政府控制的组织常常要处理政策性的信息，因此需要建立安全保护措施来保护数据处理，还要建立对可能影响政府运作的行为进行审计的手段。

　　DTGOV 着手实现数字签名机制，专门用来保护基于 Web 的管理环境（图 10-6）。通过 Web 门户，进行 IaaS 环境中的虚拟服务器的自助供给以及实时的 SLA 和计费追踪功能。因此，用户错误或恶意行为会导致法律和经济上的后果。

　　数字签名可以向 DTGOV 提供一种保证，保证每个执行的行为都是与它合法的发起者联系到一起的。未授权的访问会被认为是非常不可能发生的，因为只有当加密密钥与合法拥有者持有的密钥完全一致时，数字签名才会被接受。用户不用担心消息会被篡改，238 因为数字签名会验证数据的完整性。

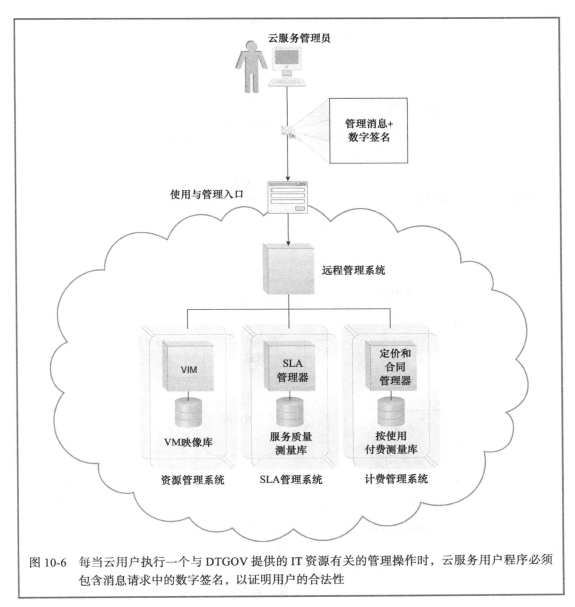

图 10-6 每当云用户执行一个与 DTGOV 提供的 IT 资源有关的管理操作时，云服务用户程序必须包含消息请求中的数字签名，以证明用户的合法性

239

10.4 公钥基础设施

管理非对称密钥颁发的常用方法是基于公钥基础设施（Public Key Infrastructure，PKI）机制的，它是一个由协议、数据格式、规则和实施组成的系统，使得大规模的系统能够安全地使用公钥密码技术。这个系统用来把公钥与相应的密钥所有者联系起来（称为公钥身份识别（public key identification）），同时还要能验证密钥的有效性。PKI 依赖于使用数字证书，数字证书是带数字签名的数据结构，它与公钥一起来验证证书拥有者身份以及相关信息，例如有效期。数字证书通常是由第三方证书颁发机构（Certificate Authority，CA）数字签发的，如图 10-7 所示。

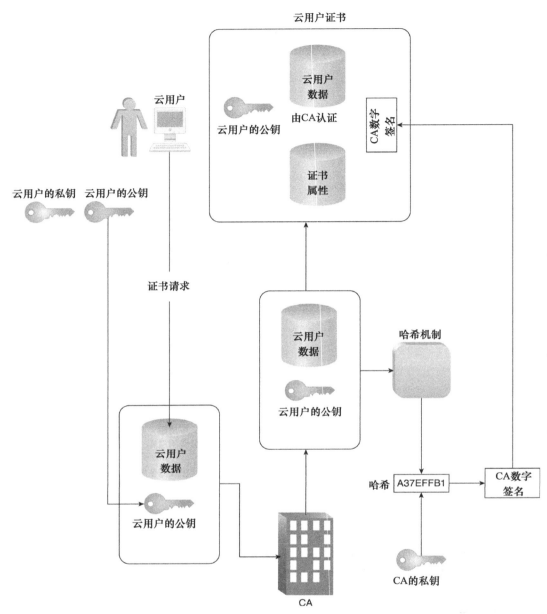

图 10-7　证书颁发机构生成证书的常见步骤

　　虽然大多数数字证书是由少数可信任的 CA 如 VeriSign 和 Comodo 发放的，但是数字签名还可以采用其他方法生成。较大的公司如微软可以充当自己的 CA，向其客户和公众发放证书，甚至个人用户也可以生成证书，只要他们有合适的软件工具。

　　对 CA 来说，建立可接受的信任等级虽然非常耗费时间，但是是必要的。严密的安全措施、大量的基础设施投入以及严格的操作流程对建立 CA 的可信度来说都是必需的。信任等级和可靠性越高，证书的信誉越好。对于实现非对称加密、管理云用户和云提供者身份信息以及防御恶意中介和不充分的授权威胁来说，PKI 是可信赖的方法。

　　PKI 机制主要用于防御不充分的授权威胁。

案例研究示例

DTGOV 要求其客户端在访问基于 Web 的管理环境时使用数字签名。这些数字签名是从由公认的证书颁发机构认证的公钥生成的（图 10-8）。

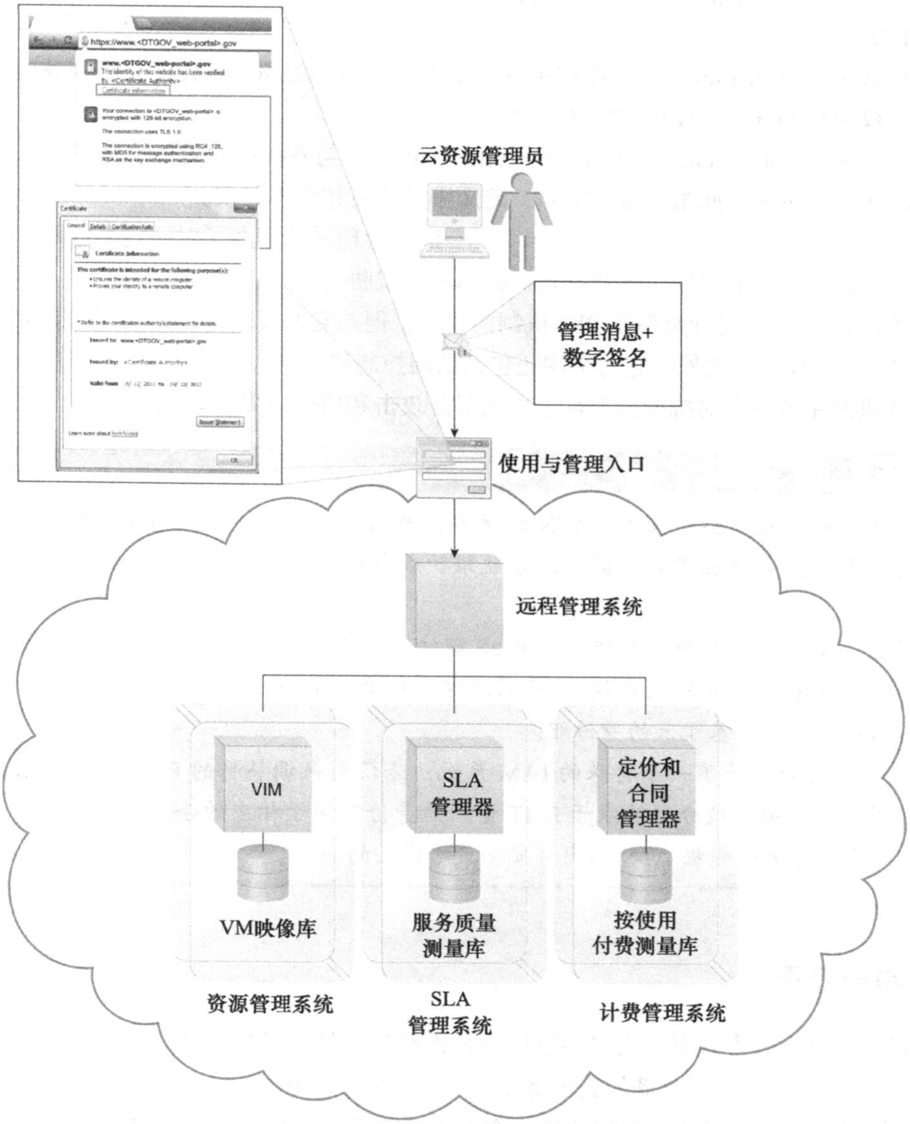

图 10-8　外部云资源管理员使用数字证书来访问基于 Web 的管理环境。HTTPS 连接中使用了 DTGOV 的数字证书，并由授信的 CA 签名 242

10.5　身份与访问管理

身份与访问管理（Identity and Access Management，IAM）机制包括控制和追踪用户身份以及 IT 资源、环境、系统访问特权的必要组件和策略。

具体来说，IAM 机制是由四个主要部分组成的系统：

- 认证（authentication）——用户名和密码的组合仍然是 IAM 系统管理最常见的用户认证证书形式，它还可以支持数字签名、数字证书、生物特征识别硬件（指纹读卡器）、特殊软件（例如声音分析程序）以及把用户账号与注册 IP 或 MAC 地址进行绑定。
- 授权（authorization）——授权组件用于定义正确的访问控制粒度，监管身份、访问控制权利和 IT 资源可用性之间的关系。
- 用户管理（user management）——用户管理程序与系统的管理能力相关，负责创建新的用户身份和访问组、重设密码、定义密码策略和管理特权。
- 证书管理（credential management）——证书管理系统建立了对已定义的用户账号的身份和访问控制的规则，这能减轻授权不足的威胁。

虽然 IAM 机制的目标类似于 PKI 机制的目标，但是它的实现范围是不同的，因为除了分配具体的用户特权等级之外，它的结构还包括访问控制和策略。

[243]　IAM 机制主要用来对抗授权不足、拒绝服务攻击和信任边界重叠等威胁。

案例研究示例

由于过往的几起公司收购，ATN 的遗留资产已经变得很复杂且高度异构。由于同时运行着冗余和类似的应用和数据库，导致维护成本增加。遗留下来的用户证书库也是多种多样的。

现在，ATN 将几个应用移植到了 PaaS 环境，创建和配置了新的身份，从而授权用户访问。CloudEnhance 的顾问建议 ATN 利用这个机会开始一个 IAM 系统试点项目，尤其是因为需要一个新的基于云的身份组。

ATN 同意并设计了一个特殊的 IAM 系统，专门用来调整新的 PaaS 环境中的安全边界。使用这个系统，被分配给基于云 IT 资源的身份不同于相应的企业内部的身份，而企业内部的身份原来是根据 ATN 的内部安全策略定义的。

10.6　单一登录

跨越多个云服务为云服务用户传播认证和授权信息是件很难的事情，特别是如果在同一个运行时活动中需要调用大量的云服务或基于云的 IT 资源时。单一登录（Single Sign-On, SSO）机制使得一个云服务用户能够被一个安全代理认证，这个安全代理建立起一个安全上下文，当云服务用户访问其他云服务或者基于云的 IT 资源时，这个上下文会被持久化。否则，云服务用户要在后续的每个请求都重新认证它自己。

SSO 机制实际上允许相互独立的云服务和 IT 资源产生并流通运行时认证和授权证书。证书首先是由云服务用户提供的，在会话（session）期间保持有效，而它的安全上下文信息是共享的（图 10-9）。当云服务用户需要访问位于不同的云中的云服务时，SSO 机制的安全代理

[244]　就特别有用（图 10-10）。

这个机制并不直接对抗第 6 章中列出的任何云安全威胁，它主要增强基于云的环境的访问并管理分布式 IT 资源和解决方案的可用性。

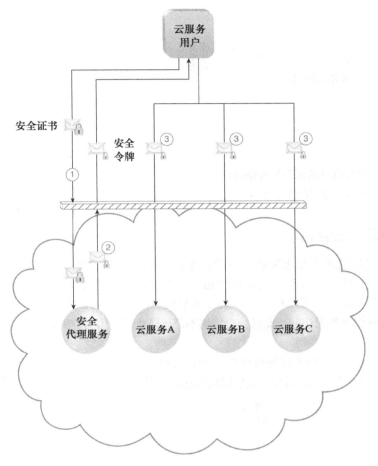

图 10-9 云服务用户向安全代理提供登录证书（1）。在认证成功后，安全代理以一个认证令牌（带有小的锁符号的消息）予以响应，这个令牌中含有该云服务用户的身份信息（2），用来跨云服务 A、B 和 C 自动认证这个云服务用户（3）

案例研究示例

将应用迁移到 ATN 新的 PaaS 平台很成功，但是也引发了大量对于位于 PaaS 上的 IT 资源的响应性和可用性的新的关注。ATN 打算把更多的应用移到 PaaS 平台上，但是决定用一个不同的云提供者建立第二个 PaaS 环境来实现这个目的。这样他们能在三个月的评估期内比较不同的云提供者。

为了容纳这个分布式云架构，采用了 SSO 机制来建立一个安全代理，从而能够跨越两个云传播登录证书（图 10-10）。这使得一个云资源管理员不用分别登录两个 PaaS 环境就能够访问它们上面的 IT 资源。

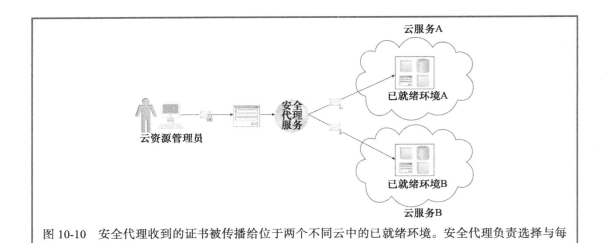

图 10-10　安全代理收到的证书被传播给位于两个不同云中的已就绪环境。安全代理负责选择与每个云联系的适当的安全过程

10.7　基于云的安全组

　　就像构建堤坝把陆地和水隔离开一样，在 IT 资源之间设置隔离能够增加对数据的保护。云资源的分割是这样一个过程：为不同的用户和组创建各自的物理和虚拟 IT 环境。例如，根据不同的网络安全要求，可以对一个组织的 WAN 进行划分。可以建立一个网络，部署有弹性的防火墙用于外部因特网访问，而另一个网络不部署防火墙，因为它的用户是内部的，不能访问因特网。

　　通过给虚拟机分配各种不同的物理 IT 资源，资源分割使得虚拟化成为可能。需要针对公有云环境进行优化，因为当不同的云用户共享相同的底层物理 IT 资源时，它们的组织信任边界重叠了。

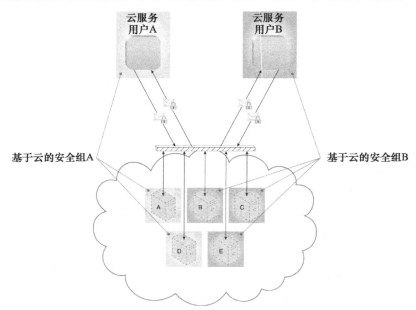

图 10-11　基于云的安全组 A 包括虚拟服务器 A 和 D，被分配给云用户 A。基于云的安全组 B 由虚拟服务器 B、C 和 E 组成，被分配给云用户 B。如果云服务用户 A 的证书被破坏了，攻击者只能够访问和破坏基于云的安全组 A 中的虚拟机，从而保护了虚拟服务器 B、C 和 E

基于云的资源分割过程创建了基于云的安全组（cloud-based security group）机制，这是通过安全策略来决定的。网络被分成逻辑的基于云的安全组，形成逻辑网络边界。每个基于云的 IT 资源至少属于一个逻辑的基于云的安全组。逻辑的基于云的安全组会有一些特殊的规则，这些规则控制安全组之间的通信。

运行在同一物理服务器上的多个虚拟服务器可以是不同逻辑的基于云的安全组的成员（图 10-11）。虚拟服务器还可以进一步被分成公共 – 私有组、开发 – 生产组，或者其他任何云资源管理员配置的命名方法。

基于云的安全组描绘了可以实施不同安全测量的区域。当遇到安全破坏的时候，正确实现的基于云的安全组能帮助限制对 IT 资源的未被授权的访问。这种机制可以被用来帮助对抗拒绝服务、授权不足和信任边界重叠等威胁，也与逻辑网络边界机制密切相关。

247
~
248

案例研究示例

既然 DTGOV 自身已经成为了一个云提供者，关于它承载的政府控制的客户数据安全担忧也就浮现出来。所以引入了一个云安全专家组，来定义基于云的安全组以及数字签名和 PKI 机制。

在被集成到 DTGOV 的 Web 门户管理环境之前，安全策略按照资源分割的等级进行分类。与 SLA 保证的安全要求一致，DTGOV 把 IT 资源分配映射到适当的逻辑的基于云的安全组上（图 10-12），每个安全组都有它自己的安全策略，安全策略明确地规定了其 IT 资源的隔离和控制等级。

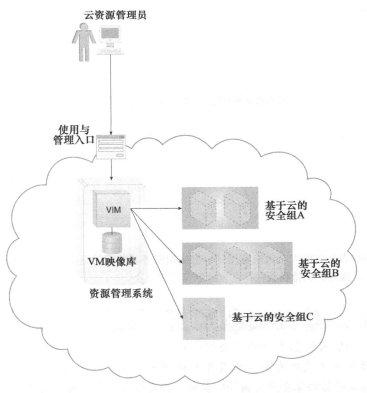

图 10-12　当外部的云资源管理员访问 Web 门户要求分配一个虚拟服务器时，要求的安全证书会被评估，并且映射到一个内部安全策略，该策略把相应的基于云的安全组分配给新的虚拟服务器

249
~
250

　　DTGOV 告知它的客户这些新安全策略的可用性。云用户可以有选择性地利用它们，不过这样做会导致费用增加。

10.8　强化的虚拟服务器映像

　　正如前面讨论的那样，虚拟服务器是从一个被称为虚拟服务器映像（或虚拟机映像）的模板配置创建出来的。强化（hardening）是这样一个过程，把不必要的软件从系统中剥离出来，限制可能被攻击者利用的潜在漏洞。去除冗余的程序，关闭不必要的服务器端口，关闭不使用的服务、内部根账户和宾客访问，这些都是强化的例子。

　　强化的虚拟服务器映像（hardened virtual server image）是已经经过强化处理的虚拟服务实例创建的模板（图 10-13）。这通常会得到一个比原始标准映像更加安全的虚拟服务器模板。

　　强化的虚拟服务器映像能够帮助对抗拒绝服务、授权不足和信任边界重叠等威胁。

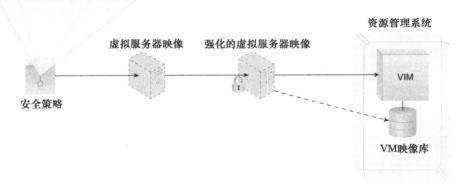

关闭未被使用的/不需要的服务器端口
关闭未被使用的/不需要的服务
关闭不需要的内部根账户
关闭对系统目录的宾客访问
卸载冗余的软件
建立内存限额
…

图 10-13　云提供者把它的安全策略应用到标准虚拟服务器映像的强化上。作为资源管理系统的一部分，强化的映像模板保存在 VM 映像库中

251

案例研究示例

　　作为 DTGOV 采用基于云的安全组的一部分，对云用户来说可用的一个安全特性就是能够选择把一些或所有的虚拟服务器放到一个给定的强化的组里（图 10-14）。每个强化的虚拟服务器映像会产生额外的费用，但是这样一来云用户就不用自己来实施强化过程了。

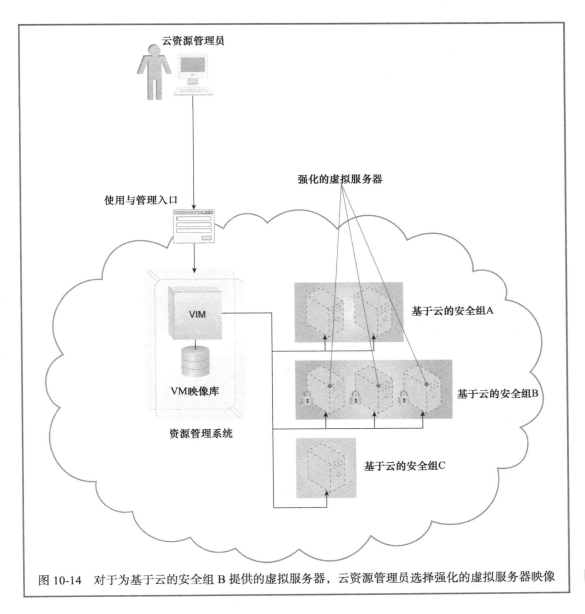

图 10-14 对于为基于云的安全组 B 提供的虚拟服务器，云资源管理员选择强化的虚拟服务器映像

252

第三部分

Cloud Computing: Concepts, Technology & Architecture

云计算架构

通过建立制定完善的解决方案，云技术架构确定了云环境中的功能域。这些解决方案由交互、行为以及云计算机制和其他特殊云技术组件的不同组合构成。

第11章中的基本云架构模型建立了大多数云常用技术架构的基本层。第12章和第13章介绍了高级和特殊的模型，其中一些模型在第11章的基础上增加了复杂和更专业的解决方案架构。

需要注意的是，在这些章节中没有涉及第10章中云安全机制的安全架构或者架构模型。相关内容将单独在云安全系列专题中论述。

<table>
<tr><td>注释</td></tr>
<tr><td>

第11章到第13章描述了29个云架构，在Thomas Erl和Amin Iorga编纂的正式云计算设计模式目录里对其进行了进一步探讨。登录www.cloudpatterns.org可阅读每个云架构的正式模式配置文件。云计算设计模式目录将这些架构和其他一些设计模式组织成复合模式，对应于云交付模型、云部署模型以及描述灵活性、弹性和多租户环境的功能集。

</td></tr>
</table>

基本云架构

本章介绍并描述了一些更加通用的基本云架构模型，其中的每一个都代表了现代基于云的环境的常见用法和特性。本章还探讨了与这些架构相关的云计算机制的不同组合的参与度和重要性。

11.1 负载分布架构

通过增加一个或多个相同的 IT 资源可以进行 IT 资源水平扩展，而提供运行时逻辑的负载均衡器能够在可用 IT 资源上均匀分配工作负载（图 11-1）。由此产生的负载分布架构（workload distribution architecture）在一定程度上依靠复杂的负载均衡算法和运行时逻辑，减少 IT 资源的过度使用和使用率不足的情况。

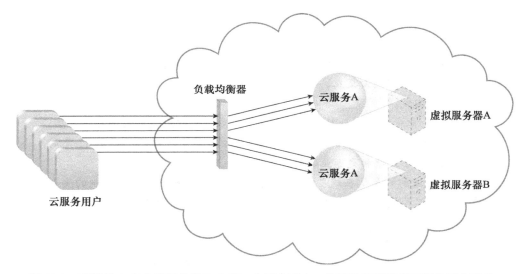

255
∼
256

图 11-1　云服务 A 在虚拟服务器 B 上有一个冗余副本。负载均衡器截获云服务用户请求，
并将其定位到虚拟服务器 A 和 B 上，以保证均匀的负载分布

负载分布常常可以用来支持分布式虚拟服务器、云存储设备和云服务，因此，这种基本架构模型可以应用于任何 IT 资源。结合负载均衡的各个方面，应用于特殊 IT 资源的负载均衡系统通常会形成这种架构的特殊变化，比如：
- 本章稍后解释的服务负载均衡架构
- 第 12 章介绍的负载均衡的虚拟服务器架构
- 第 13 章描述的负载均衡的虚拟交换机架构

除了基本负载均衡器机制和可以应用负载均衡的虚拟服务器与云存储设备机制外，如下机制也是该云架构的一部分：

- 审计监控器（Audit Monitor）——分配运行时工作负载时，就满足法律和监管要求而言，处理数据的 IT 资源的类型和地理位置可以决定监控是否是必要的。
- 云使用监控器（Cloud Usage Monitor）——各种监控器都能参与执行运行时工作负载的跟踪与数据处理。
- 虚拟机监控器（Hypervisor）——虚拟机监控器与其托管的虚拟服务器之间的工作负载可能需要分配。
- 逻辑网络边界（Logical Network Perimeter）——逻辑网络边界用于隔离与如何分布以及在哪里分布工作负载相关的云用户网络边界。
- 资源集群（Resource Cluster）——处于主动－主动模式的集群 IT 资源通常被用于支持不同集群节点间的负载均衡。
- 资源复制（Resource Replication）——为了响应运行时工作负载分布需求，该机制能生成虚拟化 IT 资源的新实例。

11.2 资源池架构

资源池架构（resource pooling architecture）以使用一个或多个资源池为基础，其中相同的 IT 资源由一个系统进行分组和维护，以自动确保它们保持同步。

常见的资源池有：

物理服务器池由联网的服务器构成，这些服务器已经安装了操作系统以及其他必要的程序和应用，并且可以立即投入使用。

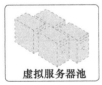

一般将虚拟服务器池配置为使用一个被选择的可用模板，这个模板是云用户在准备期间从几种可用模板中选择出来的。比如，一个云用户可以建立一个中档 Windows 服务器池，配有 4GB 的 RAM；或者是一个低档的 Ubuntu 服务器池，配有 2GB 的 RAM。

存储池或云存储设备池由基于文件或基于块的存储结构构成，它包含了空的或满的云存储设备。

网络池（或互联池）是由不同预配置的网络互联设备组成的。例如，为了冗余连接、负载均衡或者链路聚合，可以创建虚拟防火墙设备池或物理网络交换机池。

CPU 池准备分配给虚拟服务器，通常会分解为单个处理内核。

257

物理 RAM 池可以用于物理服务器的新供给或者垂直扩展。

可以为每种类型的 IT 资源创建专用池，也可以将单个池集合为一个更大的池，在这个更大的资源池中，每个单独的池成为了子资源池（图 11-2）。

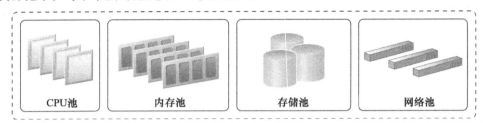

图 11-2　资源池示例。该资源池由 4 个子资源池组成，分别是：CPU 池，内存池，云存储设备池和虚拟网络设备池

如果特殊云用户或应用需创建多个资源池，那么资源池就会变得非常复杂。对此，可以建立层次结构，形成资源池之间的父子、兄弟和嵌套关系，从而有利于构成不同的资源池需求（图 11-3）。

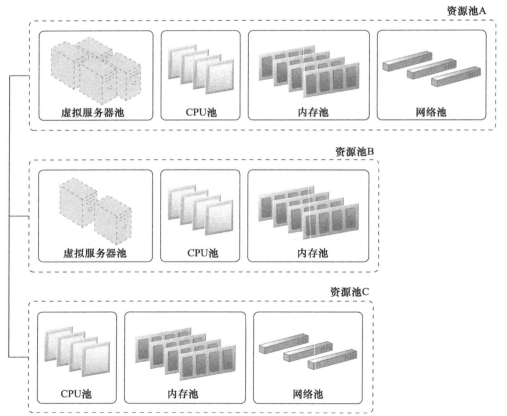

图 11-3　资源池 B 和 C 是同级的，都来自于较大的资源池 A，其已经分配给云用户了。这是一种替代方法，使得资源池 B 和 C 的 IT 资源不需要从云共享的通用 IT 资源储备池中获得

同级资源池通常来自于物理上分为一组的 IT 资源，而不是来自于分布在不同数据中心内的 IT 资源。同级资源池之间是相互隔离的，因此，云用户只能访问各自的资源池。

在嵌套资源池模型中，较大的资源池被分解成较小的资源池，每个小资源池分别包含了与大资源池相同类型的 IT 资源（图 11-4）。嵌套资源池可以用于向同一个云用户组织的不同部门或不同组分配资源池。

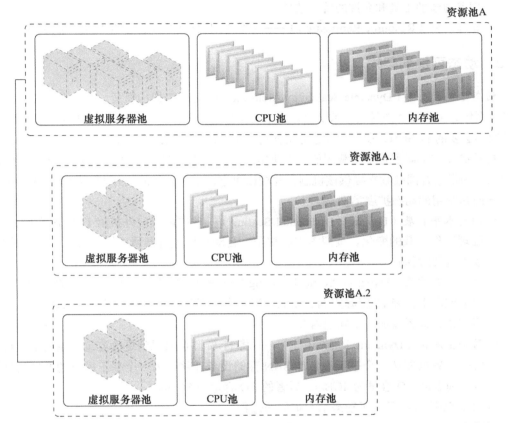

图 11-4 嵌套的资源池 A.1 和 A.2 包含的 IT 资源与资源池 A 相同，只是在数量上有差异。嵌套资源池通常用于云服务供给，这些云服务需要用具有相同配置的同类型 IT 资源进行快速实例化

在定义了资源池之后，可以在每个池中通过创建 IT 资源的多个实例来提供"活的"IT 资源池。

除了云存储设备和虚拟服务器这些常见的池化机制外，下述机制也可以成为这种云架构的一部分：

- 审核监控器（Audit Monitor）——该机制监控资源池的使用，以确保其符合隐私和监管要求，尤其是当资源池含有云存储设备或载入内存的数据的时候。
- 云使用监控器（Cloud Usage Monitor）——各种云使用监控器都参与到运行时跟踪和同步中，这些均为池化 IT 资源和所有底层管理系统所要求的。
- 虚拟机监控器（Hypervisor）——虚拟机监控器除了负责托管虚拟服务器以及某些时候作为资源池自身之外，还要负责向虚拟服务器提供对资源池的访问。
- 逻辑网络边界（Logical Network Perimeter）——逻辑网络边界用于从逻辑上组织和隔离资源池。

- 按使用付费监控器（Pay-Per-Use Monitor）——根据单个云用户如何分配和使用各种资源池中的 IT 资源，按使用付费监控器收集相关的使用与计费信息。
- 远程管理系统（Remote Administration System）——通常使用本机制与后端系统和程序进行连接，以便通过前端门户网站提供资源池的管理功能。
- 资源管理系统（Resource Management System）——资源管理系统机制向云用户提供管理资源池的工具和允许的管理选项。
- 资源复制（Resource Replication）——本机制用于为资源池的 IT 资源生成新的实例。

11.3 动态可扩展架构

动态可扩展架构（Dynamic Scalability Architecture）是一个架构模型，它基于预先定义扩展条件的系统，触发这些条件会导致从资源池中动态分配 IT 资源。由于不需人工交互就可以有效地回收不必要的 IT 资源，所以，动态分配使得资源的使用可以按照使用需求的变化而变化。

自动扩展监听器配置了负载阈值，以决定何时为工作负载的处理添加新 IT 资源。根据给定云用户的供给合同条款来提供该机制，并配以决定可动态提供的额外 IT 资源数量的逻辑。

下面是常用的动态扩展类型：

- 动态水平扩展（Dynamic Horizontal Scaling）——向内或向外扩展 IT 资源实例，以便处理工作负载的变化。按照需求和权限，自动扩展监听器请求资源复制，并发信号启动 IT 资源复制。
- 动态垂直扩展（Dynamic Vertical Scaling）——当需要调整单个 IT 资源的处理容量时，向上或向下扩展 IT 资源实例。比如，当一个虚拟服务器超负荷时，可以动态增加其内存容量，或者增加一个处理内核。
- 动态重定位（Dynamic Relocation）——将 IT 资源重放置到更大容量的主机上。比如，将一个数据库从一个基于磁带的 SAN 存储设备迁移到另一个基于磁盘的 SAN 存储设备，前者的 I/O 容量为 4GB/s，后者的 I/O 容量为 8GB/s。

图 11-5 至图 11-7 显示了动态水平扩展的过程。

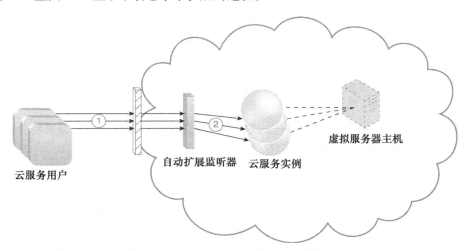

图 11-5   云服务用户向云服务发送请求（1）。自动扩展监听器监视该云服务，判断预定义的容量阈值是否已经被超过（2）

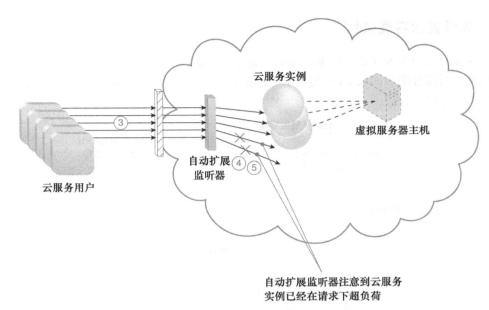

图 11-6 云服务用户的请求数量增加（3）。工作负载已超过性能阈值。根据预先定义的扩展规则，
自动扩展监听器决定下一步的操作（4）。如果云服务的实现被认为适合扩展，则自动扩展
监听器启动扩展过程（5）

263

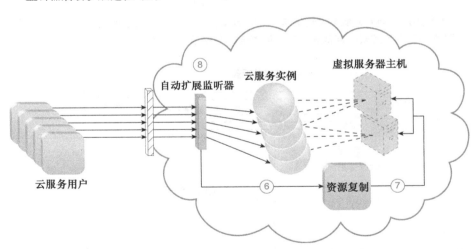

图 11-7 自动扩展监听器向资源复制机制发送信号（6），创建更多的云服务实例（7）。现在，增加
的工作负载可以得到满足，自动扩展监听器根据请求，继续监控并增加或减少 IT 资源（8）

  动态扩展架构可以应用于一系列 IT 资源，包括虚拟服务器和云存储设备。除了核心的自
动扩展监听器和资源复制机制之外，下述机制也被用于这种形式的云架构：

- 云使用监控器（Cloud Usage Monitor）——为了响应这种架构引起的动态变化，可以
  利用特殊的云使用监控器来跟踪运行时使用。
- 虚拟机监控器（Hypervisor）——动态可扩展系统调用虚拟机监控器来创建或移除虚拟
  服务器实例，或者对自身进行扩展。
- 按使用付费监控器（Pay-Per-Use Monitor）——**按使用付费监控器收集使用成本信息，
  以响应 IT 资源的扩展。**

264

11.4 弹性资源容量架构

弹性资源容量架构（Elastic Resource Capacity Architecture）主要与虚拟服务器的动态供给相关，利用分配和回收 CPU 与 RAM 资源的系统，立即响应托管 IT 资源的处理请求变化（图 11-8 和图 11-9）。

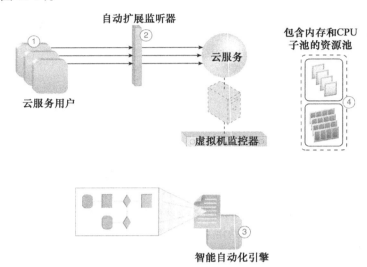

图 11-8　云服务用户主动向云服务发送请求（1），自动扩展监听器对此进行监控（2）。智能自动化引擎脚本与工作流逻辑一起部署（3），能够通过分配请求通知资源池（4）

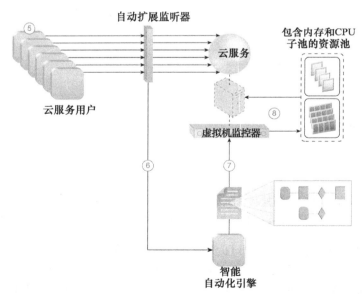

图 11-9　云服务用户增加请求（5），使得自动扩展监听器向智能自动化引擎发送执行脚本的信号（6）。脚本运行工作流逻辑，虚拟机监控器从资源池分配更多 IT 资源（7）。虚拟机监控器给虚拟服务器分配额外的 CPU 和 RAM，使得增加的工作负载得以处理（8）

扩展技术使用的资源池与虚拟机监控器和 VIM 进行交互，在运行时检索并返回 CPU 和 RAM 资源。对虚拟服务器的运行时处理进行监控，从而在达到容量阈值之前，通过动态分配可以从资源池获得额外的处理能力。在响应时，虚拟服务器和其托管的应用程序与 IT 资源是垂直扩展的。

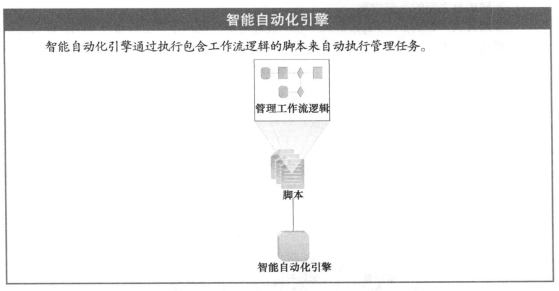

这类云架构可以被设计为，智能自动化引擎脚本通过 VIM 发送其扩展请求，而不是直接发送给虚拟机监控器。参与弹性资源分配系统的虚拟服务器可能需要重启才能使得动态资源分配生效。

这类云架构还可以包含如下一些额外机制：

● 云使用监控器（Cloud Usage Monitor）——在扩展前、扩展中和扩展后，特殊云使用监控器收集 IT 资源的使用信息，以便帮助定义虚拟服务器将来的处理容量阈值。

● 按使用付费监控器（Pay-Per-Use Monitor）——按使用付费监控器负责收集资源使用成本信息，该信息随着弹性供给而变化。

● 资源复制（Resource Replication）——资源复制在本架构模型中用来生成扩展 IT 资源的新实例。

265
≀
267

11.5 服务负载均衡架构

服务负载均衡架构（Service Load Balancing Architecture）可以被认为是工作负载分布架构的一个特殊变种，它是专门针对扩展云服务实现的。在动态分布工作负载上增加负载均衡系统，就创建了云服务的冗余部署。

云服务实现的副本被组织为一个资源池，而负载均衡器则作为外部或内置组件，允许托管服务器自行平衡工作负载。

根据托管服务器环境的预期工作负载和处理能力，每个云服务实现的多个实例可以被生成为资源池的一部分，以便更有效地响应请求量的变化。

负载均衡器在位置上可以独立于云设备及其主机服务器（图 11-10），也可以成为应用程序或服务器环境的内置组件。对于后一种情况，由包含负载均衡逻辑的主服务器与周围服务器进行通信，实现工作负载的平衡（图 11-11）。

除了负载均衡器外，服务负载均衡架构还可以包含下述机制：

● 云使用监控器（Cloud Usage Monitor）——云使用监控器可以监控云服务实例及其各自的 IT 资源消耗水平，还可以涉及各种运行时监控和使用数据收集任务。

- 资源集群（Resource Cluster）——该架构中包含主动－主动集群组，可以帮助集群内不同成员之间的负载均衡。
- 资源复制（Resource Replication）——资源复制机制用于产生云服务实现，以支持负载均衡请求。

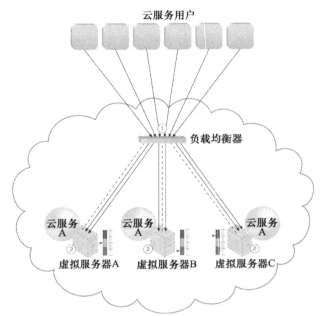

图 11-10　负载均衡器截获云服务用户发送的消息（1）并将其转发给虚拟服务器，从而使工作负载的处理得到水平扩展（2）

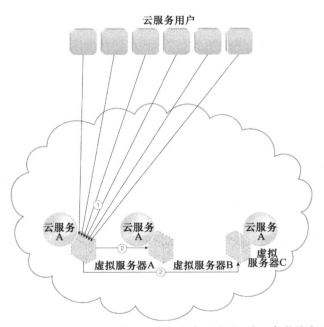

图 11-11　云服务用户的请求发送给虚拟服务器 A 上的云服务 A（1）。内置负载均衡逻辑包含在云服务实现中，它可以将请求分配给相邻的云服务 A，这些云服务 A 的实现位于虚拟服务器 B 和 C 上（2）

11.6　云爆发架构

云爆发架构（cloud bursting architecture）建立了一种动态扩展的形式，只要达到预先设置的容量阈值，就从企业内部的 IT 资源扩展或"爆发"到云中。相应的基于云的 IT 资源是冗余性预部署，它们会保持非活跃状态，直到发生云爆发。当不再需要这些资源后，基于云的 IT 资源被释放，而架构则"爆发入"企业内部，回到企业内部环境。

云爆发是弹性扩展架构，它向云用户提供一个使用基于云的 IT 资源的选项，但这个选项只用于应对较高的使用需求。这种架构模型的基础是自动扩展监听器和资源复制机制。

自动扩展监听器决定何时将请求重定向到基于云的 IT 资源，而资源复制机制则维护企业内部和基于云的 IT 资源之间的状态信息的同步（图 11-12）。

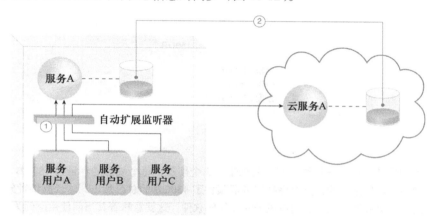

图 11-12　自动扩展监听器监控企业内部服务 A 的使用情况，当服务 A 的使用阈值被突破时，将服务用户 C 的请求重定向到服务 A 在云中的冗余实现（云服务 A）（1）。资源复制系统用于保持状态管理数据库的同步（2）

271

除了自动扩展监听器和资源复制机制之外，许多其他机制也被用于该架构，它们主要依据被扩展 IT 资源的类型，进行自动地动态爆发入与爆发出。

11.7　弹性磁盘供给架构

通常对使用基于云的存储空间的云用户按照固定磁盘存储分配来收费。这就意味着费用已经按照磁盘容量预先定义好了，而与实际使用的数据存储量没有关系。图 11-13 说明了这种情况，如图所示，向云用户提供的一个虚拟服务器安装了 Windows Server 操作系统，并有 3 个单容量为 150GB 的硬盘。那么，当安装了操作系统后，即使还没有安装任何软件，云用户也要支付 450GB 的存储空间费用。

弹性磁盘供给架构（Elastic Disk Provisioning Architecture）建立了一个动态存储供给系统，它确保按照云用户实际使用的存储量进行精确计费。该系统采用自动精简供给技术实现存储空间的自动分配，并进一步支持运行时使用监控来收集准确的使用数据以便计费（图 11-14）。

自动精简供给软件安装在虚拟服务器上，通过虚拟机监控器处理动态存储分配。同时，按使用付费监控器跟踪并报告与磁盘使用数据相关的精确计费（图 11-15）。

除了云存储设备、虚拟服务器和按使用付费监控器之外，该架构还可能包含如下机制：

- 云使用监控器（Cloud Usage Monitor）——特殊云使用监控器用来跟踪并记录存储使用的变化。
- 资源复制（Resource Replication）——当需要将动态薄磁盘存储转换为静态厚磁盘存储时，资源复制就成为弹性磁盘供给系统的一部分。

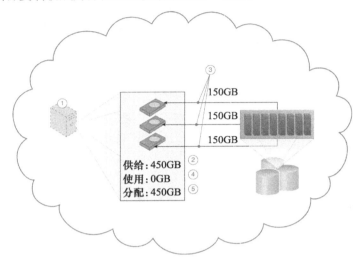

图 11-13　云用户请求一个虚拟服务器，要求带有 3 个硬盘，每个硬盘的容量为 150GB（1）。根据弹性磁盘供给架构，这个虚拟服务器预备了 450GB 的总容量（2）。云提供者分配 450GB 给虚拟服务器（3）。云用户还未安装任何软件，这就意味着其当前使用空间为 0GB（4）。由于 450GB 已经分配了，并为该云用户保留下来，因此，从容量分配开始，磁盘的使用就按照 450GB 收费（5）

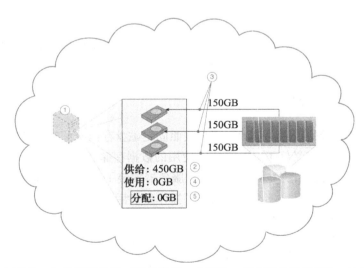

图 11-14　云用户请求一个虚拟服务器，要求带有 3 个硬盘，每个硬盘的容量为 150GB（1）。根据弹性磁盘供给架构，这个虚拟服务器被分配了 450GB 的总容量（2）。450GB 为该虚拟服务器最大磁盘使用量，当前还没有保留或分配任何物理磁盘空间（3）。云用户还未安装任何软件，这就意味着其当前使用空间为 0GB（4）。由于分配的磁盘空间与实际使用空间相等（当前都为 0），因此，云用户不用支付任何磁盘空间的使用费用（5）

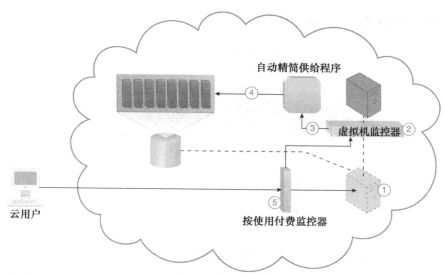

图 11-15 收到云用户请求，开始供给一个新虚拟服务器实例（1）。作为供给处理的一部分，硬盘被选择
　　　　 为动态的或自动精简供给的磁盘（2）。虚拟机监控器调用动态磁盘分配组件，为虚拟服务器
　　　　 创建薄盘（3）。由自动精简供给程序创建的虚拟服务器磁盘保存在一个大小几乎为 0 的文件夹
　　　　 中。随着运行应用程序的安装以及向该虚拟服务器复制其他的文件，这个文件夹的大小和其中
　　　　 文件的数量也会增加（4）。按使用付费监控器跟踪实际动态分配的存储量以便计费（5）

11.8　冗余存储架构

　　云存储设备有时会遇到一些故障和破坏，造成这种情况的原因包括：网络连接问题，控
制器或一般硬件故障，或者安全漏洞。一个组合的云存储设备的可靠性会存在连锁反应，这
会使云中依赖其可用性的全部服务、应用程序和基础设施组件都遭受故障影响。

LUN
逻辑单元号（Logical Unit Number，LUN）是一个逻辑驱动器，它代表了物理驱动器的一个分区。 <div align="center"> LUN</div>

存储设备网关
存储设备网关是一个组件，是连接到云存储设备的外部接口。当云用户请求的数据位置发生变化时，它可以自动将云用户请求进行重定位。

　　冗余存储架构（Redundant Storage Architecture）引入了复制的辅云存储设备作为故障系
统的一部分，它要与主云存储设备中的数据保持同步。当主设备失效时，存储设备网关就把云用户请求转向辅设备（图 11-6 和图 11-7）。

274
~
275

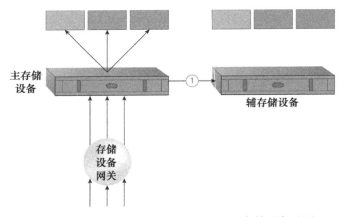

图 11-16 主云存储设备定期复制到辅云存储设备（1）

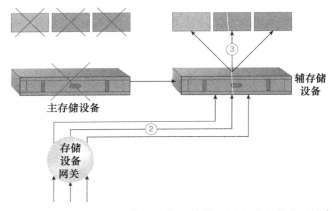

图 11-17 主存储设备变为不可用，存储设备网关将云用户请求发送到辅存储设备（2）。
辅存储设备将请求发送到 LUN，允许云用户继续访问它们的数据（3）

该云架构主要依靠的是存储复制系统，它使得主云存储设备与其复制的辅云存储设备保持同步（图 11-18）。

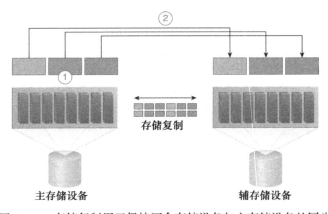

图 11-18 存储复制用于保持冗余存储设备与主存储设备的同步

存储复制

存储复制是资源复制机制的一种变体,用于将数据从主存储设备同步或异步地复制到辅存储设备。它可以用于复制部分或全部 LUN。

存储复制

通常由于经济原因,云提供者会将辅云存储设备放置在与主云存储设备不同的地理区域中。然而,这样又会引起某些类型数据上的法律问题。辅云存储设备的位置可以决定同步的协议和方法,因为某些复制传输协议存在距离限制。

有些云提供者在使用存储设备时,利用双阵列和存储控制器来增加设备冗余度,并将辅存储设备放置在不同的物理地址以便进行云均衡和灾害恢复。在这种情况下,为了在两个设备间实现复制,云提供者可能需要租用第三方云提供者的网络连接。

案例研究示例

ATN 未迁移到云中时的一个内部解决方案就是远程上传模块,这是由其客户使用的一个程序,用于每天向中心档案上传财务和法律文档。由于每天接收文档的数量是无法预期的,因此,其使用峰值会无预警地发生。

目前,远程上传模块拒绝在其满负荷运行时发起的上传尝试,对于那些需要在工作日结束前或截止日期到来前将某些文档进行存档的用户而言是一个问题。

为了能围绕企业内部远程上传模块服务的实现创建一个云爆发架构,ATN 决定利用其基于云的环境。这样,每当超过企业内部处理阈值时,ATN 都可以爆发式扩展到云中(图 11-19 和图 11-20)。

276
~
277

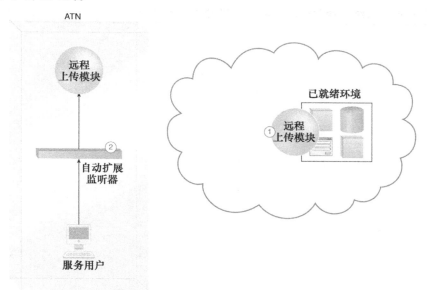

图 11-19 一个基于云的企业内部远程上传模块服务被部署在 ATN 租用的已就绪环境中(1)。自动扩展监听器监控服务用户请求(2)

278

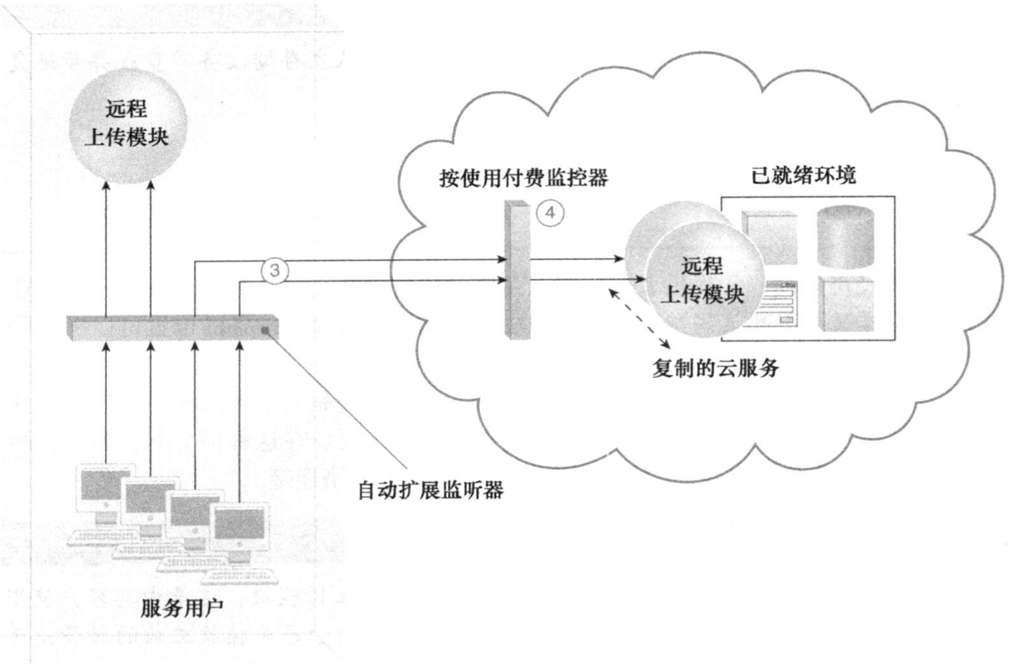

图 11-20   自动扩展监听器探测到服务用户的使用量已经超出了本地远程上传模块服务的使用阈值，
　　　　　　并开始将超出的请求转移到基于云的远程上传模块的实现上（3）。云提供者的按使用付
　　　　　　费监控器跟踪从企业内部自动扩展监听器接收到的请求，并收集计费数据。同时，通过
　　　　　　资源复制，按需创建了远程上传模块的云服务实例（4）

　　当服务使用量减少到能够让企业内部远程上传模块的实现来处理服务用户请求后，
调用"爆发入"系统。释放云服务实例，同时也不会再产生额外的与云相关的使用费用。

高级云架构

本章探讨的云技术架构描述了明确而又复杂的架构层次，其中某些可构建在第 11 章介绍的由架构模型建立起来的较为基础的环境之上。

12.1 虚拟机监控器集群架构

虚拟机监控器可以负责创建和管理多个虚拟服务器。因为这种依赖关系，任何影响虚拟机监控器失效的状况都会波及它管理的虚拟服务器（图 12-1）。

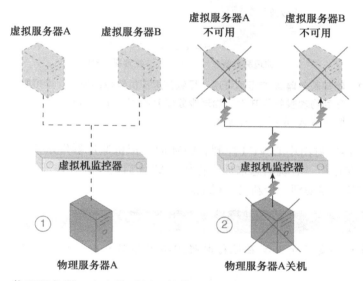

图 12-1 物理服务器 A 上安装了用于托管理虚拟服务器 A 和 B 的虚拟机监控器（1）。当物理服务器 A 失效时，虚拟机监控器和两个虚拟服务器也会随之失效（2）

心跳
心跳是虚拟机监控器之间、虚拟机监控器和虚拟服务器之间、虚拟机监控器和 VIM 之间相互交换的系统级消息。   心跳

虚拟机监控器集群架构（hypervisor clustering architecture）建立了一个跨多个物理服务器的高可用虚拟机监控器集群。如果一个给定的虚拟机监控器或其底层物理服务器变得不可

用，则被其托管的虚拟机服务器可迁移到另一物理服务器或虚拟机监控器上来保持运行时操作（图 12-2）。

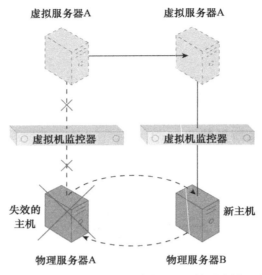

图 12-2   物理服务器 A 变得不可用，导致其虚拟机监控器失效。虚拟服务器 A 迁
　　　　　移到物理服务器 B 上，物理服务器 B 有另一个虚拟机监控器，且与物理
　　　　　服务器 A 属于同一个集群

虚拟机监控器集群由中心 VIM 控制。VIM 向虚拟机监控器发送常规心跳消息来确认虚拟机监控器是否在运行。心跳消息未被应答将使 VIM 启动 VM 在线迁移程序，以动态地将受影响的虚拟机监控器移动到一个新的主机上。

VM 在线迁移

　　VM 在线迁移是一个具有在运行时将虚拟服务器或虚拟服务器实例重新放置能力的系统。

VM在线迁移

虚拟机监控器集群使用共享云存储设备来实现虚拟服务器的在线迁移，如图 12-3 至图 12-6 所示。

除了形成这种架构模型核心的虚拟机监控器和资源集群机制以及受到集群环境保护的虚拟服务器，还可以加入下面这样一些机制：

- 逻辑网络边界（logical network perimeter）——这种机制创建的逻辑边界确保没有其他云用户的虚拟机监控器会意外地被包含到一个给定的集群中。
- 资源复制（resource replication）——同一集群中的虚拟机监控器相互告知其状态和可用性。诸如在集群中创建或删除一个虚拟交换机之类的变化更新需要通过 VIM 复制到所有的虚拟机监控器。

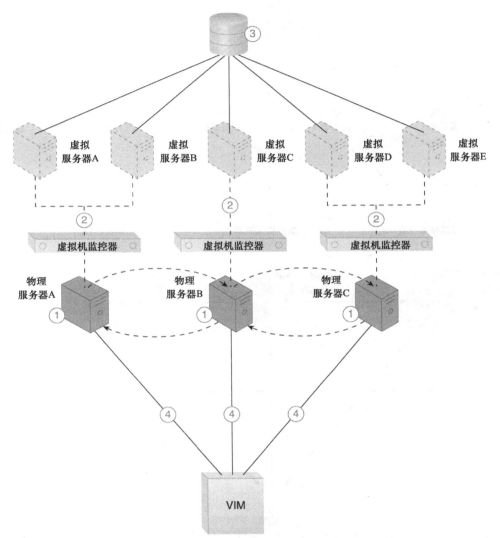

图 12-3 虚拟机监控器安装在物理服务器 A、B 和 C 上（1）。虚拟机监控器创建虚拟服务器（2）。部署一个包含虚拟服务器配置文件且所有虚拟机监控器都可以访问到的共享云存储设备（3）。通过中心 VIM，虚拟机监控器集群在三个物理服务器上可用（4）

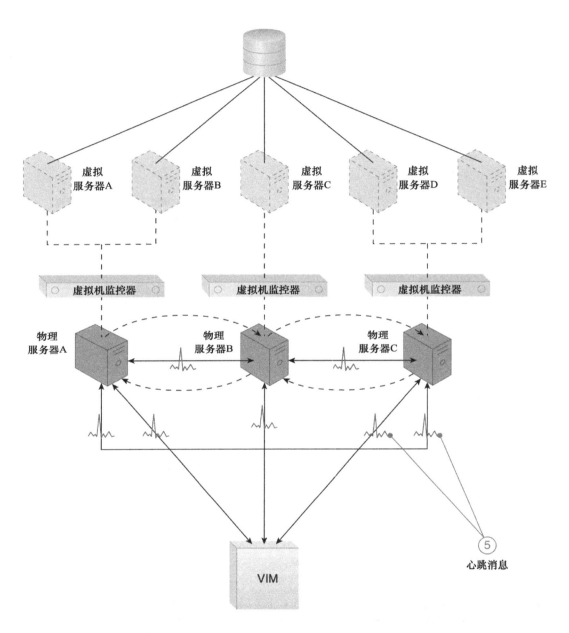

图 12-4   按照预先定义好的计划，物理服务器之间以及和 VIM 之间相互交换心跳消息（5）

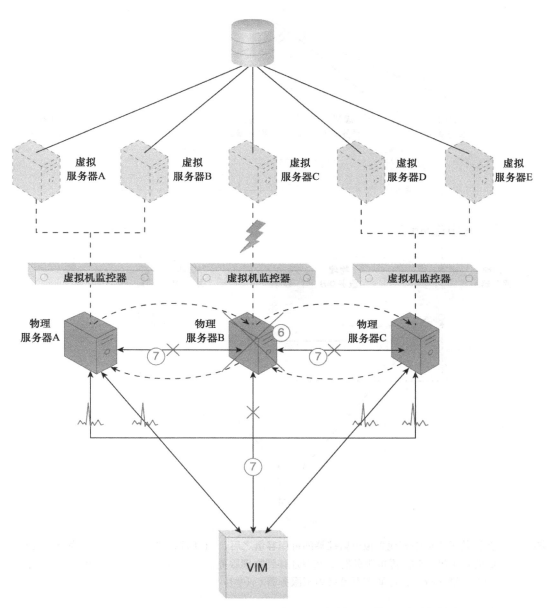

图 12-5 物理服务器 B 失效且变得不可用，危及到虚拟服务器 C（6）。其余的物理服务器和 VIM 停止
收到来自物理服务器 B 的心跳消息（7）

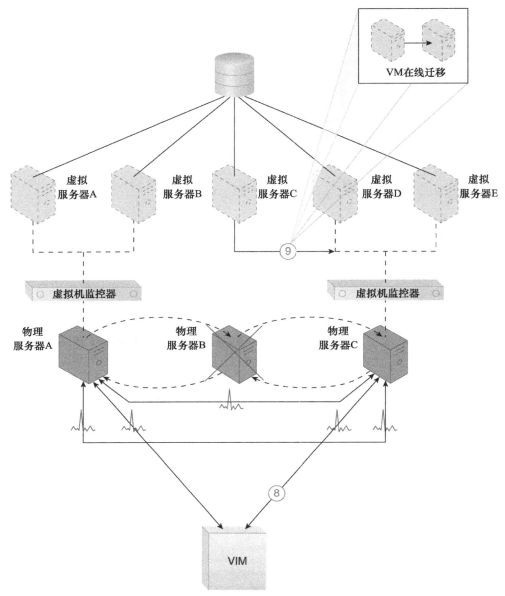

图 12-6 在评估了集群中其他虚拟机监控器的可用容量之后，VIM 选择物理服务器 C 作为虚拟服务器
C 的新主机（8）。虚拟服务器 C 在线迁移到物理服务器 C 上运行的虚拟机监控器上，在正常
操作继续进行前，可能需要重启虚拟服务器 C（9）

12.2 负载均衡的虚拟服务器实例架构

在物理服务器之间保持跨服务器的工作负载均衡是很难的一件事情，因为物理服务器的
运行和管理是互相隔离的。很容易就会造成一个物理服务器比它的邻近服务器承载更多的虚
拟服务器或收到更高的工作负载（图 12-7）。随着时间的变化，物理服务器的过低或过高使用
都可能会显著增加，这导致持续的性能挑战（对使用过度的服务器）或持续的浪费（对使用
过低的服务器，失去了处理的潜能）。

负载均衡的虚拟服务器实例架构（load balanced virtual server instances architecture）建立了一个容量看门狗系统（capacity watchdog system），在把处理任务分配到可用的物理服务器主机之前，会动态地计算虚拟服务器实例及其相关的工作负载（图 12-8）。

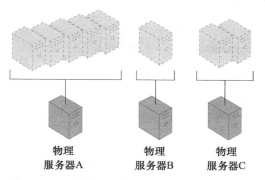

图 12-7 三个物理服务器承载了不同数量的虚拟服务器实例，导致既有使用过度的也有使用过低的服务器

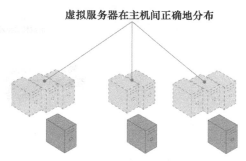

图 12-8 虚拟服务器实例在物理服务器主机间分布得更均匀

284 ~ 289

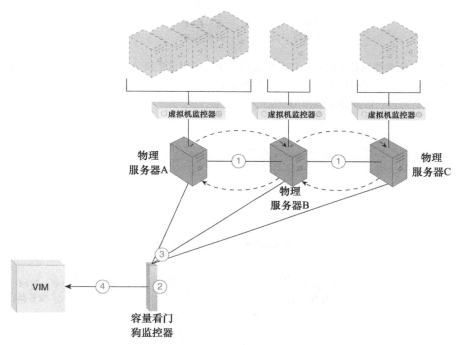

图 12-9 虚拟机监控器集群提供了一个基础，在此基础之上构建了负载均衡的虚拟服务器架构（1）。为容量看门狗监控器设定策略和阈值（2），监控器比较物理服务器的容量以及虚拟服务器要求的处理能力（3）。容量看门狗监控器向 VIM 报告过度使用的情况

容量看门狗系统由以下部分组成：一个容量看门狗云使用监控器，VM 在线迁移程序和一个容量计划器。容量看门狗监控器追踪物理和虚拟服务器的使用，并向容量计划器报告任何明显的波动，容量计划器负责动态地计算和比较物理服务器的计算能力和虚拟服务器容量的要求。如果容量计划器决定把一个虚拟服务器迁移到另一台主机上以分散工作负载，那么就会发信号给 VM 在线迁移程序，让它移动该虚拟服务器（图 12-9 至图 12-11）。

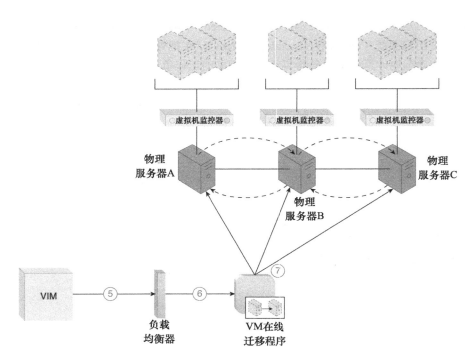

图 12-10   VIM 给负载均衡器发信号，让它根据预先定义的阈值重新分配工作负载（5）。负载均衡器启动 VM 在线迁移程序来移动虚拟服务器（6）。VM 在线迁移把选中的虚拟服务器从一台物理主机移到另一台物理主机（7）

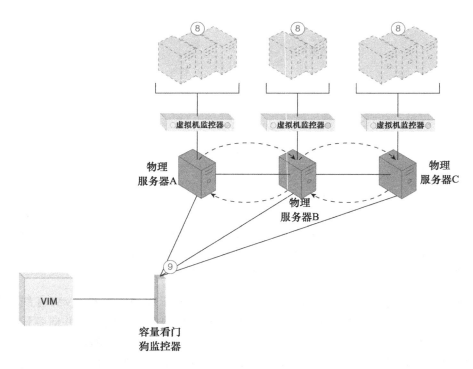

图 12-11   集群中的物理服务器之间的工作负载是均衡的（8）。容量看门狗继续监控工作负载和资源消耗（9）

除了虚拟机监控器、资源集群、虚拟服务器和（容量看门狗）云使用监控器之外，这个架构还可以包含下述机制：

- 自动伸缩监听器（automated scaling listener）——自动伸缩监听器可以用来启动负载均衡的过程，通过虚拟机监控器动态地监控进入每个虚拟服务器的工作负载。
- 负载均衡器（load balancer）——负载均衡器机制负责在虚拟机监控器之间分配虚拟服务器的工作负载。
- 逻辑网络边界（logical network perimeter）——逻辑网络边界保证一个给定的虚拟服务器的重新定位的目的地仍然是遵守 SLA 和隐私规定的。
- 资源复制（resource replication）——虚拟服务器实例的复制可被要求作为负载均衡功能的一部分。

290
≀
292

12.3　不中断服务重定位架构

造成云服务不可用的原因有很多，例如：
- 运行时使用需求超出了它的处理能力。
- 维护更新要求必须暂时中断。
- 永久地迁移至新的物理服务器主机。

如果一个云服务变得不可用，云服务用户的请求通常会被拒绝，这样有可能会导致异常的情况。即使中断是计划中的，也不希望发生云服务对云用户暂时不可用的情况。

不中断服务重定位架构（non-disruptive service relocation architecture）是这样一个系统：通过这个系统，预先定义的事件触发云服务实现的运行时复制或迁移，因而避免了中断。通过在新主机上增加一个复制的实现，云服务的活动在运行时可被暂时转移到另一个承载环境上，而不是利用冗余的实现对云服务进行伸缩。类似地，当原始的实现因维护需要中断时，云服务用户的请求也可以被暂时重定向到一个复制的实现。云服务实现和任何云服务活动的重定位也可以是把云服务迁移到新的物理主机上。

这个底层架构一个关键的方面是要保证在原始的云服务实现被移除或删除之前，新的云服务实现能够成功地接收和响应云服务用户的请求。一种常见的方法是采用 VM 在线迁移，移动整个承载该云服务的虚拟服务器实例。自动伸缩监听器和负载均衡器机制可以用来触发一个临时的云服务用户请求的重定向，以满足伸缩和工作负载分配的要求。两种机制中任意一种都可以与 VIM 联系，以发起 VM 在线迁移的过程，如图 12-12 至图 12-14 所示。

293

根据虚拟服务器的磁盘位置和配置，虚拟服务器迁移可能以如下两种方式之一发生：
- 如果虚拟服务器的磁盘存储在一个本地存储设备或附加到源主机的非共享远程存储设备上，那么就在目标主机上创建虚拟服务器磁盘副本。在创建好副本之后，两个虚拟服务器实例会进行同步，然后虚拟服务器的文件会从源主机上删除。
- 如果虚拟服务器的文件是存储在源和目的主机间共享的远程存储设备上，那么就不需要拷贝虚拟服务器磁盘。只需要简单地将虚拟服务器的所有权从源转移到目的物理服务器主机，虚拟服务器的状态就会自动同步。

持久的虚拟网络配置架构可以支持这个架构，这样一来，迁移的虚拟服务器定义好的网络配置就会保留下来，从而保持了与云服务用户的连接。

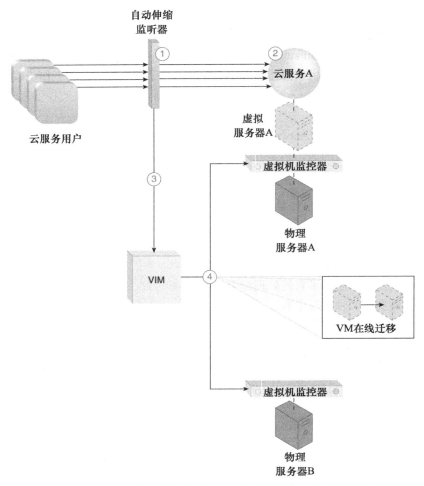

图 12-12　自动伸缩监听器监控云服务的工作负载（1）。工作负载增加，达到云服务预先设定的阈值（2），
导致自动伸缩监听器给 VIM 发送重定位信号（3）。VIM 用 VM 在线迁移程序指示源和目的
虚拟机监控器执行运行时重定位（4）

　　除了有自动伸缩监听器、负载均衡器、云存储设备、虚拟机监控器和虚拟服务器外，这
个架构里还可以包含其他一些机制，如下所示：
- 云使用监控器（cloud usage monitor）——可以用不同类型的云使用监控器来持续追踪
  IT 资源的使用情况和系统行为。
- 按使用付费监控器（pay-per-use monitor）——用按使用付费监控器来收集数据，由此
  计算源和目的位置的 IT 资源服务使用费。
- 资源复制（resource replication）——资源复制机制是用来在目的端实例化云服务的卷
  影副本（shadow copy）。
- SLA 管理系统（SLA management system）——在云服务复制或重定位期间及之后，这
  个管理系统负责处理 SLA 监控器提供的 SLA 数据，以获得云服务可用性的保证。
- SLA 监控器（SLA monitor）——这个监控机制收集 SLA 管理系统所需的 SLA 信息，
  如果可用性保证是依赖于此架构来实现的，那么 SLA 监控器对这个架构来说就是必
  要的。

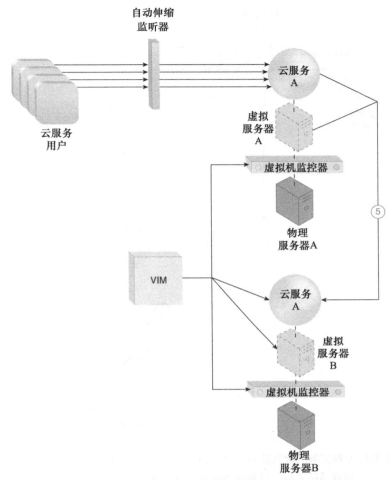

图 12-13　通过物理服务器 B 上的目标虚拟机监控器创建了虚拟服务器及其承载的云服务的第二副本（5）

注释
不中断服务重定位技术架构与第 13 章中讲述的直接 I/O 访问架构相冲突，不能一起使用。具有直接 I/O 访问的虚拟服务器是锁定在其物理服务器主机上的，不能以这种方式迁移到其他主机上。

12.4　零宕机架构

　　物理服务器自然地就是它承载的虚拟服务器的单一失效点。所以，当物理服务器故障或者被损害的时候，它承载的某些（或者所有）虚拟服务器都会受到影响。这使得云提供者向云用户做出的零宕机时间的承诺变得非常难保证。

　　零宕机架构（zero downtime architecture）是一个非常复杂的故障转移系统，在虚拟服务器原始的物理服务器主机失效时，允许它们动态地迁移到其他物理服务器主机上（图 12-15）。

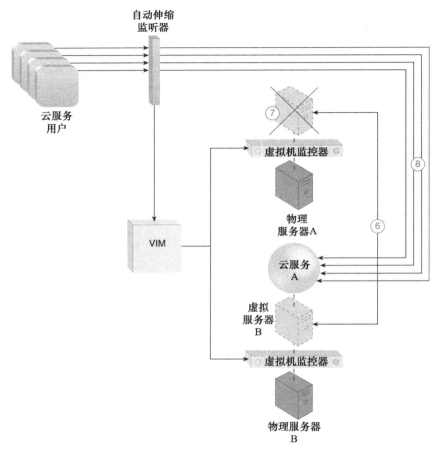

图 12-14 两个虚拟服务器实例的状态是同步的（6）。当确认云服务用户的请求可以成功地与物理服务器 B 上的云服务通信之后，就从物理服务器 A 上删除第一个虚拟服务器实例（7）。现在，云服务用户的请求就只被发送到位于物理服务 B 上的云服务（8）

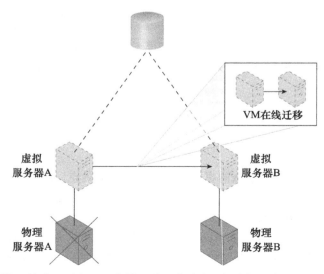

图 12-15 物理服务器 A 故障，引发 VM 在线迁移程序动态地把虚拟服务器 A 迁移到物理服务器 B 上

多个物理服务器会聚成一组，由容错系统控制，而容错系统具有把活动从一台物理服务器切换到另一台却不引起中断的能力。VM在线迁移组件通常是这种形式的高可用云架构的核心部分。

这样得到的容错能够保证在物理服务器失效时，它所承载的虚拟服务器会迁移到备用的物理服务器。所有的虚拟服务器都存储在共享的介质上（根据持久的虚拟网络配置架构），这样同一组中的其他物理服务器主机就能够访问它们的文件。

294
∼
298

除了故障转移系统、云存储设备和虚拟服务器机制，这个架构还可以包含如下机制：

- 审计监控器（audit monitor）——可能需要这个机制来检查虚拟服务器的重定位是否把它所承载的数据放置到了应该禁止的位置。
- 云使用监控器（cloud usage monitor）——实现这个机制是为了监控云用户对IT资源的实际使用情况，以确保不超出云用户的虚拟服务器容量。
- 虚拟机监控器（hypervisor）——每个受到影响的物理服务器的虚拟机监控器承载着受到影响的虚拟服务器。
- 逻辑网络边界（logical network perimeter）——逻辑网络边界提供和维护一种隔离，用来确保在虚拟服务器重定位之后，每个云用户都还在它自己的逻辑边界内。
- 资源集群（resource cluster）——资源集群机制是用来创建不同类型的主动－主动集群组，以协同改进虚拟服务器承载的IT资源的可用性。
- 资源复制（resource replication）——这个机制可以在主虚拟服务器失效的时候创建新的虚拟服务器和云服务实例。

12.5　云负载均衡架构

云负载均衡架构（cloud balancing architecture）是一个特殊的架构模型，借助这个模型，IT资源可以在多个云之间进行负载均衡。

云服务用户请求的跨云负载均衡可以帮助：

- 提高IT资源的性能和可扩展性
- 增加IT资源的可用性和可靠性
- 改进负载均衡和IT资源优化

云负载均衡功能主要建立在自动伸缩监听器和故障转移系统机制结合的基础上（图12-16）。一个完整的云负载均衡架构可以包含很多其他的组件（和其他可能的机制）。

299

开始时，自动伸缩监听器和故障转移系统机制作用如下：

- 根据当前的扩展性和性能要求，自动伸缩监听器把云服务用户的请求重定向到几个冗余的IT资源实现中的一个。
- 故障转移系统保证在IT资源内或其底层的承载环境出现故障时，冗余的IT资源能够进行跨云的负载均衡。IT资源的失效会被广播，这样自动伸缩监听器可以避免把云服务用户的请求路由到不可用或者不稳定的IT资源上。

为了云负载均衡架构能有效工作，自动伸缩监听器需要知道云负载均衡架构范围内所有的冗余IT资源实现。

注意，如果跨云的IT资源实现不能手动同步，可能就需要使用资源复制机制进行自动同步。

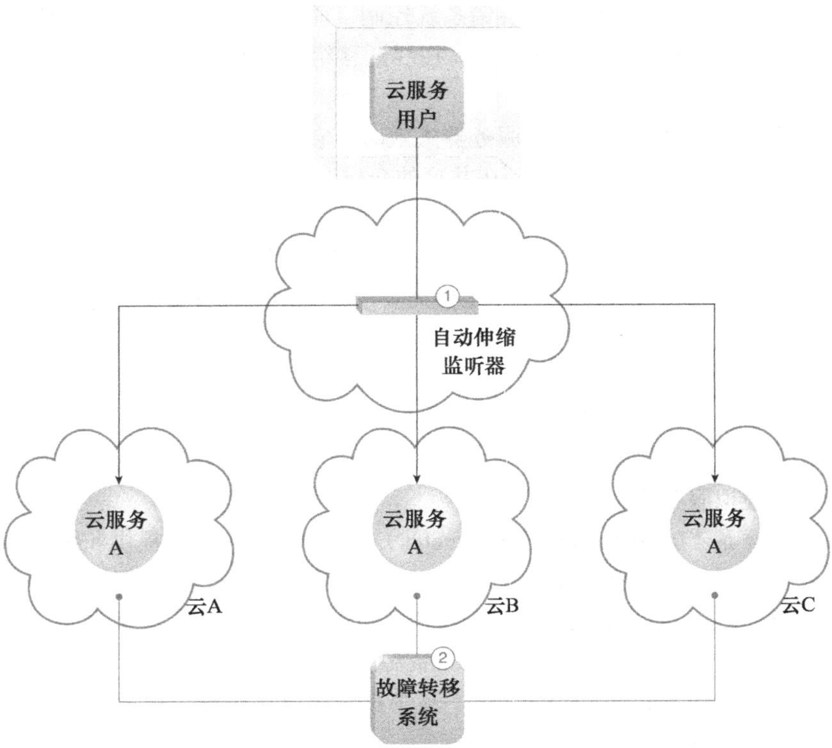

图 12-16   一个自动伸缩监听器控制云负载均衡的过程，这需要把云服务用户的请求路由到分布在多个
云的云服务 A 的冗余实现上（1）。故障转移系统通过提供跨云的故障转移来增加这个架构的
弹性（2）

12.6   资源预留架构

根据 IT 资源共享使用的设计方式以及它们可用的容量等级，并发访问可能会导致运行时
异常情况，这称为资源受限（resource constraint）。当两个或更多的云用户被分配到共享同一
个 IT 资源而该 IT 资源没有足够的容量来容纳这些云用户的处理要求时，就会发生资源受限
情况。由此，一个或更多的云用户就会遇到性能下降或被拒绝服务。云服务自身也会出现性
能下降，并导致所有的云用户被拒绝服务。

当一个 IT 资源（特别是该 IT 资源没有被特别设计成支持共享）被不同的云服务用户并
发地访问时，还有可能发生其他类型的运行时冲突。例如，嵌套的或兄弟资源池引入了资源
借用（resource borrowing）的概念，也就是一个资源池可以临时从其他资源池借用 IT 资源。
当借用该 IT 资源的云服务用户拖延了使用时间而没有归还借用的 IT 资源时，就会引发运行
时冲突。这不可避免地又会导致出现资源受限。

资源预留架构（resource reservation architecture）建立了一个系统，专门为给定的云用户
保留下述的某种资源（图 12-17 至图 12-19）：

- 单个 IT 资源
- 一个 IT 资源的一部分
- 多个 IT 资源

这就避免了前述的资源受限和资源借用情况，从而使云用户免受互相的影响。

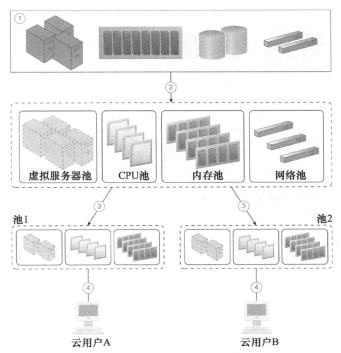

图 12-17　创建物理资源组（1），根据资源池的架构，在资源组中创建父资源池（2）。从父资源池创建
　　　　　出两个较小的子池，用资源管理系统来定义资源限度（3）。向云用户提供对它们专有资源池
　　　　　的访问权限（4）

302

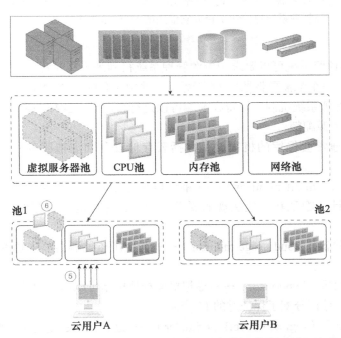

图 12-18　来自云用户 A 的请求增加，导致给该云用户分配更多的 IT 资源（5），这意味着要从池 2 中借用
　　　　　一些 IT 资源。借用的 IT 资源量受第（3）步中定义的资源限度的制约，这样做是为了保证云
　　　　　用户 B 不会出现资源受限的情况（6）

303

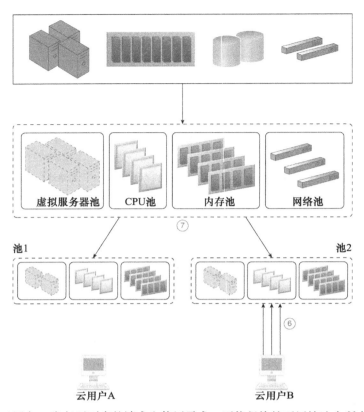

图 12-19 现在，云用户 B 发起了更多的请求和使用需求，可能很快就要用掉池中所有可用的 IT 资源
　　　　了（6）。资源管理系统迫使池 1 释放它借用的 IT 资源并移回池 2 中，使得云用户 B 可以使
　　　　用（7）

　　创建 IT 资源预留系统可以要求用资源管理系统机制来定义对每个 IT 资源和资源池的使
用阈值。预留锁定每个池需要保留的 IT 资源量，池中剩余的 IT 资源仍然可用来共享和借用。
还可以使用远程管理系统机制，使得在前端可以进行自定义，这样一来云用户就可以控制管
理它们预留的 IT 资源配额。

　　这个架构中通常会保留的机制类型包括云存储设备和虚拟服务器。还可以包括其他
机制：

- 审计监控器（audit monitor）——审计监控器用来检查资源预留系统是否遵守了云
用户的审计、隐私和其他法规的要求。例如，它可能会追踪保留的 IT 资源的地理
位置。
- 云使用监控器（cloud usage monitor）——云使用监控器会监视触发分配预留 IT 资源
的阈值。
- 虚拟机监控器（hypervisor）——虚拟机监控器机制可以向不同的云用户提供预留，保
证正确地给他们分配了保证过的 IT 资源。
- 逻辑网络边界（logical network perimeter）——这种机制建立起了必要的边界，保证预
留的 IT 资源只对某些云用户可用。
- 资源复制（resource replication）——需要持续告知这个组件每个云用户的 IT 资源消耗
的界限，以便能方便地复制和提供新的 IT 资源实例。

12.7 动态故障检测与恢复架构

基于云的环境可以由超大规模数量的、同时被大量云用户访问的 IT 资源组成。这些 IT 资源中的任意一个都可能发生手动干预无法解决的失效情况。手动管理和解决 IT 资源故障通常效率很低且不切实际。

动态故障检测和恢复架构（dynamic failure detection and recovery architecture）建立起了一个弹性的看门狗系统，以监控范围广泛的预先定义的故障场景，并对之作出响应（图 12-20 至图 12-21）。对于自己不能自动解决的故障情况，该系统会发出通知，并作升级处理。它依赖于一个特殊的云使用监控器，称为智能看门狗监控器，主动地追踪 IT 资源，对预先定义的事件采取预先定义的措施。

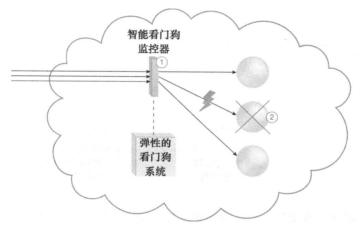

图 12-20　智能看门狗监控器记录云用户的请求（1），并检测到云服务失效了（2）

306

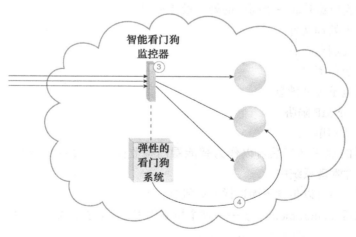

图 12-21　智能看门狗监控器通知看门狗系统（3），后者会根据预先定义的策略恢复该云服务。云服务继续它的运行时操作（4）

弹性看门狗系统执行以下五个核心功能：
- 监视
- 选定事件

- 对事件作出反应
- 报告
- 升级处理

可以为每个 IT 资源定义恢复策略顺序，以确定智能看门狗监控器在发生失效时需要采取的步骤。例如，恢复策略可以在发出通知之前自动进行一次恢复尝试（图 12-22）。

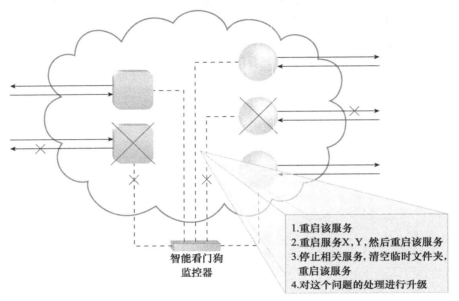

1.重启该服务
2.重启服务X, Y,然后重启该服务
3.停止相关服务,清空临时文件夹, 重启该服务
4.对这个问题的处理进行升级

智能看门狗 监控器

图 12-22　在发生故障时，智能看门狗监控器参照预先定义好的策略，一步一步地恢复云服务，如果发现问题比预期的更深，就升级这个处理

智能看门狗监控器升级一个问题的处理最常采用的措施包括：

- 运行一个批处理文件
- 发送一个控制台消息
- 发送一条短信消息
- 发送一封电子邮件消息
- 发送一个 SNMP 陷阱
- 记录一个通知单

有各种各样的程序和产品可以作为智能看门狗监控器，大多数都集成在标准的通知单（ticketing）和事件管理系统中。

这个架构模型还可以包含下面这样一些机制：

- 审计监控器（audit monitor）——这个机制用来追踪数据的恢复是否遵守了法律或策略的要求。
- 故障转移系统（failover system）——通常在最初尝试恢复失效的 IT 资源时会使用故障转移系统机制。
- SLA 管理和 SLA 监控器（SLA management system and SLA monitor）——由于采用这个架构能实现的功能和 SLA 保证是密切相关的，所以这个系统通常依赖于 SLA 管理和 SLA 监控器机制管理并处理的信息。

12.8　裸机供给架构

因为现在大多数物理服务器的操作系统都自带有远程管理软件，所以远程提供服务器是很常见的。不过对于裸机服务器（bare-metal server）来说，就没有常规的远程管理软件可以用了，所谓裸机服务器是指没有预装操作系统或其他任何软件的物理服务器。

现代大多数物理服务器在其 ROM 里都提供远程安装管理支持。有些厂商需要扩展卡才能支持这个功能，而有些已经把这个组件集成到芯片组里了。裸机供给架构（bare-metal provisioning architecture）建立起的系统利用了这个特性以及特殊的服务代理，后者用来发现并有效地远程提供整个操作系统。

集成到服务器 ROM 中的远程管理软件在服务器启动后就可用了。通常用基于 Web 的或专有的用户接口（比如远程管理系统提供的门户）来连接到物理服务器的本地远程管理接口。通过默认的 IP 或是通过配置 DHCP 服务，远程管理接口的 IP 地址可以手动配置。IaaS 平台中的 IP 地址可以直接告诉云用户，这样它们就可以自主地完成裸机操作系统的安装。

尽管远程管理软件是用来连接到物理服务器控制台和部署操作系统的，但关于它的使用有两个常见的问题：

- 手动部署多台服务器容易出现人为的疏漏和配置错误。
- 远程管理软件可能是时间密集型的，需要大量的运行时 IT 资源处理。

裸机供给系统用下面的组件来解决上述问题：

- 发现代理（Discovery Agent）——这是一种监控代理，搜索并找到可用的物理服务器以分配给云用户。
- 部署代理（Deployment Agent）——这个管理代理安装在物理服务器的内存中，作为裸机供给部署系统的客户端。
- 发现区（Discovery Section）——这个软件组件扫描网络，定位可用的、要连接的物理服务器。
- 管理加载器（Management Loader）——这个组件连接到物理服务器，为云用户加载管理选项。
- 部署组件（Deployment Component）——这个组件负责在选定的物理服务器上安装操作系统。

裸机供给系统提供了一个自动部署的功能，允许云用户连接到部署软件，同时提供多个服务器或操作系统。中央部署系统通过管理接口连接到服务器，用同样的协议在物理服务器的 RAM 里面作为一个代理进行上传和操作。这样，裸机服务器就变成了一个安装有管理代理的原始客户端，部署软件上传所需的安装软件以部署操作系统（图 12-23 及图 12-24）。

可以通过智能自动化引擎和自助服务入口来使用部署映像、操作系统部署自动化或不需人干预的部署和安装后配置脚本来扩展这个架构的功能。

这个架构还可以包括下述一些机制：

- 云存储设备（cloud storage device）——这个机制存储操作系统模板和安装文件，以及供给系统的部署代理和部署包。
- 虚拟机监控器（hypervisor）——可能会要求作为操作系统供给的一部分，在物理服务器上部署虚拟机监控器。

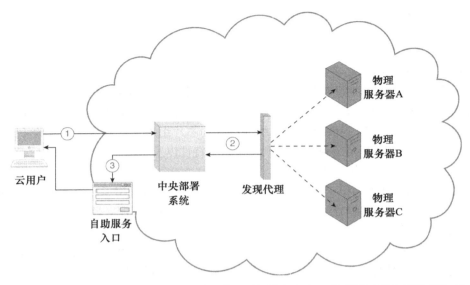

图 12-23   云用户连接到部署解决方案（1），用发现代理进行搜索（2）。可用的物理服务器展现给云用户（3）

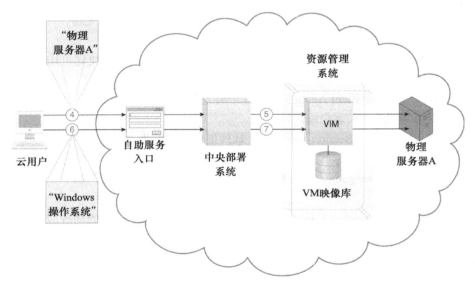

图 12-24   云用户选择一个物理服务器来使用（4）。通过远程管理系统，部署代理被加载到该物理服务器的 RAM 中（5）。通过部署解决方案，云用户选择一种操作系统和配置方法（6）。操作系统安装完成，服务器可以运行了（7）

310
∼
311

- 逻辑网络边界（logical network perimeter）——逻辑网络边界帮助保证物理裸机服务器只能被授权的云用户访问。
- 资源复制（resource replication）——实现这个机制是为了复制 IT 资源，在供给过程中或之后，在一台物理服务器上部署一个新的虚拟机管理器，对虚拟机管理器的工作负载进行负载均衡。
- SLA 管理系统（SLA management system）——这个管理机制保证了物理裸机服务器的可用性与预先设定好的 SLA 条款一致。

12.9 快速供给架构

传统的供给过程包括很多原来由管理员和技术专家手动完成的任务，他们要按照预先打包好的规范说明或者自定义的用户请求把所请求的 IT 资源准备好。在云环境中，如果要服务的用户量很大或者用户量较为平均但是请求的 IT 资源量很大，手动供给就会无法满足要求，甚至会由于人为错误和低效的响应时间导致极大的风险。

例如，云用户请求安装、配置和更新 25 个 Windows 服务器和几个应用程序，要求半数的应用程序的安装完全一样，而另一半需要自定义。每个操作系统部署可能要花费 30 分钟，打安全补丁和要求服务器重启的操作系统更新也需要额外的时间。最后还需要对应用程序进行部署和配置。手动或者半自动的方法要求大量的时间，而且引入了人为出错的概率，安装越多，出错的概率也越高。

快速供给架构（rapid provisioning architecture）建立的系统将大范围的 IT 资源供给进行了自动化，这些 IT 资源可以是单个的，也可以是联合起来的。快速 IT 资源供给的底层技术架构可以是非常精密和复杂的，它依赖于一个由自动供给程序、快速供给引擎以及按需供给的脚本和模板组成的系统。

除了图 12-25 中展示的组件之外，还有很多其他的架构组件可以用来协调和自动化 IT 资源供给的各个方面，例如：

- 服务器模板（Server Template）——虚拟映像文件模板，用来自动化新虚拟服务器的实例。 312
- 服务器映像（Server Image）——这些映像类似于虚拟服务器模板，但是用于供给物理服务器。
- 应用包（Application Package）——打包用于自动部署的各种应用以及其他一些软件。
- 应用打包程序（Application Packager）——用来创建应用包的软件。
- 自定义脚本（Custom Script）——自动化管理任务的脚本，作为智能自动化引擎的一部分。
- 顺序管理器（Sequence Manager）——组织自动化供给任务顺序的程序。
- 顺序日志记录器（Sequence Logger）——日志记录自动化供给任务顺序的组件。
- 操作系统基准（Operation System Baseline）——在操作系统安装好之后，应用这个配置模板快速准备好操作系统供用户使用。
- 应用配置基准（Application Configuration Baseline）——一个配置模板，带有准备新应用供使用时需要的设置和环境参数。
- 部署数据存储（Deployment Data Store）——存储虚拟映像、模板、脚本、基准配置和其他相关数据的库。

为了帮助对快速供给引擎内部工作原理的理解，下面将按步骤描述其工作过程，其中还包括了一些之前列出的系统组件：

1）云用户通过自助服务入口请求一个新的服务器。

2）顺序管理器把请求转发给部署引擎，让它准备好操作系统。

3）如果请求的是虚拟服务器，部署引擎就使用虚拟服务器模板来做供给。否则，部署引擎就发送请求，请求供给一个物理服务器。

4）如果可用，就使用所请求类型的操作系统预先定义的映像来提供该操作系统。否则，就要执行常规的部署处理来安装该操作系统。

5）当操作系统准备好之后，部署引擎就通知顺序管理器。

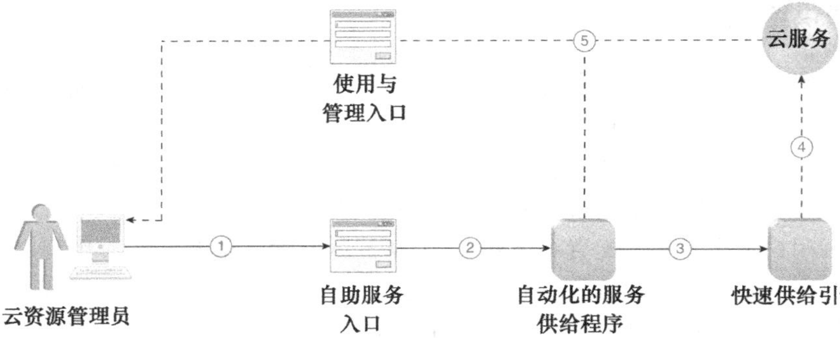

图 12-25   云资源管理员通过自助服务入口请求一个新的云服务（1）。自助服务入口把请求传递给安装在虚拟服务器上的自动化服务供给程序（2），这个程序把需要执行的任务传递给快速供给引擎（3）。当新的云服务准备好时，快速供给引擎发出通知（4）。自动化服务供给程序完成这个过程，在使用与管理入口上把云服务发布出去供云用户使用（5）

6）顺序管理器更新日志并发送到顺序日志记录器，存储起来。

7）顺序管理器请求部署引擎对要提供的操作系统应用操作系统基准。

8）部署引擎应用所请求的操作系统基准。

9）部署引擎通知顺序管理器操作系统基准已经应用完成。

10）顺序管理器更新和发送已经完成步骤的日志到顺序日志记录器并存储起来。

11）顺序管理器请求部署引擎安装应用程序。

12）部署引擎在要提供的服务器上安装应用程序。

13）部署引擎通知顺序管理器应用已经安装完成。

14）顺序管理器更新和发送已经完成步骤的日志到顺序日志记录器并存储起来。

15）顺序管理器请求部署引擎实施应用程序的配置基准。

16）部署引擎实施配置基准。

17）部署引擎通知顺序管理器配置基准已经实施完毕。

18）顺序管理器更新和发送已经完成步骤的日志到顺序日志记录器并存储起来。

云存储设备机制用来为应用基准信息、模板和脚本提供存储，而虚拟机监控器快速创建、部署和承载虚拟服务器，这些虚拟服务器可以本身就是提供的对象，也可以承载着其他的 IT 资源。资源复制机制通常用来为响应快速供给的需求，生成 IT 资源的复制实例。

12.10   存储负载管理架构

过度使用云存储设备增加了存储控制器的工作负载，可能导致各种性能问题。相反地，对云存储设备的使用过低是一种浪费，因为损失了处理和存储容量的潜能（图 12-26）。

LUN 迁移
LUN 迁移是一种特殊的存储程序，用来把 LUN 从一个存储设备移动到另一个上而无需中断，同时还对云用户保持透明。

LUN迁移

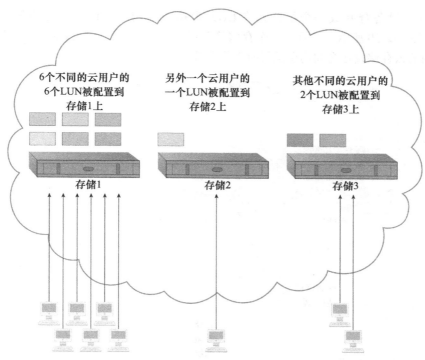

图 12-26 负载不均衡的云存储架构在存储 1 上有 6 个 LUN 供用户使用,而存储 2 上只承载了一个
　　　　LUN,存储 3 上承载了 2 个。因为存储 1 上承载了大多数 LUN,所以大多数工作负载都在它
　　　　上面

　　存储负载管理架构(storage workload management architecture)使得 LUN 可以均匀地分
布在可用的云存储设备上,而存储容量系统则用来确保运行时工作负载均匀地分布在 LUN 上
(图 12-27)。

315 ~ 316

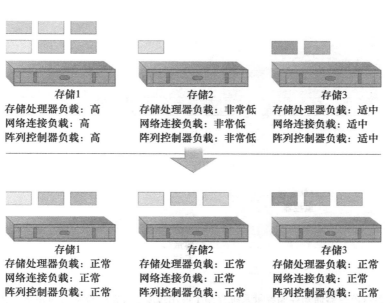

图 12-27 在云存储设备之间动态地分配 LUN,使得相关联的各种工作负载都更均衡了

把云存储设备合并成一个组，允许 LUN 数据在可用的存储主机上均匀地分布。如图 12-28 至图 12-30 所示，配置了一个存储管理系统，还放置了一个自动伸缩监听器，监控并且在组内的云存储设备之间均衡运行时工作负载。

317

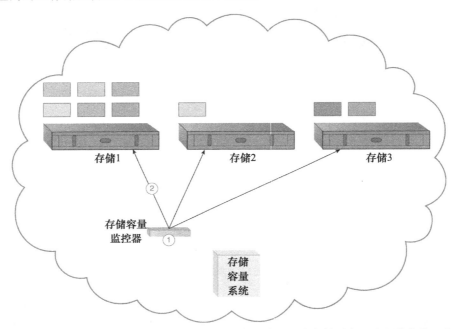

图 12-28 存储容量系统和存储容量监控器被配置成实时地检查三个存储设备，这些设备的工作负载和容量阈值是预先定义好的（1）。存储容量监控器发现存储 1 上的工作负载达到了它的阈值（2）

318

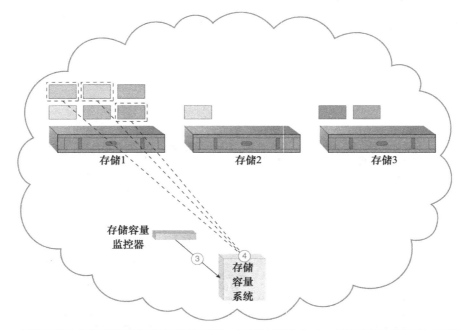

图 12-29 存储容量监控器通知存储容量系统存储 1 使用过度了（3）。存储容量系统确认出要从存储 1 中移出的 LUN（4）

319

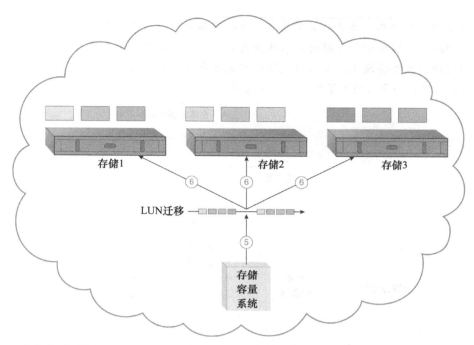

图 12-30　存储容量系统调用 LUN 迁移程序，把一些 LUN 从存储 1 移动到另外两个存储设备（5）。
　　　　　LUN 迁移把 LUN 迁移到存储 2 和 3，平衡了工作负载（6）

　　在 LUN 访问不太频繁的时段或只在特殊的时间里，存储容量系统可以使存储设备工作在节能模式。

　　除了云存储设备，存储负载管理架构还可以包括以下一些机制：

- 审计监控器（audit monitor）——这个监控机制用来检查对法规、隐私和安全要求的遵守情况，因为由这个架构建立起来的系统可以在物理上重新定位数据。
- 自动伸缩监听器（automated scaling listener）——自动伸缩监听器用来监视和响应工作负载的波动。
- 云使用监控器（cloud usage monitor）——除了容量工作负载监控器，特殊的云使用监控器可以用来追踪 LUN 的移动以及收集工作负载分布的统计数据。
- 负载均衡器（load balancer）——添加这一机制是用来在可用的云存储设备之间水平地对工作负载作均衡。
- 逻辑网络边界（logical network perimeter）——逻辑网络边界提供了各种层次的隔离，这样云用户的数据即使在重新定位之后，也能够对未授权方保持不可访问。

320

案例研究示例

　　Innovartus 从两个不同的云提供者那里租用了两个基于云的环境，意在利用这个机会为它的角色扮演者云服务建立起一个实验性的云负载均衡架构。

　　在把它的要求和两个云的条件进行了评估之后，Innovartus 的云架构师提出了一个设计规范，其基础是每个云都有多个该云服务的实现。这个架构包含有独立的自动伸缩监听器和故障转移系统实现，还有一个中央负载均衡器机制（图 12-31）。

　　　负载均衡器使用工作负载分布算法，把云服务用户的请求分布到两个云上，每个云的自动伸缩监听器会把请求路由到本地云服务实现上。故障转移系统可以转移到云内和云间的冗余云服务实现上。云间的故障转移主要是用在本地云服务实现接近它们的处理阈值时，或者是一个云遇到了严重的平台故障。

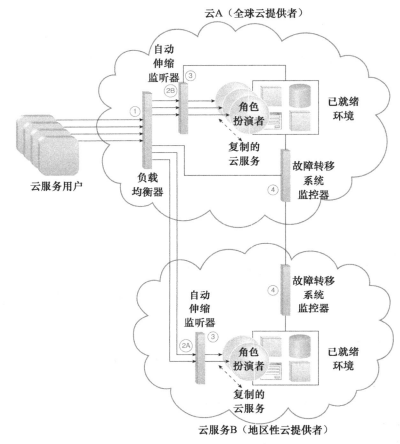

图 12-31　负载均衡服务代理按照预先定义好的算法路由云服务用户的请求（1）。本地或外部的自动伸缩监听器收到这些请求（2A 和 2B），监听器会把每个请求转发给一个云服务的实现（3）。故障转移系统用来检测和响应云服务故障（4）

特殊云架构

本章介绍的架构模型涵盖了广泛的功能和主题,它们提供了机制与特殊组件的创造性组合。

13.1 直接 I/O 访问架构

通过基于虚拟机监控器的处理层向托管的虚拟服务器提供对安装在物理服务器上的物理 I/O 卡的访问,被称为 I/O 虚拟化。然而,有时虚拟服务器连接和使用 I/O 卡并不需要任何虚拟机监控器的互动或仿真。

使用直接 I/O 访问架构(Direct I/O Access Architecture),允许虚拟服务器绕过虚拟机监控器直接访问物理服务器的 I/O 卡,而不用通过虚拟机监控器进行仿真连接(图 13-1 至图 13-3)。

为了实现这一解决方案,并且在与虚拟机监控器没有交互的情况下访问物理 I/O 卡,主机 CPU 需要安装在虚拟服务器上的合适的驱动器来支持这种类型的访问。驱动器安装后,虚拟服务器就可以将 I/O 卡当做硬件设备来进行组织。

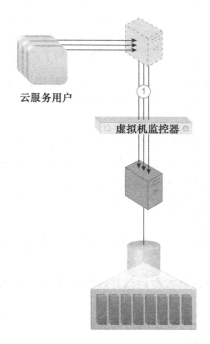
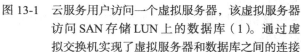
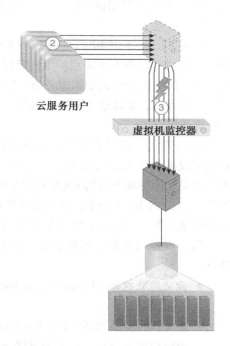

图 13-1 云服务用户访问一个虚拟服务器,该虚拟服务器访问 SAN 存储 LUN 上的数据库(1)。通过虚拟交换机实现了虚拟服务器和数据库之间的连接

图 13-2 云服务用户的请求总量增加(2),使得虚拟交换机的带宽和性能变得不足(3)

除了虚拟服务器和虚拟机监控器之外，本架构还可以包括如下机制：

- 云使用监控器（Cloud Usage Monitor）——由运行时监控器收集的云服务使用数据会包含直接I/O访问，可以对这些访问进行独立分类。
- 逻辑网络边界（Logical Network Perimeter）——逻辑网络边界确保被分配的物理I/O卡不允许云用户去访问其他云用户的IT资源。
- 按使用付费监控器（Pay-Per-Use Monitor）——此监控器为分配的物理I/O卡收集使用成本信息。
- 资源复制（Resource Replication）——复制技术用于使物理I/O卡取代虚拟I/O卡。

13.2 直接LUN访问架构

存储LUN常常通过主机总线适配器（HBA）映射到虚拟机监控器中，其存储空间仿真为虚拟服务器上基于文件的存储（图13-4）。然而，虚拟服务器有时需要直接访问基于块的RAW存储设备。例如，当实现一个集群且LUN被用作两个虚拟服务器之间的共享集群存储设备时，通过仿真适配器进行访问是不够的。

直接LUN访问架构（Direct LUN Access Architecture）通过物理HBA卡向虚拟服务器提供了LUN访问。由于同一集群中的虚拟服务器可以将LUN当作集群数据库的共享卷来使用，因此，这种架构是有效的。实现这个解决方案后，物理主机就可以启用虚拟服务器与LUN和云存储设备的物理连接。

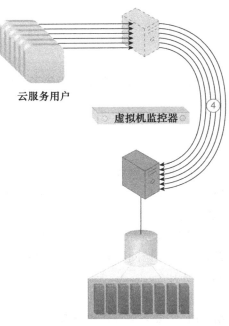

云服务用户

虚拟机监控器

图13-3　虚拟服务器绕过虚拟机监控器，通过连接到物理服务器的直接物理链路，实现了与数据库服务器的连接（4）。增加的工作负载现在得到了正常的处理

LUN在云存储设备上进行创建和配置，以便向虚拟机监控器显示LUN。云存储设备需要用裸设备映射来进行配置，使得LUN能作为基于块的RAW存储区域网络LUN被虚拟服务器发现，这种基于块的RAW存储区域网络LUN是一种未格式化且未分区的存储。LUN使用唯一的LUN ID来表示，它作为共享存储被所有的虚拟服务器使用。图13-5至图13-6展示了虚拟服务器如何对基于块的存储LUN进行直接访问。

323
~
326

除了虚拟服务器、虚拟机监控器和云存储设备之外，下列机制也可以成为该架构的一部分：

- 云使用监控器（Cloud Usage Monitor）——该监控器跟踪并收集直接使用LUN的存储使用信息。
- 按使用付费监控器（Pay-Per-Use Monitor）——按使用付费监控器为直接LUN访问收集使用成本信息，并分别对这些信息进行分类。
- 资源复制（Resource Replication）——该机制与虚拟存储器如何直接访问基于块的存储有关，这种存储取代了基于文件的存储。

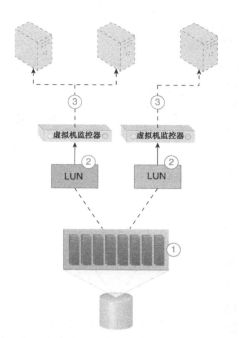

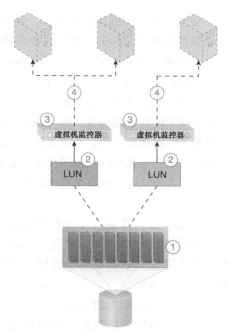

图 13-4　安装并配置云存储设备（1）。定义 LUN 映射，以便每个虚拟机监控器不仅可以访问其自己的 LUN，还可以看见所有映射的 LUN（2）。虚拟机监控器把映射的 LUN 展示给虚拟服务器，就好像普通的基于文件的存储一样使用（3）

图 13-5　安装并配置云存储设备（1）。创建被请求的 LUN，并提交给虚拟机监控器（2），虚拟机监控器直接将被提交的 LUN 映射到虚拟服务器（3）。虚拟服务器将该 LUN 视为基于块的 RAW 存储，并可以对其进行直接访问（4）

13.3　动态数据规范化架构

冗余数据在基于云的环境中会引起一系列问题，比如：

- 增加存储和目录文件所需时间
- 增加存储和备份所需空间
- 由于数据量增加导致成本增加
- 增加复制到辅存储设备所需时间
- 增加数据备份所需时间

例如，如果云用户要向云存储设备上复制 10 份 100MB 的文件，则有：

- 云用户需支付 10x100MB 存储空间的费用，即使实际只存储了一份 100MB 的数据。
- 云提供者需要在在线云存储设备和任何备份存储系统中提供不必要的 900MB 空间。
- 存储和目录文件显然需要更多时间。

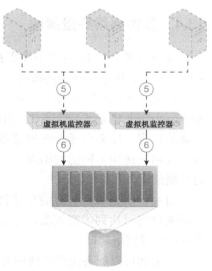

图 13-6　虚拟机监控器接收到虚拟服务器的存储命令（5），进行处理后，将请求转发给存储处理器（6）

- 当云提供者进行现场恢复时，数据复制的时间和性能负担都不必要地增加了，因为需要复制的是 1000MB 的数据，而不是 100MB 的数据。

如果是多租户公共云，那么这些影响就会明显被放大。

动态数据规范化架构（Dynamic Data Normalization Architecture）建立了一个重复删除系统，它通过侦测和消除云存储设备上的冗余数据来阻止云用户无意识地保留冗余的数据副本。这个系统既可以用于基于块的存储设备，也可以用于基于文件的存储设备，但前者最有效。当重复删除系统接收到一个数据块，就会将其与已收到的块进行比较，以判断收到的块是否为冗余。冗余块会由指向存储设备中已有的相同块的指针来代替（图 13-7）。

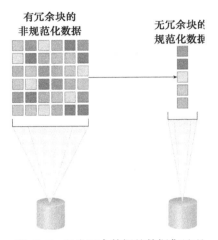

在将接收数据传递给存储控制器之前，重复删除系统会检查该数据。作为检查过程的一部分，每个被处理和存储的数据块都会分配一个哈希码，并且维护哈希和数据块的索引。由此，新接收数据块的哈希将与存储的哈希进行比较，以判断该数据块是新的还是重复的。新数据块将被保存，而复制数据块将被删除，同时产生并保存一个指向原始数据块的指针。

图 13-7   包含冗余数据的数据集呈现出非必要的过度存储（左）。重复数据删除系统修正了数据，因此，只存储了具有唯一性的数据（右）

这种架构模型可以用于磁盘存储和备份磁带驱动器。一个云提供者可以决定只在备份云存储设备上删除冗余数据，而另一个提供者则可以采取更加激进的做法，即在其所有的云存储设备上都采用重复删除系统。目前已有各种方法和算法用来比较数据块，以确定其是否与其他数据块重复。

13.4   弹性网络容量架构

即使云平台的 IT 资源是按需扩展的，当远程访问这些具有网络带宽限制的 IT 资源时，其性能和可扩展性仍会受到抑制（图 13-8）。

弹性网络容量架构（Elastic Network Capacity Architecture）建立了一个系统，用于给网络动态分配额外带宽，以避免运行时出现瓶颈。该系统确保每个云用户使用不同的网络端口来隔离不同云用户的数据流量。

自动扩展监听器和智能自动化引擎脚本被用于检测流量何时达到带宽阈值，并在需要时动态分配额外带宽和网络端口。

图 13-8   可用带宽不足造成了云用户请求的性能问题

云架构可以配备包括可使用共享网络端口的网络资源池。自动扩展监听器监控工作负载和网络流量，当使用出现变化时，它向智能自动化引擎发出信号，调整被分配的网络端口和带宽。

需要注意的是，当这个架构模型在虚拟交换机层上实现时，智能自动化引擎可能需要运行一个独立脚本来特别增加到该虚拟交换机的物理上行链路。或者，也可以合并直接 I/O 访问架构来增加分配给虚拟服务器的网络带宽。

除了自动扩展监听器之外，该架构还可以包括下列机制：

- 云使用监控器（Cloud Usage Monitor）——这些监控器负责在扩展前、扩展时和扩展后跟踪弹性网络容量。
- 虚拟机监控器（Hypervisor）——虚拟机监控器通过虚拟交换机和物理上行链路向虚拟服务器提供对物理网络的访问。
- 逻辑网络边界（Logical Network Perimeter）——本机制建立了向单个云用户提供其分配网络容量所需的边界。
- 按使用付费监控器（Pay-Per-Use Monitor）——该监控器持续跟踪与动态网络带宽消耗相关的所有计费数据。
- 资源复制（Resource Replication）——资源复制用于给物理和虚拟服务器增加网络端口，以响应工作负载的需求。
- 虚拟服务器（Virtual Server）——虚拟服务器管理 IT 资源和云服务，给这些云服务分配网络资源，且云服务本身也受到网络容量扩展的影响。

331

13.5 跨存储设备垂直分层架构

云存储设备有时无法满足云用户的性能需求，需要更多数据处理能力或带宽来增加 IOPS。这些垂直扩展的常规方法的实现通常是低效且费时的，当不再需要增加的容量时，这些资源就浪费了。

图 13-9 和图 13-10 描述了一种方法，当访问一个 LUN 的请求大量增加时，需要手动将该 LUN 转移到一个高性能的云存储设备上。

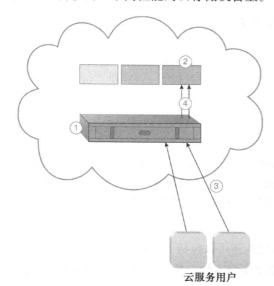
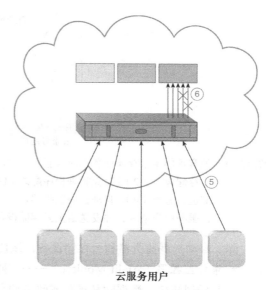

图 13-9　云提供者安装配置了一个云存储设备（1），并创建了 LUN 供云服务用户使用（2）。云服务用户向云存储设备发起数据访问请求（3），该存储设备将请求转发给一个 LUN（4）

图 13-10　请求数量增加，导致更高的存储带宽和性能需求（5）。一些请求被拒绝，或是由于云存储设备的性能限制出现超时（6）

跨存储设备垂直分层架构（cross-storage device vertical tiering architecture）建立了一个系统，通过在容量不同的存储设备之间垂直扩展，使得该系统能够不受带宽和数据处理能力的限制。LUN 能在这个系统中的多个设备间自动进行向上向下扩展，因此，通过请求就可以使用合适的存储设备层来执行云用户的任务。

即使自动分层技术可以将数据移动到具有相同存储处理容量的云存储设备上，具有增加容量的新的云存储设备也是可以使用的。比如，固态盘（SSD）就是适合升级数据处理能力的设备。

自动扩展监听器监控发往特定 LUN 的请求，当它发现请求已达到预定义阈值时，就驱动存储管理程序将 LUN 移动到更高容量的设备上。由于在传输过程中没有断开连接，因此不会出现服务中断。当 LUN 数据向另一个设备扩展时，原设备仍然保持启动和运行。在扩展完成后，云用户请求会自动重定向到新的云存储设备（图 13-11 至图 13-13）。

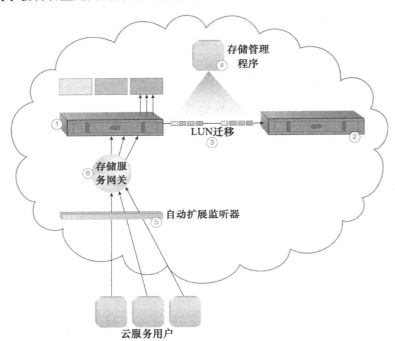

图 13-11　低容量的主云存储设备响应云服务用户的存储请求（1）。安装具有更大容量和更好性能的辅云存储设备（2）。存储管理程序配置 LUN 的迁移（3），该管理程序设置为按照设备性能对存储进行分类（4）。自动扩展监听器定义了阈值，并对请求进行监控（5）。存储设备网关接收云服务用户请求，并发送给主云存储设备（6）

除了自动扩展监听器和云存储设备，该技术架构还可以包括下列机制：

- 审计监控器（Audit Monitor）——该监控器实现审计，检查重定位的云用户数据是否与任何法律、数据隐私规范或政策冲突。
- 云使用监控器（Cloud Usage Monitor）——该基础设施架构代表了在源存储端和目的存储端跟踪并记录数据传输和使用的各种运行时监控需求。
- 按使用付费监控器（Pay-Per-Use Monitor）——在此架构的环境中，按使用付费监控器收集源端与目的端的存储使用信息，以及执行跨存储分层功能的 IT 资源使用信息。

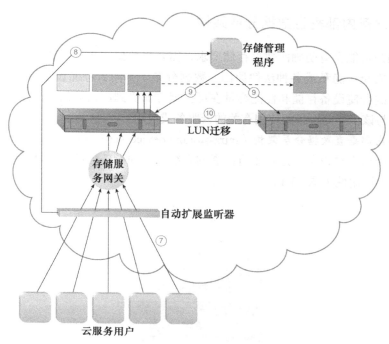

图 13-12　云服务用户请求数达到预定义的阈值（7），自动扩展监听器通知存储管理程序需要进行扩展（8）。存储管理程序调用 LUN 迁移，以便将云用户的 LUN 移动到具有更高容量的辅助存储设备（9）。LUN 迁移执行该移动操作（10）

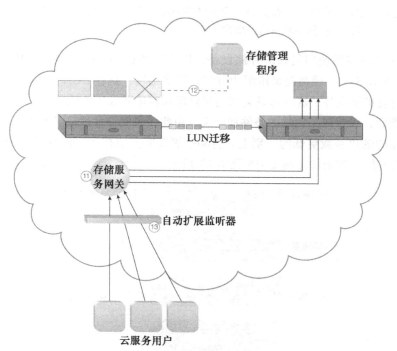

图 13-13　存储服务网关将云服务用户请求从 LUN 转发到新的云存储设备（11）。通过存储管理程序和 LUN 迁移将原 LUN 从低容量设备中删除（12）。自动扩展监听器监控云服务用户请求，以确保后续请求均访问已迁移到具有更高容量的辅助存储设备的 LUN（13）

13.6 存储设备内部垂直数据分层架构

某些云用户可能会有明确的数据存储要求，需要将数据的物理位置限定在单一的云存储设备上。由于安全、隐私或各种法律原因，数据分布于不同云存储设备可能是不被允许的。这种类型的限制会使设备存储和性能容量在可扩展方面受到严格的约束。这些约束又会进一步影响到任何与该云存储设备的使用有关的云服务或应用。

存储设备内部垂直数据分层架构（intra-storage device vertical data tiering architecture）建立了支持在单个云存储设备中进行垂直扩展的系统。这种设备内部的扩展系统优化了不同容量的各类磁盘的可用性（图 13-14）。

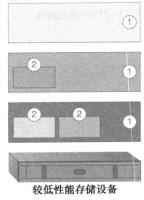

较低性能存储设备

图 13-14 通过不同层次中的磁盘类型分级，云存储内部设备系统进行垂直扩展（1）。每个 LUN 都被移动到与其处理和存储要求对应的层次（2）

该云存储架构需要使用复杂的存储设备，以支持各种类型的硬盘，尤其是高性能硬盘，如 SATA，SAS 和 SSD。硬盘类型组织为分级的层次结构，这样 LUN 迁移就可以按照分配的磁盘类型来垂直扩展设备，这些磁盘类型是与处理和容量需求相关的。

磁盘分类后，设置数据加载的条件和定义，由此，只要符合预定义的条件，那么 LUN 就可以迁移到相应的更高或更低的级别上。自动扩展监听器监控运行时数据处理流量时，会使用这些预定义的阈值和条件（图 13-15 至图 13-17）。

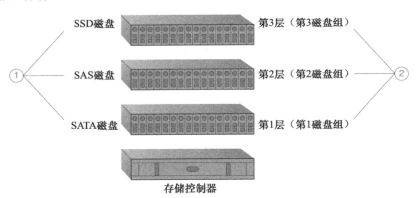

图 13-15 在一个云存储设备的机柜中安装不同类型的硬盘（1）。相同类型的硬盘组织在一个层次上，因此，根据 I/O 性能创建了不同级别的磁盘组（2）

335
～
337

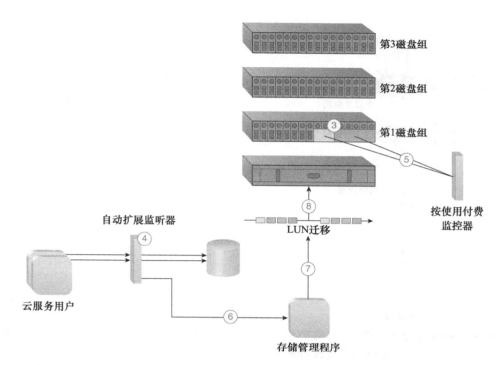

图 13-16   第 1 磁盘组上创建了两个 LUN（3）。自动扩展监听器监控有关预定义阈值的请求（4）。按照
可用空间和磁盘组性能，按使用付费监控器跟踪实际磁盘使用总量（5）。自动扩展监听器判
断请求数量已达到阈值，通知存储管理程序 LUN 需要迁移到更高性能的磁盘组上（6）。存
储管理程序驱动 LUN 迁移程序执行需要的移动（7）。LUN 迁移程序与存储控制器一起工作，
将 LUN 移动到具有更高容量的第 2 磁盘组（8）

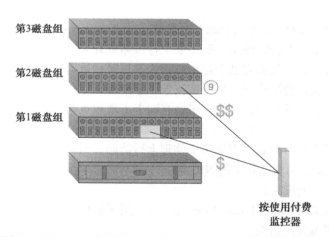

图 13-17   迁移到第 2 磁盘组上的 LUN 现在的使用价格高于原来的价格，原因是使用了更高性能的磁盘组（9）   339

13.7 负载均衡的虚拟交换机架构

虚拟服务器通过虚拟交换机与外界相连，虚拟交换机使用相同的上行链路发送和接收流
量。当上行链路端口的网络流量增加到会产生传输延迟、性能问题、数据包丢失以及时间滞
后时，就会产生带宽瓶颈（图 13-18 和图 13-19）。

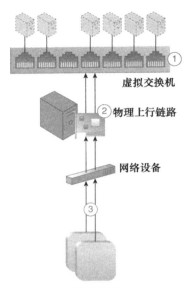

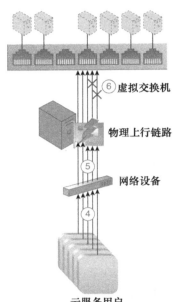

图 13-18 　虚拟服务器通过虚拟交换机互连（1）。物理网络适配卡已连接到虚拟交换机，作为通往物理（外部）网络的上行链路连接虚拟服务器与云用户（2）。云服务用户通过该物理上行链路发送请求（3）

图 13-19 　随着请求数量的增加，通过物理上行链路的流量也同步增加。物理网络适配卡需要处理和转发的数据包也在增加（4）。物理适配卡无法控制工作负载，网络流量现在已超过其容量（5）。网络形成了一个瓶颈，这使得性能下降，并丢失对延迟敏感的数据包（6）

340

　　负载均衡的虚拟交换机架构（load balanced virtual switches architecture）建立了一个负载均衡系统，提供了多条上行链路来平衡多条上行链路或冗余路径之间的网络流量负载，从而有助于避免出现传输迟缓和数据丢失（图 13-20）。执行链路聚合可以平衡流量，它使得工作负载同时分布在多个上行链路中，因此，不会有网卡出现超负荷的情况。

　　虚拟交换机需要进行配置，以支持多物理上行链路，通常将其配置为经过流量整形规范定义的 NIC 组。

　　该架构还包括下列机制：

- 云使用监控器（Cloud Usage Monitor）——用于监控网络流量和带宽使用情况。
- 虚拟机监控器（Hypervisor）——该机制控制并向虚拟服务器提供对虚拟交换机和外网的访问。
- 负载均衡器（Load Balancer）——负载均衡器在不同的上行链路上分配网络负载。
- 逻辑网络边界（Logical Network Perimeter）——逻辑网络边界创建边界以保护和限制每个云用户对带宽的使用。

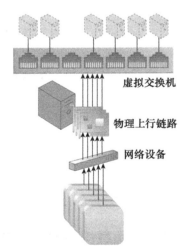

图 13-20 　增加额外的物理上行链路来分散和平衡网络流量

- 资源复制（Resource Replication）——该机制用于为虚拟交换机创建额外的上行链路。
- 虚拟服务器（Virtual Server）——虚拟服务器控制由虚拟交换机额外的上行链路和带宽所带来的 IT 资源。

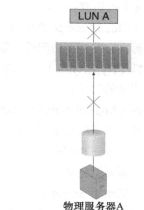

[341]

13.8 多路径资源访问架构

某些 IT 资源只能通过指向其确切位置的指定路径（或超链接）进行访问。这个路径可能会丢失，也可能被云用户进行了错误地定义，还可能被云提供者修改。而一旦 IT 资源的超链接不再属于某个云用户，则该资源就无法访问，从而变得不可用（图 13-21）。导致 IT 资源不可用的异常条件会危害依靠该资源的较大云解决方案的稳定性。

图 13-21 物理服务器 A 通过一根光纤通道与 LUN A 相连，并用该 LUN 存储各种类型的数据。由于 HBA 卡故障，该光纤通道变为不可用，这使得物理服务器 A 使用的这条通路失效。由此，该服务器不能访问 LUN A 及其上存储的所有数据

多路径资源访问架构（multipath resource access architecture）建立了一个多路径系统，它为 IT 资源提供可替换的路径。因此，云用户可以通过编程或手动方式克服路径故障（图 13-22）。

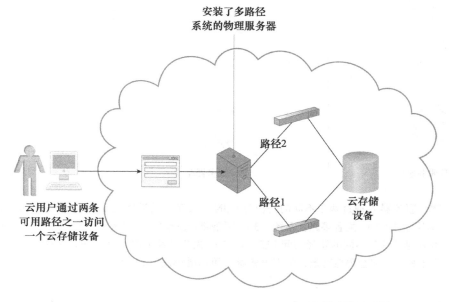

图 13-22 多路径系统向云存储设备提供可选择的路径

该技术架构要求使用多路径系统，为特定的 IT 资源产生指定的可替换物理或虚拟超链接。多路径系统驻留在服务器或虚拟机监控器中，确保每个 IT 资源在被其每条可替换路径发

现时都是相同的（图 13-23）。

该架构可以包含下列机制：

- 云存储设备（Cloud Storage Device）——云存储设备是常见的 IT 资源，为了维持依赖于数据访问解决方案的可访问性，需要可替换的访问路径。
- 虚拟机监控器（Hypervisor）——为了与托管虚拟服务器之间有冗余链路，虚拟机监控器需要有可替换的路径。
- 逻辑网络边界（Logical Network Perimeter）——该机制维护云用户隐私，即使同一 IT 资源已经具备了多条路径也是如此。
- 资源复制（Resource Replication）——当需要创建 IT 资源的新实例来产生可替换路径时，就需要资源复制机制。
- 虚拟服务器（Virtual Server）——这些服务器管理可以通过不同链路或虚拟交换机进行多路径访问的 IT 资源。虚拟机监控器为虚拟服务器提供多路径访问。

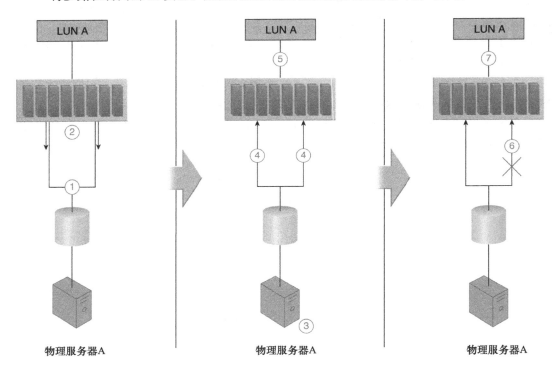

图 13-23　物理服务器 A 通过两条不同的路径与 LUN A 云存储设备相连（1）。两条路径发现的 LUN A 是不同的（2）。配置多路径系统（3）。两条路径发现的 LUN A 是一样的（4），物理服务器 A 可以通过两条不同的路径访问 LUN A（5）。发生链路故障，其中一条路径变为不可用（6）。由于另一条路径仍然有效，物理服务器 A 可以继续使用 LUN A（7）

13.9　持久虚拟网络配置架构

在托管物理服务器上和控制虚拟服务器的虚拟机监控器上创建虚拟交换机的同时，为虚拟服务器配置网络并指定端口。这些配置和指定信息保存在该虚拟服务器的直接托管环境中。

这就意味着，当该虚拟服务器移动或迁移到另一个主机上时，它就会失去网络连接，因为目的托管环境上没有分配所需要的端口和网络配置信息（图 13-24）。

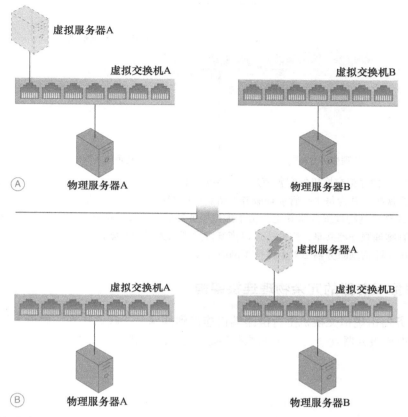

图 13-24　Ⓐ部分中，虚拟服务器 A 通过虚拟交换机 A 与网络相连，虚拟交换机 A 由物理服务器 A 创建。Ⓑ部分中，虚拟服务器 A 移动到物理服务器 B 后，其与虚拟交换机 B 连接。由于该虚拟服务器丢失了配置信息，因此，它无法与网络相连

在持久虚拟网络配置架构（persistent virtual network configuration architecture）中，网络配置信息进行集中存储，并复制到所有的物理服务器主机上。这就使得一个虚拟服务器从一个主机移动到另一个主机时，目的主机可以访问配置信息。

该架构建立的系统包括一个集中式虚拟交换机、VIM 以及配置复制技术。集中式虚拟交换机被物理服务器共享，并通过 VIM 进行配置，VIM 还将配置信息复制到每台物理服务器上（图 13-25）。

除了提供迁移系统的虚拟服务器机制外，该架构还可以包括下列机制：

- 虚拟机监控器（Hypervisor）——虚拟机监控器控制需要在物理主机间复制配置信息的虚拟服务器。
- 逻辑网络边界（Logical Network Perimeter）——逻辑网络边界有助于在虚拟服务器迁移前后，确保被访问的虚拟服务器及其 IT 资源与正当云用户之间的隔离。
- 资源复制（Resource Replication）——通过集中式虚拟交换机，资源复制机制用于在虚拟机监控器间复制虚拟交换机配置和网络容量分配信息。

344
∼
345

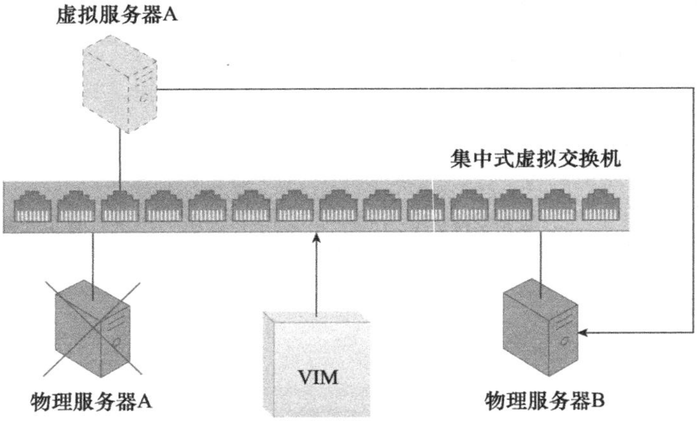

图 13-25 VIM 维护虚拟交换机的配置信息，并保证将该信息复制到其他物理服务器上。发布集中式虚拟交换机，并为每个托管物理服务器指定一些端口。当物理服务器 A 发生故障时，虚拟服务器 A 移动到物理服务器 B 上。由于虚拟服务器的网络设置信息保存在集中式交换机上，能被所有物理服务器共享，因此，可以恢复该虚拟服务器的网络设置信息。虚拟服务器 A 在其新主机（即物理服务器 B）上保持了网络连接

346

13.10 虚拟服务器的冗余物理连接架构

虚拟服务器由虚拟交换机上行链路端口连接到外网，这就意味着，如果上行链路出现故障，那么该虚拟服务器就会失去与外网的连接，变成隔离状态（图 13-26）。

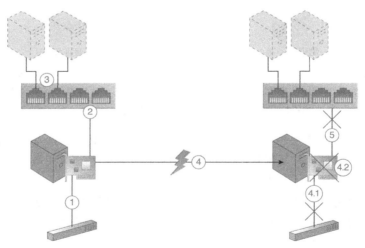

图 13-26 物理网络适配卡安装在物理服务器主机上，它与网络上的物理交换机相连（1）。创建被两个虚拟服务器使用的虚拟交换机。由于该虚拟交换机需要与物理（外部）网络连接，因此将物理网络适配卡与其相连，作为其上行链路（2）。虚拟服务器通过连接的网络上行链路网卡与外网通信（3）。由于在物理网络适配卡和物理交换机之间发生一个物理链路连接问题（4.1），或者由于物理网卡失效（4.2），因此出现了连接故障。虚拟服务器失去了与物理外网的连接，无法再被其云用户访问到（5）

虚拟服务器的冗余物理连接架构（redundant physical connection for virtual server architecture）建立一条或多条冗余上行链路连接，并将它们置为备用模式。一旦主上行链路连接变得不可

用，该架构确保有冗余上行链路可以连接到有效的上行链路（图 13-27）。 347

这个过程对虚拟服务器及其用户而言是透明的。但主上行链路失效时，一个备用上行链路便自动成为有效上行链路，虚拟服务器就可以使用这个新的有效上行链路向外部发送数据包。

当主上行链路有效时，即使辅 NIC 接收到了虚拟服务器的数据包，它也不转发任何信息。然而，如果主上行链路失效，那么辅上行链路就会立刻开始转发数据包（图 13-28 至图 13-30）。当失效链路修复后，它仍然为主上行链路，此时辅 NIC 再次进入备用模式。

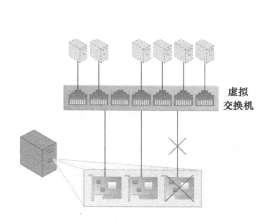

图 13-27　在控制多个虚拟服务器的物理服务器上安装冗余上行链路。当一个上行链路失效时，另一个上行链路接管其工作，保持虚拟服务器的有效网络连接

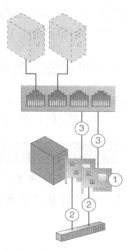

图 13-28　增加一个新的网络适配卡作为冗余上行链路（1）。两个网卡都连接到物理外部交换机上（2），并都配置为虚拟交换机的上行链路（3）

348

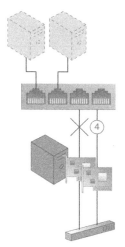

图 13-29　一个网络适配卡被指定为主适配卡（4），另一个指定为辅适配卡，用于提供备用上行链路。辅适配卡不转发任何数据包

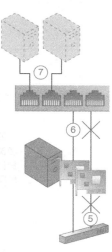

图 13-30　主上行链路变得不可用（5）。辅助的备用上行链路自动接管，通过虚拟交换机向外网转发虚拟服务器的数据包（6）。虚拟服务器不会发生中断，而是保持与外网的连接（7）

除了虚拟服务器之外，下列机制也是该架构的常见组件：

- 故障转移系统（Failover System）——故障转移系统实现从不可用上行链路向备用上行链路的转换
- 虚拟机监控器（Hypervisor）——该机制管理虚拟服务器和部分虚拟交换机，并允许虚拟网络和虚拟交换机访问虚拟服务器。
- 逻辑网络边界（Logical Network Perimeter）——逻辑网络边界确保为每个云用户分配和定义的虚拟交换机是相互隔离的。
- 资源复制（Resource Replication）——资源复制用于将有效上行链路的当前状态复制到备用上行链路上，以保持网络连接性。

349

13.11 存储维护窗口架构

由于维护和管理任务，云存储设备有时需要暂时关闭，这导致云服务用户和 IT 资源无法访问这些设备以及它们存储的数据（图 13-31）。

> **实时存储迁移**
>
> 实时存储迁移程序是一个复杂的系统，它利用 LUN 迁移组件可靠地移动 LUN，在目的副本经过检验被确认为完全可用之前，它使原始副本持续有效。
>
> 实时存储迁移

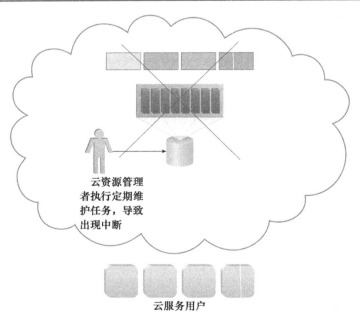

云资源管理者执行定期维护任务，导致出现中断

云服务用户

图 13-31　云资源管理者允许执行一个预先安排的维护任务，这导致云存储设备中断，云服务用户无法使用该设备。由于事先已得到通知，云用户不会进行任何数据访问的尝试

350

需要进行停机维护的云存储设备上的数据可以暂时迁移到复制的辅助云存储设备上。存储维护窗口架构（storage maintenance window architecture）自动且透明地将云服务用户重定

位到辅云存储设备上，这些用户不会感知到其主存储设备已经停机下线。

该架构使用了实时存储迁移程序，如图 13-32 至图 13-37 所示。

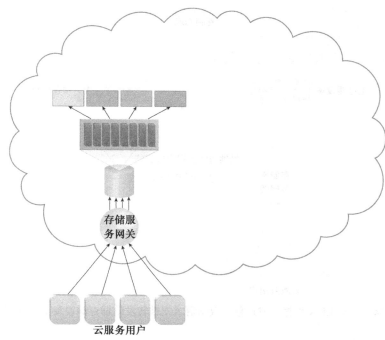

图 13-32 云存储设备预先安排需要进行停机维护。与图 13-31 不同的是，云服务用户没有在事前得到
通知，因此，这些用户会继续访问该云存储设备

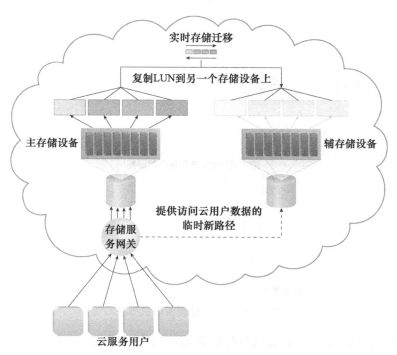

图 13-33 实时存储迁移将 LUN 从主存储设备移动到辅存储设备

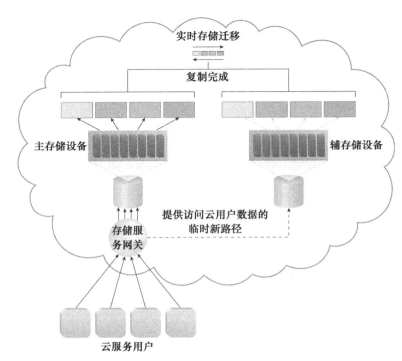

353 图 13-34 一旦 LUN 数据完成迁移，数据请求便被转发给辅存储设备上的复制 LUN

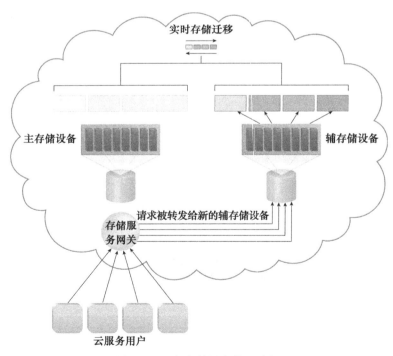

354 图 13-35 主存储设备停机维护

在本架构中，除了云存储设备机制是重要机制之外，资源复制机制用于保持主存储设备和辅存储设备之间的同步。故障转移系统机制用于将手动和自动启动故障转移加入本云架构中，即使迁移常常是预先安排的也如此。

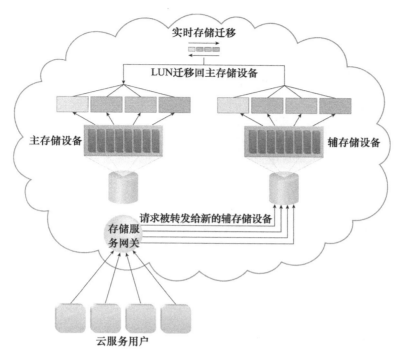

图 13-36 维护任务完成后，主存储设备重新上线。实时存储迁移程序将 LUN 数据从辅存储设备恢复到主存储设备上

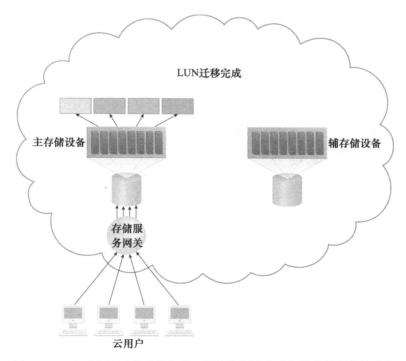

图 13-37 实时存储迁移过程完成，所有数据请求重新转发给主存储设备

第四部分

Cloud Computing: Concepts, Technology & Architecture

使　用　云

　　本部分讨论如何规划和使用云环境和基于云的技术，这些考量、策略和指标有助于将前面章节讨论的相关主题与现实世界的需求和约束联系起来。

第 14 章

Cloud Computing: Concepts, Technology & Architecture

云交付模型考量

本书前面大多数章节都集中讲述用来定义和实现云环境基础设施和架构层的技术与模型。本章将重新审视第 4 章介绍过的云交付模型，目标是解决在基于 IaaS、PaaS 和 SaaS 的环境中很多现实世界的考量。

本章主要分为两个部分，分别探讨与云提供者和云用户有关的云交付模型问题。

14.1 云交付模型：从云提供者的角度看

本节从云提供者的视角来探讨 IaaS、PaaS 和 SaaS 云交付模型的架构和管理，主要内容为如何将这些基于云的环境集成到更大的环境中并且管理它们，以及如何把它们与不同的技术和云机制关联起来。

14.1.1 构建 IaaS 环境

虚拟服务器和云存储设备机制代表着两个最基本的 IT 资源，它们是作为 IaaS 环境中标准快速供给架构的一部分交付的。这些资源提供有各种标准化的配置，由下述这些属性定义：

- 操作系统
- 主存容量
- 处理能力
- 虚拟化的存储容量

内存和虚拟化的存储容量通常以 1GB 为单位增加，以简化对底层物理 IT 资源的供给。当限制云用户对虚拟化环境的访问时，通过采用具有事先定义好配置的虚拟服务器映像，云提供者会优先组合 IaaS 提供的资源。有些云提供者可能会向云用户提供对物理 IT 资源的直接管理访问，在这种情况下使用的就是裸机供给架构。

可以对虚拟服务器进行快照（snapshot），以记录它的当前状态、内存和对虚拟化 IaaS 环境的配置，用于备份和复制，并支持水平和垂直扩展的需求。例如，虚拟服务器可以用它的快照在增加容量以实现垂直扩展后，在另一个主机环境中重新初始化。快照还可以用来作为一种复制服务器的方法。自定义的虚拟服务器映像管理是一个很重要的特性，它是通过远程管理系统机制来提供的。大多数云提供者也支持自定义构建的虚拟服务器映像的导入和导出选项，这些映像可以是私有格式，也可以是标准格式。

1. 数据中心

云提供者可以从分布于不同地理位置的数据中心来提供基于 IaaS 的 IT 资源，这样做主要有下面这些好处：

- 多数据中心可以连接起来以增加弹性。每个数据中心放在不同的地理位置，降低了单一故障导致所有的数据中心同时下线的可能性。
- 数据中心通过低延迟的高速通信网络连接起来，在提高可用性和可靠性的同时，还可以进行负载均衡、IT 资源备份和复制以及增加存储容量。把多数据中心分散放到更大的区域上会进一步降低网络延迟。

- 对于受到法律和法规要求限制的云用户来说，部署在不同国家的数据中心可以使他们对 IT 资源的访问更方便。

图 14-1 提供了一个示例：一个云提供者管理着四个数据中心，它们分放在两个不同的地理区域中。

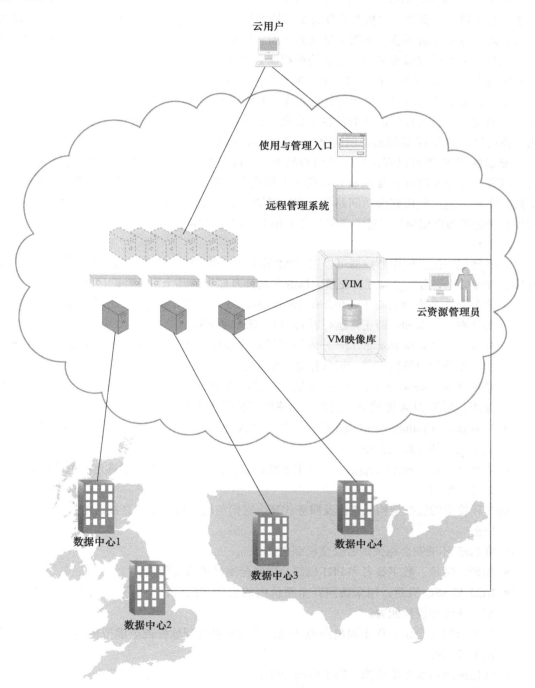

图 14-1 云提供者提供和管理一个 IaaS 环境，其 IT 资源来自于位于美国和英国的不同的数据中心

当用 IaaS 环境向云用户提供虚拟化网络环境时，每个云用户被隔离进一个租户（tenant）环境，该环境通过因特网把 IT 资源与云的其他部分隔绝开。VLAN 和网络访问控制软件协同实现相应的逻辑网络边界。

2. 可扩展性与可靠性

在 IaaS 环境中，云提供者可以通过动态垂直扩展这种类型的动态可扩展性架构来自动提供虚拟服务器。只要物理主机服务器有足够的容量，就可以通过 VIM 来实现这一点。如果给定的物理服务器容量不够，不能支持垂直扩展，那么作为资源池架构的一部分，VIM 可以使用资源复制来扩展虚拟服务器。负载均衡机制是工作负载分布架构的一部分，可以用来在资源池中的 IT 资源间分布工作负载，来完成水平扩展的过程。

手工扩展需要云用户与使用和管理程序交互，明确地请求 IT 资源的扩展。相比之下，自动可扩展性要求自动扩展监听器监控工作负载，并相应地扩展资源容量。这种机制一般是作为监控代理，追踪 IT 资源的使用情况，当容量超出时通知资源管理系统。

复制的 IT 资源可以安排成高可用的配置，通过标准的 VIM 特性形成实现的故障转移系统。或者，可以在物理或虚拟服务器层面上创建高可用 / 高性能资源集群，或者在两个层次上同时实现。通过使用冗余访问路径，多路径资源访问架构通常用来增加可靠性，而一些云提供者通过资源保留架构，进一步提供了专用 IT 资源的供给。

3. 监控

IaaS 环境中的云使用监控器可以用 VIM 来实现，也可以采用专门的监控工具，这些工具直接包含虚拟化平台，并与之打交道。IaaS 平台涉及监控的几个常见性能包括：

- 虚拟服务器生命周期（virtual server lifecycle）——用于按使用付费监控器和基于时间的计费，记录和追踪正常运行时间和 IT 资源的分配。
- 数据存储（data storage）——追踪和确定虚拟服务器上云存储设备存储容量的分配，用于按使用付费监控器，记录存储使用信息以便计费。
- 网络流量（network traffic）——用于按使用付费的监控器，它记录进入和流出的网络使用；用于 SLA 监控器，记录存储使用信息以便计费。
- 失效情况（failure condition）——用于 SLA 监控器，它记录 IT 资源和 QoS 指标，在发生失效的时候提供报警。
- 事件触发器（event trigger）——用于审计监控器，它评估和衡量选定的 IT 资源对法规的遵守情况。

IaaS 环境中的监控架构通常涉及服务代理，它们与后台管理系统直接通信。

4. 安全

与使 IaaS 环境安全相关的云安全机制包括：

- 加密、哈希、数字签名和 PKI 机制，用来全面保护数据传输。
- IAM 和 SSO 机制，用来访问安全系统内的服务和接口，安全系统依赖于用户身份识别、认证和授权能力。
- 基于云的安全组，用于隔离虚拟环境，是由网络管理软件通过虚拟机监控器和网络分割来实现的。
- 强化的虚拟服务器映像，用于内部和外部可用的虚拟服务器环境。
- 各种云使用监控器，追踪提供的虚拟 IT 资源，以发现异常使用模式。

14.1.2　装备 PaaS 环境

PaaS 环境一般需要配备一组选择出来的应用开发和部署平台，以容纳不同的编程模型、语言和框架。通常会为每个编程栈创建一个独立的已就绪环境，包括运行专门为这个平台开发的应用所需的软件。

每个平台带有与之匹配的 SDK 和 IDE，这些 SDK 和 IDE 可以是定制构建的，或是支持由云提供者提供的 IDE 插件的。IDE 工具包可以在 PaaS 环境中本地模拟云运行时环境，通常包括可执行的应用服务器。在开发环境中还可以模拟运行时固有的安全限制，包括检查对系统 IT 资源的未被授权的访问试图。

云提供者常常提供为 PaaS 平台定制的资源管理系统机制，这样云用户可以创建和控制带有已就绪环境的自定义虚拟服务器映像。这种机制还提供该 PaaS 平台特有的特性，例如管理已部署的应用和配置多租户（multitenancy）。云提供者还依赖于一种快速供给架构的变种，称为平台供给（platform provisioning），它是专门设计用来提供已就绪环境的。

1. 可扩展性与可靠性

部署在 PaaS 环境中的云服务和应用的可扩展性需求通常是借助于动态可扩展性和工作负载分配架构来处理的，这些架构依赖于使用本地自动扩展监听器和负载均衡器。还采用了资源池架构来从对多云用户可用的资源池中提供 IT 资源。

在按照云用户提供的参数和成本限制决定如何扩展一个负载过重的应用时，云提供者可以衡量网络流量和服务器端连接使用与实例负载之间的关系。另外，云用户可以配置应用设计，以定制加入一些应用自身可用的机制。

已就绪环境与它们承载的云服务和应用的可靠性可以用标准的故障转移系统机制与不中断服务重置架构来支持（图 14-2），从而使云用户免受故障转移情况的麻烦。也可以采用资源保留架构来提供对基于 PaaS 的 IT 资源的独占访问。同其他 IT 资源一样，已就绪环境也可以跨多个数据中心和地理区域，从而进一步增加可用性和弹性。

2. 监控

PaaS 环境中专门的云使用监控器用来监控如下内容：

- 已就绪环境实例（ready-made environment instance）——对这些实例的使用都会被按使用付费监控器记录下来，用来计算基于时间的使用费。
- 数据持久化（data persistence）——这个统计值由按使用付费监控器提供，记录每个计费周期内存储的对象数量、每个对象占用的存储空间大小和数据库事务数量。
- 网络使用（network usage）——记录进入和流出的网络使用，提供给按使用付费监控器，以及追踪与网络相关的 QoS 指标的 SLA 监控器。
- 失效情况（failure condition）——追踪 IT 资源 QoS 指标的 SLA 监控器需要捕获失效数据。

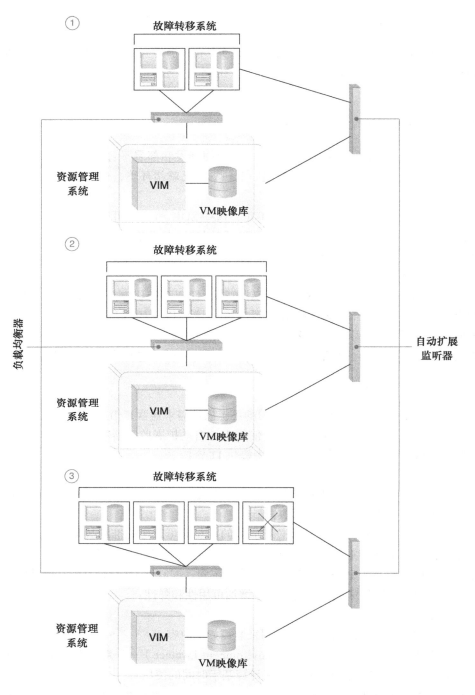

图 14-2 已就绪环境实例是故障转移系统的一部分，负载均衡器在它们之间分配工作负载，而自动扩展监听器则监控网络和实例工作负载（1）。为了响应工作负载的增加，已就绪环境进行扩展（2），而故障转移系统检测到一个故障情况，停止复制一个失效的已就绪环境（3）

● 事件触发器（event trigger）——这个指标主要由审计监控器使用，它需要对某些类型的事件进行响应。

3. 安全

默认情况下，除了那些已经提供给 IaaS 环境的安全机制，PaaS 环境通常不需要引入新的云安全机制。

14.1.3　优化 SaaS 环境

在 SaaS 实现中，云服务架构通常是基于多租户环境的，它使得并发的云用户访问成为可能，并且调节这些访问（图 14-3）。与在 IaaS 和 PaaS 环境中不同，在 SaaS 环境中 IT 资源分割通常不发生其基础设施层次上。

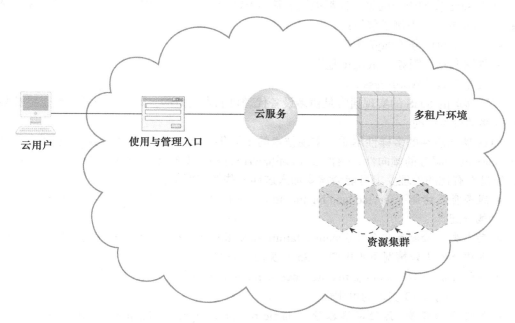

图 14-3　基于 SaaS 的云服务位于多租户环境中，该环境部署在一个高性能虚拟服务器集群里。云用户通过使用与管理入口来访问和配置云服务

SaaS 的实现严重依赖于本地动态可扩展和工作负载分布架构提供的特性，并依赖不中断服务重置来保证故障转移情况不影响基于 SaaS 的云服务的可用性。

然而，必须认识到的是，与相对平常的 IaaS 和 PaaS 产品设计不同，每个 SaaS 部署都有它独特的架构、功能和运行时要求。这些要求是对基于 SaaS 的云服务的编程逻辑本质所特有的，同时也与它的云服务用户对它特有的使用模式相关。

例如，考虑下述公认的在线 SaaS 服务的功能和使用的多样性：

- 协同创作和信息共享（Wikipedia，Blogger）
- 协同管理（Zimbra，Google Apps）
- 即时消息、音频 / 视频通信的会议服务（Skype，Google Talk）
- 企业管理系统（ERP，CRM，CM）
- 文件共享和内容分布（YouTube，Dropbox）
- 企业相关的软件（工程，生物信息学）
- 消息系统（电子邮件，语音信箱）

366
～
368

- 移动应用市场（安卓 Play 商店，苹果应用商店）
- 办公生产软件套装（Microsoft Office，Adobe Creative Cloud）
- 搜索引擎（Google，Yahoo）
- 社交媒体（Twitter，LinkedIn）

上述云服务是下面一种或多种实现媒介提供的：

- 移动应用
- REST 服务
- Web 服务

这些 SaaS 实现媒介的每一种都提供了基于 Web 的 API 与云用户接口。具有基于 Web API 的基于 SaaS 的云服务例子包括：

- 电子支付服务（PayPal）
- 地图和路由服务（Google 地图）
- 发布工具（WordPress）

基于移动的 SaaS 的实现通常是由多设备代理机制来支持的，除非云服务只是想要被某些特殊的移动设备访问。

SaaS 功能潜在的多样性本质、实现技术的多样化以及以多种不同实现媒介来冗余地提供基于 SaaS 的云服务的倾向性，使得 SaaS 环境的设计高度专有化。虽然对 SaaS 的实现不太重要，但是专有化的处理要求可能会需要加入这样一些架构模型：

- 服务负载均衡（service load balancing）——在基于 SaaS 的云服务实现之间进行工作负载分配。
- 动态失效检测和恢复（dynamic failure detection and recovery）——建立起一个能自动解决某些失效情况下不中断对 SaaS 实现服务的系统。
- 存储维护窗口（storage maintenance window）——允许计划中的维护中断，这样的中断不影响 SaaS 实现的可用性。
- 弹性资源容量 / 弹性网络容量（elastic resource capacity/elastic network capacity）——在基于 SaaS 的云服务架构内建立起内在的弹性，允许云服务架构能自动满足一些运行时可扩展要求。

369

- 云负载均衡（cloud balancing）——在 SaaS 实现中注入广泛的弹性，这对于经受极大并发使用量的云服务来说特别重要。

SaaS 环境中可以使用特殊的云使用监控器来追踪下面这样一些指标类型：

- 租户订阅周期（tenant subscription period）——按使用付费监控器用这个指标来记录和追踪应用的使用，供基于时间的计费之用。这种类型的监控通常包括了应用许可证检查和租用周期的常规评估，这个评估包括的指标比 IaaS 和 PaaS 环境中以小时为单位所做的评估的范围更广泛。
- 应用使用（application usage）——这个指标是基于用户或安全组的，它和按使用付费监控器一起使用来记录和追踪应用的使用，用于计费之目的。
- 租户应用功能模块（tenant application functional module）——这个指标是按使用付费监控器使用的，用于基于功能的计费。根据云用户是免费的还是付费的订阅者，云服务可以有不同的功能等级。

类似于 IaaS 和 PaaS 实现中进行的云使用监控，SaaS 环境通常也会监控数据存储、网络流量、失效情况和事件触发器。

安全

SaaS 的实现通常依赖于其部署环境内在的安全控制基础。然后，不同的业务处理逻辑会增加额外的云安全机制或专门的安全技术层次。

14.2 云交付模型：从云用户的角度看

关于云用户管理和使用云交付模型的不同方式，本节提出了许多考量。

14.2.1 使用 IaaS 环境

通过使用远程终端应用，可以在操作系统层面上访问虚拟服务器。相应地，使用的客户端软件类型直接依赖于虚拟服务器上运行的操作系统类型，两者常见的组合是： |370|

- 远程桌面（或者远程桌面连接）客户端（remote desktop client）——用于基于 Windows 的环境，表示 Windows GUI 桌面。
- SSH 客户端（SSH client）——用于 Mac 和其他基于 Linux 的环境，允许安全通道连接到运行在服务器 OS 上的基于文本的 Shell 账户。

图 14-4 说明了一个典型的使用场景：先用管理接口创建虚拟机，再以 IaaS 服务的形式提供这些虚拟机。

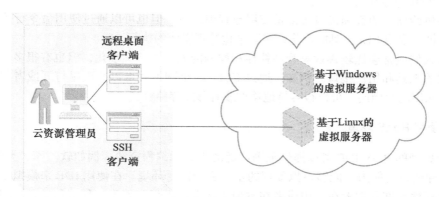

图 14-4 云资源管理员用基于 Windows 的远程桌面客户端管理一个基于 Windows 的虚拟服务器，用 SSH 客户端管理基于 Linux 的虚拟服务器

云存储设备可以直接附加到虚拟服务器上，通过操作系统提供的虚拟服务器管理功能接口进行访问。或者，云存储设备附加到位于云之外的 IT 资源上，例如一个通过 WAN 或 VPN 连接的企业内部设备。在这种情况下，常用的管理和传输云存储数据的格式如下所示：

- 网络连接的文件系统（Networked File System）——基于系统的存储访问，呈现文件的方式类似于操作系统中文件夹的组织方式（NFS，CIFS）。
- 存储区域网设备（Storage Area Network Device）——基于块的存储访问，把地理上分布的数据整理和格式化成为文件，网络传输比较优化（iSCSI，Fibre Channel）。 |371|
- 基于 Web 的资源（Web-based Resource）——基于对象的存储访问，通过这种访问，一个逻辑上没有集成到操作系统中的接口能够表示文件，可以通过基于 Web 的接口来访问这些文件（Amazon S3）。

IT 资源提供考量

作为 IaaS 环境的一部分，云用户对如何提供 IT 资源以及提供到什么程度有高度的控制权。

例如：

- 控制可扩展性特性（自动扩展、负载均衡）。
- 控制虚拟 IT 资源的生命周期（虚拟设备的关闭、重启动和开机）。
- 控制虚拟网络环境和网络访问规则（防火墙、逻辑网络边界）。
- 建立和展示服务供给合约（账户情况、使用条款）。
- 管理附加的云存储设备。
- 管理基于云的 IT 资源的预分配（资源保留）。
- 管理云资源管理员的证书和密码。
- 管理基于云的安全组证书，这个安全组通过 IAM 访问虚拟化的 IT 资源。
- 管理与安全相关的配置。
- 管理自定义的虚拟服务器映像存储（导入、导出和备份）。
- 对高可用选项进行选择（故障转移、IT 资源集群化）。
- 选择和监控 SLA 指标。
- 选择基本的软件配置（操作系统、新虚拟服务器的预装软件）。

372
- 从大量可用的与硬件相关的配置和选项中选择 IaaS 资源实例（处理能力、RAM、存储）。
- 选择基于云的 IT 资源应该放置的地理区域。
- 追踪和管理开销。

这些供给任务的管理接口通常是使用与管理入口，但也可以通过使用命令行接口（CLI）工具来提供，采用 CLI 工具能简化许多脚本化管理操作的执行。

虽然人们通常会比较喜欢对管理特性和控制的表达进行标准化，但也有很多理由让人们使用不同的工具和用户接口。例如，通过 CLI，一个脚本就可以在夜里打开或者关闭虚拟服务器，而采用门户网站，可以很容易地添加或者移除存储容量。

14.2.2 使用 PaaS 环境

一个典型的 PaaS IDE 可以提供范围广泛的工具和编程资源，例如软件库、类库、框架、API 和各种运行时能力，能够模拟预期的基于云的部署环境。在使用 IDE 来模拟云部署环境时，这些特性允许开发者在云中或者在本地（在企业内部）创建、测试和运行应用代码。然后，编译或者完成了的应用会打包并上载到云中，通过已就绪环境进行部署。这个部署过程也可以通过 IDE 进行控制。

PaaS 还允许应用把云存储设备作为独立的数据存储系统来使用，用来存放与开发有关的数据（例如，存放在一个从云环境外部也可以访问的库中）。一般来讲既支持 SQL 的数据库结构，也支持 NoSQL 的数据库结构。

IT 资源提供考量

PaaS 环境提供的管理控制权少于 IaaS 环境，但仍然提供了范围相当广的管理特性。

例如：

373
- 建立和展示服务供给合约，例如账户情况和使用条款。
- 为已就绪环境选择软件平台和开发框架。
- 选择实例类型，最常见的是前端实例或后端实例。
- 选择已就绪环境中使用的云存储设备。
- 控制 PaaS 开发的应用的生命周期（部署、启动、关闭、重启和释放）。
- 控制部署的应用和模块的版本。

- 配置可用性和可靠性相关机制。
- 使用 IAM 来管理开发者和云资源管理员的证书。
- 管理通用的安全设置，例如可访问的网络端口。
- 选择和监控 PaaS 相关的 SLA 指标。
- 管理和监控使用情况和 IT 资源开销。
- 控制可扩展性特性，例如使用配额、活跃实例的界限、自动扩展监听器和负载均衡器机制的配置和部署。

用来访问 PaaS 管理特性的使用与管理入口可以提供一种特性，预先选定 IT 资源启动和停止的时间。例如，云资源管理员可以设定云存储设备在上午 9 点自动打开，然后在 12 小时后关闭。构建在这样的系统之上可以使一种选择成为可能，那就是已就绪环境在收到某个特定应用的数据请求时能够自动激活，在一段时间不活跃之后就关闭。

14.2.3　使用 SaaS 服务

因为基于 SaaS 的云服务几乎总是有精炼的、通用的 API，所以这些服务通常被设计为更大的分布式解决方案的一部分。一个常见的例子就是 Google 地图，它提供了全面综合的 API，使得地图信息和影像可以被集成到 Web 站点和基于 Web 的应用里。

374

许多 SaaS 服务是免费提供的，尽管这些云服务通常都带有数据收集子程序来为云提供者收集使用数据。在使用任何第三方赞助的 SaaS 产品时，都很有可能会执行某种形式的背景信息收集。阅读云提供者的合约通常能够帮助了解这些云服务设计执行的非主要行为。

使用云提供者提供的 SaaS 产品的云用户省去了实现和管理它们底层承载环境的麻烦。对云用户来说还有自定义的选项，不过这些选项通常局限于对云服务实例的运行时使用控制，这些实例专门是由云用户生成且为它们服务的。

例如：

- 管理基于安全的配置。
- 管理对可用性和可靠性选项的选择。
- 管理使用成本。
- 管理用户账户、档案和访问授权。
- 选择和监控 SLA。
- 设置手动和自动的可扩展性选项和限制。

案例研究示例

DTGOV 发现要完成它的 IaaS 管理架构，还需要配备很多额外的机制和技术（图 14-5）：

- 要在逻辑网络拓扑中加入网络虚拟化，用不同的防火墙和虚拟网络建立起逻辑网络边界。
- VIM 被定位成核心工具，用来控制 IaaS 平台并使之具有自我供给能力。
- 通过虚拟化平台实现其他的虚拟服务器和云存储设备机制，同时，创建几个虚拟服务器映像，它们为虚拟服务器提供基础的模板配置。
- 采用 VIM 的 API，使用自动扩展监听器增加动态扩展的功能。
- 使用资源复制、负载均衡器、故障迁移系统和资源集群机制，创建高可用虚拟服务器集群。

375

● 构建一个自定义的应用，它直接使用 SSO 和 IAM 系统机制，使得远程管理系统、网络管理工具和 VIM 之间可以互操作。

DTGOV 使用了一个自定义的强大的商用网络管理工具，把 VIM 和 SLA 监控代理收集到的事件信息存储在一个 SLA 测量数据库里。这个管理工具和数据库从属于一个更大的 SLA 管理系统。为了实现计费处理，DTGOV 扩展了一个私有软件工具，该工具是建立在一组使用情况测量值的基础之上的，这些测量值来自于由按使用付费监控器填充数据的数据库。计费软件用作计费管理系统机制的基础实现。

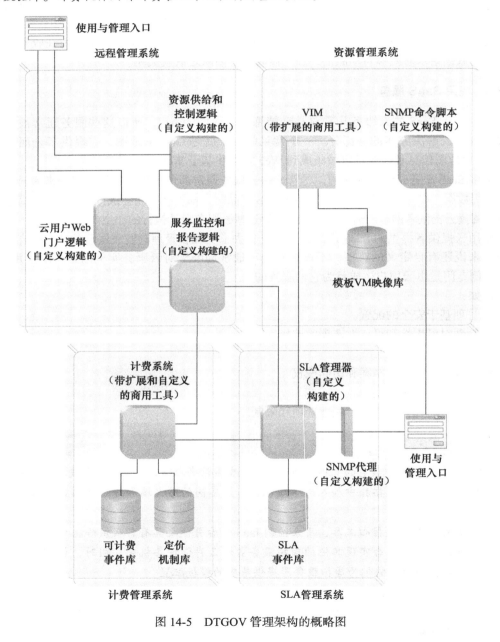

图 14-5　DTGOV 管理架构的概略图

成本指标与定价模型

理解并比较企业内部环境供给与基于云的环境供给背后的成本模型的关键是降低运营成本，优化 IT 环境。公有云的定价结构通常是基于以实用为中心的按使用付费模型，可以使企业避免前期基础设施的投入。这些模型需要结合企业内部基础设施投入的财务影响以及总体成本保证来进行评估。

本章介绍的指标、公式和实践将有助于云用户对云应用方案进行准确的财务分析。

15.1 商业成本指标

本节首先描述了常见的指标，这些指标用于评估租赁基于云的 IT 资源和购买企业内部 IT 资源两种情况下的预期成本和商业价值。

15.1.1 前期成本与持续成本

前期成本（up-front cost）是指企业为了构建所要使用的 IT 资源需要投入的初始资金。它包括获得 IT 资源的成本和部署及管理这些资源的开销。

- 购买和部署企业内部 IT 资源的前期成本往往比较高。其中包括了硬件、软件和部署它们所需要的人力开销。
- 租赁基于云的 IT 资源的前期成本往往比较低。其中包括了评估与建立一个云环境所需的人力成本。

持续成本（on-going cost）表示的是一个企业运行和保持其所用 IT 资源的开销。

- 运营企业内部 IT 资源的持续成本是变化的。其中包括了执照费用、电费、保险费和人力开销。

- 运营基于云的 IT 资源的持续成本也是变化的，而且一般会超过运营企业内部 IT 资源的持续成本（尤其是当持续时间较长时）。其中包括了租赁虚拟硬件的费用、宽带使用费用、执照费用和人力开销。

15.1.2 附加成本

除了对标准前期成本和持续成本指标进行计算和比较外，为了对财务分析进行补充和扩展，还需要考虑其他几个更复杂的商业成本指标。

比如：

- 资本成本（cost of capital）——资本成本是指筹集所需资金时的成本。例如，初始筹集资金 $150 000 通常就比 3 年内筹集同样金额需要更高的成本。该成本的相关性取决于企业如何筹集其所需资金。如果初始投资的资本成本较高，那么选择租赁基于云的 IT 资源将更明智。

- 已支付成本（sunk cost）——一个企业通常会有一些已有的 IT 资源，这些资源是可以运行的，并且企业也已经支付了相关费用。这种企业内部 IT 资源的前期投入就是已支付成本。与前期成本比较时，如果已支付成本较高，那么选择租赁基于云的 IT 资源作为一种替代方式就显得不划算了。

- 集成成本（integration cost）——集成测试是一种测试形式，用于测量 IT 资源在一个陌生环境中（如一个新的云平台）要具备兼容性和互操作性所需完成的工作。根据企业考虑过的云部署模型和云交付模型，可能会需要进一步分配资金进行集成测试，并可能需要更多的人力来实现云服务用户和云服务之间的互操作。这些开销就是集成成本。高集成成本会使得选择租赁基于云的 IT 资源显得不是非常有吸引力。

- 锁定成本（locked-in cost）——如同在第 3 章 3.4 节中介绍过的一样，云环境会限制可移植性。当在较长时间周期内进行指标分析时，就有必要考虑从一个云提供者移动到另一个云提供者的可能性。由于云服务用户可能会依赖于一个云环境的专有特性，因此产生了与此类移动相关的锁定成本。锁定成本会进一步降低租赁基于云的 IT 资源的长期商业价值。

381

案例研究示例

　　ATN 在将其两个原有应用迁移到 PaaS 环境中时，采用的是总体成本（TCO）分析。以三年为时间期限，分析报告审查了企业内部实现和基于云的实现的对比评估内容。

　　下面对两种应用的报告进行小结。

产品目录浏览器

　　产品目录浏览器是一个全局使用的 Web 应用，它与 ATN 的 Web 门户及其他几个系统进行互操作。该应用部署在一个虚拟服务器集群上，这个集群由 4 个虚拟服务器组成，它们运行在 2 个专用物理服务器上。还有一个单独的 HA 集群用来容纳应用自身的 300GB 数据库。应用的代码是最近由一个重构项目生成的。在其准备进行云迁移之前，只需要解决较小的可移植性问题。

　　TCO 分析内容如下：

1. 企业自身承担的前期成本

- 执照：每个物理服务器运行该应用所需费用为 $7 500，全部 4 台服务器运行软件的总费用为 $30 500。

- 人力：估计的人力成本为 $5 500，其中包括了建立和部署应用。

　　总的前期成本为：（$7 500×2）+$30 500+$5 500=$51 000。

　　根据考虑了峰值工作负载的容量规划来进行服务器配置。由于应用部署对应用数据库的影响几乎可以忽略不计，因此，存储并未包含在该规划之内。

382

2. 企业自身承担的持续成本

以下为每月所需的持续成本：

- 环境费用：$750

- 执照费用：$520

- 硬件维护：$100

- 人力：$2 600

　　企业内部环境的总持续成本为：$750+$520+$100+$2 600=$3 970。

3. 基于云的前期成本

如果服务器是从云提供者处租赁来的，那么就没有硬件和软件的前期成本。人力成本估计为 $5 000，其中包括解决互操作问题和建立应用的开销。

4. 基于云的持续成本

以下为每月所需的持续成本：

- 服务器实例：使用费按每个虚拟服务器为 $1.25/ 小时来计算。4 个虚拟服务器的使用费为 4×（$1.25×720）=$3 600。但是，服务器实例有缩放因子，应用开销相当于是 2.3 个服务器，因此，实际持续服务器使用成本为 $2 070。
- 数据库服务器和存储：每个数据库每月的使用费为 $1.09/GB，总费用为 $327。
- 网络：使用费按照流出 WAN 流量为 $0.10/GB 来计算，每月使用量为 420GB，则费用为 $42。
- 人力：估计每月约为 $800，包括云资源管理任务的开销。

总的持续成本为：$2 070+$327+$42+$800=$3 139。

表 15-1 为产品目录浏览器应用的 TCO 明细。

表 15-1 产品目录浏览器应用的 TCO 分析

		云 环 境	企业内部环境
前期成本	硬件	$0	$15 000
	执照	$0	$30 500
	人力	$5 000	$5 500
	总的前期成本	**$5 000**	**$51 000**
每月持续成本	应用服务器	$2 070	$0
	数据库服务器	$327	$0
	WAN 网络	$42	$0
	环境	$0	$750
	软件执照	$0	$520
	硬件维护	$0	$100
	管理	$800	$2 600
	总的持续成本	**$3 139**	**$3 970**

两种方法 3 年的 TCO 对比如下所示：

- 企业内部环境 TCO：前期成本 $51 000+ 持续成本（$3 970×36）=$193 920。
- 基于云的环境 TCO：前期成本 $5 000+ 持续成本（$3 139×36）=$118 004。

根据 TCO 分析结果，ATN 决定将应用迁移到云环境中。

客户端数据库

客户端数据库应用部署在含有 8 个虚拟服务器的服务器集群上，这些虚拟服务器运行在 2 个专用物理服务器上，同时，一个容量为 1.5TB 的数据库位于一个 HA 集群上，此外还有一个系统数据库。该应用的程序代码是旧的，需要做大量的工作使其移植到 PaaS 环境中。

客户端数据库 TCO 分析如下：

1. 企业自身承担的前期成本

- 执照：运行该应用的每个物理服务器的费用为 $7 500，全部 8 个虚拟服务器的软件费用为 $15 200。

- 人力：人力成本估计约为 $5 500，其中包括建立新环境和在新服务器中部署该应用
  所需的人力成本。

总的前期成本为：（$7 500×2）+$15 200+$5 500=$35 700。

2. 企业自身承担的持续成本

以下为每月的持续成本：

- 环境费用：$1 050
- 执照费用：$300
- 硬件维护：$100
- 管理：$4 500

总的持续成本为：$1 050+$300+$100+$4 500=$5 950。

3. 基于云的前期成本

如果服务器是从云提供者处租用的，那么就没有硬件或软件的前期成本。人力成本
估计约为 $45 000，主要用于集成测试和应用移植任务。

4. 基于云的持续成本

以下为每月的持续成本：

- 服务器实例：使用费按照每个虚拟服务器为 $1.25/ 小时计算。按照虚拟服务器估
  算比例，实际服务使用为 3.8 个服务器，则其成本为 $3 420。
- 数据库服务器和存储：使用费按照每个数据库每月为 $1.09/GB 计算，成本为 $1 635。
- 网络：使用费按照流出 WAN 流量为 $0.10/GB 计算，每月使用量约为 800GB，则
  成本为 $80。
- 人力：将云资源管理任务包括在内，其人力成本估计约为 $1 200。

总的持续成本为：$3 420+$1 635+$80+$1 200=$6 335。

客户端数据库应用的 TCO 明细如表 15-2 所示。

表 15-2　客户端数据库应用的 TCO 分析

		云　环　境	企业内部环境
前期成本	硬件	$0	$15 000
	执照	$0	$15 200
	人力	$45 000	$5 500
	总的前期成本	**$45 000**	**$35 700**
每月持续成本	应用服务器	$3 420	$0
	数据库服务器	$1 635	$0
	WAN 网络	$80	$0
	环境	$0	$1 050
	软件执照	$0	$300
	硬件维护	$0	$100
	管理	$1 200	$4 500
	总的持续成本	**$6 335**	**$5 950**

两种方式 3 年的 TCO 比较：

- 企业内部环境 TCO：前期成本 $35 700+ 持续成本（$5 950×36）=$251 700。
- 基于云的环境 TCO：前期成本 $45 000+ 持续成本（$6 335×36）=$273 060。

上述 TCO 分析结果表明，不支持将应用迁移到云中的决定。

15.2 云使用成本指标

本节介绍一组使用成本指标，用于计算与基于云的 IT 资源使用测量相关的成本：

- 网络使用（Network Usage）——流入和流出的网络流量，以及云内部的网络流量。
- 服务器使用（Server Usage）——虚拟服务器分配（和资源预留）。
- 云存储设备（Cloud Storage Device）——存储容量分配。
- 云服务（Cloud Service）——认购期限，指定用户数量，（云服务和基于云的应用的）交易数量。

对每个使用指标的说明都包括了对该指标的描述、计算单位、计算周期以及最适合该指标的云交付模型。此外，还为每个指标准备了一个简单的例子。

15.2.1 网络使用

网络使用被定义为在网络连接中传输的总数据量，它通常用与云服务或其他 IT 资源相关的、独立且可测量的流入网络使用量（inbound network usage traffic）和流出网络使用量（outbound network usage traffic）指标来计算。

1. 流入网络使用指标
- 描述——流入网络流量。
- 测量值——$\sum$，按字节计算流入网络的流量。
- 频率——在预定的时间段内，连续计算并进行累计。
- 云交付模型——IaaS，PaaS，SaaS。
- 示例——1GB 以下免费；10TB 以下，一个月为 \$0.001/GB。

2. 流出网络使用指标
- 描述——流出网络流量。
- 测量值——$\sum$，按字节计算流出网络的流量。
- 频率——在预定的时间段内，连续计算并进行累计。
- 云交付模型——IaaS，PaaS，SaaS。
- 示例——1GB 以下免费一个月；1GB 到 10TB 为每月 \$0.01/GB。

网络使用指标可用于计算一个云内 IT 资源之间的 WAN 流量，这些资源分布于不同的地理位置。采用网络使用指标可以计算同步、数据复制和相关处理所需的成本。反之，位于同一个数据中心的 IT 资源间的 LAN 使用流量和其他网络流量通常不会被跟踪。

3. 云内部 WAN 使用指标
- 描述——同一云内，不同地理位置的 IT 资源间的网络流量。
- 测量值——$\sum$，按字节计算云内 WAN 流量。
- 频率——在预定的时间段内，连续计算并进行累计。
- 云交付模型——IaaS，PaaS，SaaS。
- 示例——每天小于 500MB 为免费；500MB 到 1TB 之间为每月 \$0.01/GB；超过 1TB 为每月 \$0.005/GB。

为了鼓励云用户将应用迁移到云上，许多云提供者不会对流入流量进行收费。还有一些也不对同一个云内的 WAN 流量收费。

与网络相关的成本指标由下列性质来决定：

387

- 静态 IP 地址使用——IP 地址分配时间（如果需要一个静态 IP）。
- 网络负载均衡——负载均衡的网络流量的总量（按字节计算）。
- 虚拟防火墙——（每个分配时间内）防火墙处理的网络流量的总量。

388

15.2.2 服务器使用

在 IaaS 和 PaaS 环境中，虚拟服务器的分配用常见的按使用付费指标来进行衡量，它根据虚拟服务器和已就绪环境的数量来进行量化。这种服务器使用计量方式分为按需使用的虚拟机实例分配（on-demand virtual machine instance allocation）和预留的虚拟机实例分配（reserved virtual machine instance allocation）两种指标。

前者计算短期按使用付费的费用，后者则计算长期使用虚拟服务器的前期预留费用。前期预留费用通常与优惠的按使用付费的费用一起使用。

1. 按需使用的虚拟机实例分配指标
- 描述——虚拟服务器实例的正常运行时间。
- 测量值——∑，虚拟服务器启用时间到停止时间。
- 频率——在预定的时间段内，连续计算并进行累计。
- 云交付模型——IaaS，PaaS。
- 示例——小型实例为 $0.10/ 小时；中型实例为 $0.20/ 小时；大型实例为 $0.90/ 小时。

2. 预留的虚拟机实例分配指标
- 描述——预留一个虚拟服务器实例的前期成本。
- 测量值——∑，虚拟服务器预留开始时间到预留结束时间。
- 频率——每天，每月，每年。
- 云交付模型——IaaS，PaaS。
- 示例——小型实例为 $55.10/ 小时；中型实例为 $99.90/ 小时；大型实例为 $249.90/ 小时。

另一个常见的虚拟服务器使用成本指标是测量性能。IaaS 和 PaaS 环境的云提供者往往会为虚拟服务器提供一系列的性能属性，这些属性一般由 CPU 和 RAM 消耗以及可用的专用分配存储总量来决定。

389

15.2.3 云存储设备使用

云存储通常按预定义时间内的分配空间总量来收费，使用按需使用的存储分配指标对其进行计量。与基于 IaaS 的成本指标类似，按需使用的存储分配的费用一般是根据短时间的增幅（如按小时）来计算的。另一个常见的云存储成本指标为 I/O 数据传输，它用于计量输入和输出的数据总量。

1. 按需使用的存储空间分配指标
- 描述——以字节为单位的按需使用的存储空间分配的持续时间与大小。
- 测量值——∑，存储空间释放 / 重分配时间到存储空间分配时间（当存储空间大小改变时清零）。
- 频率——连续。
- 云交付模型——IaaS，PaaS，SaaS。
- 示例——每小时费用为 $0.01/GB（通常表示为 GB/ 月）。

2. I/O 数据传输指标

- 描述——传输 I/O 数据总量。
- 测量值——∑，按字节计量 I/O 数据。
- 频率——连续。
- 云交付模型——IaaS，PaaS。
- 示例——$0.10/TB。

注意，有些云提供者对 IaaS 和 PaaS 环境中的 I/O 使用不收费，而只对分配的存储空间进行收费。

15.2.4　云服务使用

SaaS 环境下的云服务使用通常使用下列 3 种指标来计量：

1. 应用订购持续时间指标

- 描述——云服务使用订购的期限。
- 测量值——∑，订购期限开始时间到结束时间。
- 频率——每天，每月，每年。
- 云交付模型——SaaS。
- 示例——每月费用为 $69.90。

2. 指定用户数量指标

- 描述——进行合法访问的注册用户数。
- 测量值——用户数量。
- 频率——每月，每年。
- 云交付模型——SaaS。
- 示例——每月每增加一个用户费用为 $0.90。

3. 用户事务数量指标

- 描述——云服务提供的事务数量。
- 测量值——事务数量（交换请求 – 响应消息）。
- 频率——连续。
- 云交付模型——PaaS，SaaS。
- 示例——每 1 000 个事务的费用为 $0.05。

15.3　成本管理考量

成本管理通常是围绕云服务的生命周期（图 15-1）进行的，它包括：

- 云服务设计和开发（Cloud Service Design And Development）——在这个阶段中，一般是由提供云服务的组织决定普通的定价模型和成本模板。
- 云服务部署（Cloud Service Deployment）——在云服务部署之前或部署过程中，决定并实现使用计量和计费相关数据收集的后台架构，其中包括了按使用付费监控器和计费管理系统机制的定位。
- 云服务合同（Cloud Service Contracting）——云用户和云提供者在这个阶段谈判，以便双方根据使用成本指标达成价格共识。

- 云服务提供（Cloud Service Offering）——通过成本模板以及其他可用定制选项，在本阶段对云服务的定价模型进行具体化。
- 云服务供给（Cloud Service Provisioning）——云服务使用和实例创建的阈值由云提供者定义或是由云用户设置。不论是哪种方式，这些阈值以及其他供给选项都会对使用成本和其他费用产生影响。
- 云服务运行（Cloud Service Operation）——在本阶段，对云服务的使用产生使用成本指标数据。
- 云服务解除（Cloud Service Decommissioning）——当一个云服务暂时或永久终止时，其成本统计数据将存档。

参考或以上述生命周期阶段为基础，云提供者和云用户都可以实现成本管理系统。对云提供者而言，他还可以代表云用户执行某些成本管理步骤，然后向云用户提供常规报告。

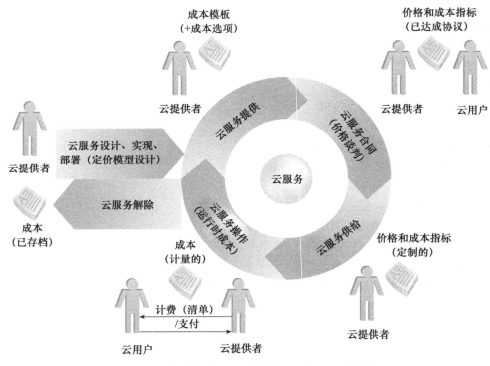

图 15-1　与成本管理相关的常见云服务生命周期

15.3.1　定价模型

云提供者使用的定价模型由模板定义，根据使用成本指标，规定细粒度资源使用的单位成本。定价模型受到各种因素的影响，比如：

- 市场竞争和监管要求。
- 设计、开发、部署和运行云服务及其他 IT 资源期间的开销。
- IT 资源共享与数据中心优化带来的降低开销的机会。

大多数主要的云提供者会为云服务制定一个相对稳定并具有竞争力的价格，即便其自身的费用会发生变化。价格模板或定价规范包含了一组标准化的成本与指标，它们详细说明了如何计量和计算云服务费用。价格模板通过设置各种计量、使用配额、折扣以及其他整理费用的单位，定义了定价模型的结构。一个定价模型可以包括多个价格模板，其具体内容由下列因素决定：

- 成本指标和相关价格（Cost Metric And Associated Price）——按照 IT 资源分配的类型计算成本（比如按需分配与预留分配）。
- 固定费用和浮动费用的定义（Fixed And Variable Rates Definition）——固定费用是基于资源分配的，其定义了固定价格中的使用配额；浮动费用则与实际的资源使用相关。
- 使用量折扣（Volume Discount）——当 IT 资源扩展逐渐增加时，将消耗更多的 IT 资源，这可能会让云用户获得更高的折扣。
- 成本与价格定制选项（Cost And Price Customization Option）——该因素与支付方式有关。比如，云用户可能会选择按月付款、半年期付款或者按年付款。

对云用户而言，价格模板是重要的，它可以用于评价云提供者，并有助于价格谈判，因为这些因素可以随着云交付模型而变化。

比如：

- IaaS——通常按照 IT 资源分配和使用来定价，其中包括：网络数据传输量，虚拟服务器数量以及分配的存储容量。
- PaaS——与 IaaS 类似，该模型定义了网络数据传输、虚拟服务器和存储的价格。这个价格会受到软件配置、开发工具以及执照费用等因素的影响。
- SaaS——由于该模型只与应用软件的使用相关，因此，其价格由订阅的应用模块数、指定云服务用户数和交易数来决定。

如图 15-2 和图 15-3 所示，对一个云服务来说，它由一个云提供者提供，而建立该服务的 IT 资源可以来自于另一个云提供者。

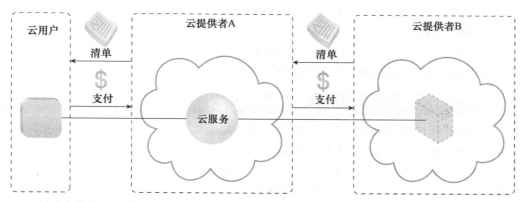

图 15-2　综合定价模型，其中云用户从云提供者 A 处租赁了一个 SaaS 产品，而云提供者 A 又从云提供者 B 处租赁了一个 IaaS 环境（包括了控制云服务的虚拟服务器）。云用户支付对象为云提供者 A，而云提供者 A 支付对象为云提供者 B

15.3.2　其他考量

- 谈判（Negotiation）——云提供者的定价是可以谈判的，尤其是对那些使用量更大、使用时间更长的云用户。根据云提供者网站上提供的预计使用量和相应的折扣，有时可以直接在网上完成价格谈判。为此，云提供者甚至向云用户提供专门的工具帮助其准确估计 IT 资源的使用情况。

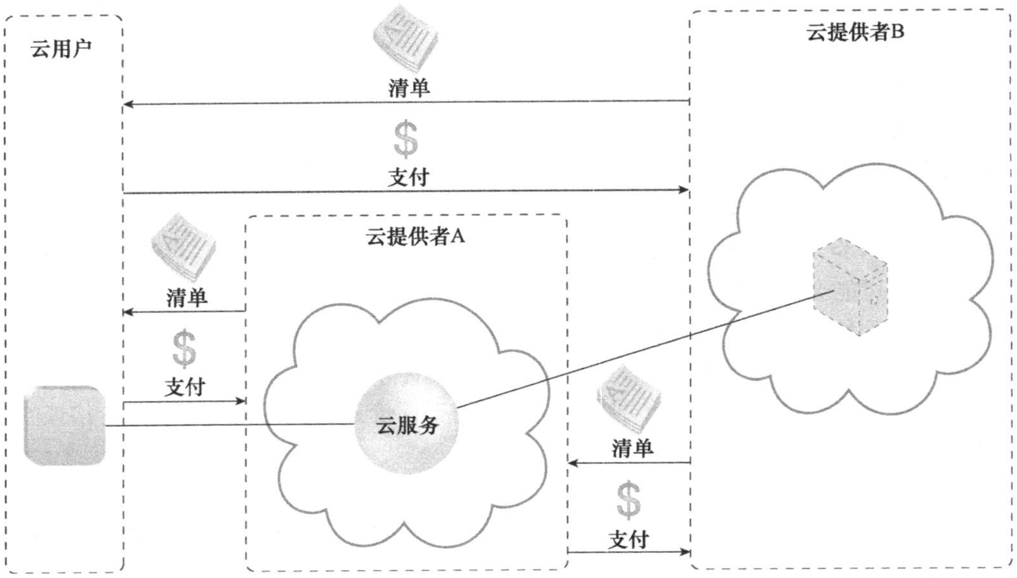

图 15-3   独立定价模型，其中云用户向云提供者 B 租赁了一个虚拟服务器来控制云服务，而该云服务来自于云提供者 A。两个租赁协议可能都已经由云提供者 A 安排给了云用户。在这种情况下，云提供者 A 的部分费用可能仍然是由云提供者 B 直接计费的

- 选择付款方式（Pay Option）——在完成全部计量之后，云提供者的计费管理系统将计算出该云用户的总费用。云用户有两种常见的付款方式：预付款方式和结账方式。如果采用预付款方式，云用户可以在将来使用计费产生之前，获得 IT 资源使用权限。如果采用结账方式，将按照每个 IT 资源使用周期——通常是以月为单位——为云用户计费并列出清单。
- 成本存档（Cost Archiving）——通过跟踪计费历史信息，云提供者和云用户可以生成完善的报告，以帮助确定使用情况并了解财务动态。

395

案例研究示例

　　DTGOV 的 IT 资源分配方式为按需分配或者是预留分配，并根据虚拟服务器和基于块的云存储设备的租赁包来构建其定价模型。

　　在按需分配资源方式下，按小时进行计量并收费；而在预留分配资源方式下，云用户的使用时间要求为 1~3 年，并按月收取费用。

　　由于 IT 资源可以自动进行向上和向下扩展，当预留 IT 资源的扩展超过其分配量时，任何额外使用的资源都会根据按使用付费方式进行收费。使用 Windows 和 Linux 的虚拟服务器可提供下列基本性能配置：

- 小型虚拟服务器实例——1 个虚拟处理器内核，4GB 虚拟 RAM，320GB 根文件系统存储空间。
- 中型虚拟服务器实例——2 个虚拟处理器内核，8GB 虚拟 RAM，540GB 根文件系统存储空间。
- 大型虚拟服务器实例——8 个虚拟处理器内核，16GB 虚拟 RAM，1.2TB 根文件系统存储空间。

- 大内存虚拟服务器实例——8 个虚拟处理器内核，64GB 虚拟 RAM，1.2TB 根文件系统存储空间。
- 多处理器虚拟服务器实例——32 个虚拟处理器内核，16GB 虚拟 RAM，1.2TB 根文件系统存储空间。
- 超大型虚拟服务器实例——128 个虚拟处理器内核，512GB 虚拟 RAM，1.2TB 根文件系统存储空间。

396

虚拟服务器还可以用于"弹性"或"集群"形式。对前者，虚拟服务器最少复制到两个不同的数据中心。对后者，虚拟服务器运行在由虚拟化平台实现的高可用集群上。

定价模型还要基于云存储设备的容量，容量单位为 GB，最小容量为 40GB。存储设备容量可以是固定的，也可以由云用户进行调整。由于块存储的最大容量为 1.2TB，因此云用户可以按照 40GB 的幅度进行增加或减少。除了对 WAN 输出流量按使用付费之外，云存储设备的 I/O 传输也需要付费，而 WAN 输入流量和云内部流量则都是免费的。

免费使用条款允许云用户在前 90 天内，每月免费租用 3 个小型虚拟服务器实例、60GB 的基于块的云存储设备、5GB 的 I/O 传输量以及 5GB 的 WAN 输出流量。当 DTGOV 准备向公众发布其定价模型时，他们意识到制定云服务价格比预期的更具挑战性，原因如下：

- 制定的价格需要能反映并应对市场条件，能持续地与其他云产品竞争，并能让 DTGOV 保持盈利。
- 虽然 DTGOV 期待新用户，但是客户群仍然还未建立。尽管实际迁移率非常难以预测，DTGOV 还是盼望其非云用户能积极向云进行迁移。

在作了进一步的市场调查后，DTGOV 为虚拟服务器实例分配建立了如下价格模板：

1. 虚拟服务器按需使用实例分配

- 指标：按需使用实例分配
- 计量：每个历月根据总的服务消耗计算按使用付费的费用（当实例扩展时，则按小时计算实例的实际大小）
- 计费周期：每月

表 15-3 表示的是一个价格模板。

397

集群 IT 资源的附加费：120%
弹性 IT 资源的附加费：150%

表 15-3　虚拟服务器按需使用实例分配的价格模板

实例名称	实例大小	操作系统	每小时
小型虚拟服务器实例	1 个虚拟处理器内核，4GB 虚拟 RAM，20GB 存储空间	Linux Ubuntu	$0.06
		Linux Red Hat	$0.08
		Windows	$0.09
中型虚拟服务器实例	2 个虚拟处理器内核，8GB 虚拟 RAM，20GB 存储空间	Linux Ubuntu	$0.14
		Linux Red Hat	$0.17
		Windows	$0.19
大型虚拟服务器实例	8 个虚拟处理器内核，16GB 虚拟 RAM，20GB 存储空间	Linux Ubuntu	$0.32
		Linux Red Hat	$0.37
		Windows	$0.39

（续）

实例名称	实例大小	操作系统	每小时
大内存虚拟服务器实例	8 个虚拟处理器内核，64GB 虚拟 RAM，20GB 存储空间	Linux Ubuntu	$0.89
		Linux Red Hat	$0.95
		Windows	$0.99
多处理器虚拟服务器实例	32 个虚拟处理器内核，16GB 虚拟 RAM，20GB 存储空间	Linux Ubuntu	$0.89
		Linux Red Hat	$0.95
		Windows	$0.99
超大型虚拟服务器实例	128 个虚拟处理器内核，512GB 虚拟 RAM，20GB 存储空间	Linux Ubuntu	$1.29
		Linux Red Hat	$1.69
		Windows	$1.89

2. 虚拟服务器保留实例分配

- 指标：保留实例分配
- 计量：保留实例分配费用是预先计算的，根据每个历月的总消耗量，采用按使用付费的方法计算（当实例扩展时，每个计费周期会增加额外费用）
- 计费周期：每月

398 ~ 400

表 15-4 表示的是一个价格模板。

表 15-4　虚拟服务器保留实例分配的价格模板

实例名称	实例大小	操作系统	1 年期定价		3 年期定价	
			预付	每小时	预付	每小时
小型虚拟服务器实例	1 个虚拟处理器内核，4GB 虚拟 RAM，20GB 存储空间	Linux Ubuntu	$57.10	$0.032	$87.97	$0.026
		Linux Red Hat	$76.14	$0.043	$117.30	$0.034
		Windows	$85.66	$0.048	$131.96	$0.038
中型虚拟服务器实例	2 个虚拟处理器内核，8GB 虚拟 RAM，20GB 存储空间	Linux Ubuntu	$133.24	$0.075	$205.27	$0.060
		Linux Red Hat	$161.79	$0.091	$249.26	$0.073
		Windows	$180.83	$0.102	$278.58	$0.081
大型虚拟服务器实例	8 个虚拟处理器内核，16GB 虚拟 RAM，20GB 存储空间	Linux Ubuntu	$304.55	$0.172	$469.19	$0.137
		Linux Red Hat	$352.14	$0.199	$542.50	$0.158
		Windows	$371.17	$0.210	$571.82	$0.167
大内存虚拟服务器实例	8 个虚拟处理器内核，64GB 虚拟 RAM，20GB 存储空间	Linux Ubuntu	$751.86	$0.425	$1 158.30	$0.338
		Linux Red Hat	$808.97	$0.457	$1 246.28	$0.363
		Windows	$847.03	$0.479	$1 304.92	$0.381
多处理器虚拟服务器实例	32 个虚拟处理器内核，16GB 虚拟 RAM，20GB 存储空间	Linux Ubuntu	$751.86	$0.425	$1 158.30	$0.338
		Linux Red Hat	$808.97	$0.457	$1 246.28	$0.363
		Windows	$847.03	$0.479	$1 304.92	$0.381
超大型虚拟服务器实例	128 个虚拟处理器内核，512GB 虚拟 RAM，20GB 存储空间	Linux Ubuntu	$1 132.55	$0.640	$1 744.79	$0.509
		Linux Red Hat	$1 322.90	$0.748	$2 038.03	$0.594
		Windows	$1 418.07	$0.802	$2 184.65	$0.637

集群 IT 资源的附加费：100%

弹性 IT 资源的附加费：120%

进一步地，DTGOV 为云存储设备分配和 WAN 带宽使用提供了如下简化的价格模板。

3. 云存储设备

- 指标：按需使用存储分配，传输的 I/O 数据
- 计量：根据每个历月的总消耗量，采用按使用付费的方法计算（存储分配按照每小时粒度和累积的 I/O 传输量来计算）
- 计费周期：每月
- 价格模板：存储分配为每月 $0.10/GB；I/O 传输为 $0.001/GB

4. WAN 流量

- 指标：输出网络的使用
- 计量：根据每个历月的总消耗量，采用按使用付费的方法计算（WAN 流量计算是累积的）
- 计费周期：每月
- 价格模板：输出网络数据为 $0.01/GB

401
～
402

服务质量指标与 SLA

服务水平协议（Service-Level Agreement，SLA）（译者注：也有人译作"服务等级协议"）是协商、合同条款、法律责任和运行时指标与测量的焦点。SLA 形式化描述了云提供者提供的保障以及相应地影响或者确定了定价模型和支付条款。SLA 设定了云用户的期望，对于组织如何围绕使用基于云的 IT 资源来构建业务自动化是必需的。

云提供者对云用户做出的保证通常会被实施推进，因为云用户组织也会对它的客户、商业伙伴或任何依赖于云提供者承载的服务和解决方案的人做出同样的保证。因此，理解 SLA 及相关服务质量指标以及使它们与云用户的业务要求保持一致是很重要的，同时，也要确保云提供者能现实地、始终如一地、可靠地履行这些保证。对于承载具有大量云用户的共享 IT 资源的云提供者来说，后面这个考量有着特别重大的关系，因为这些云用户都做出了它们自己的 SLA 保障承诺。

16.1　服务质量指标

云提供者发布的 SLA 是人可以阅读的文档，描述了服务质量（quality-of-service，QoS）特性、保证和一个或多个基于云的 IT 资源的限制。

SLA 使用服务质量指标来表达可测量的 QoS 特性。

例如：

- 可用性（availability）——运行时间，故障时间，服务持续时间。
- 可靠性（reliability）——故障间最小时间间隔，保证的成功响应率。
- 性能（performance）——容量，响应时间和交付时间保证。
- 可扩展性（scalability）——容量波动和响应性保证。
- 弹性（resiliency）——切换和恢复的平均时间。

SLA 管理系统用这些指标来周期性地进行测量，验证是否与 SLA 保证相符合，除此之外还会收集与 SLA 相关的数据，供各种类型的统计分析之用。

理论上说，每个服务质量指标都要具有以下特点：

- 可量化的（quantifiable）——测量单位必须是明确设定的、绝对的和适当的，使得该标准可以用量化的测量值来表述。
- 可重复的（repeatable）——在同样的条件下重复，测量指标的方法应该得到同样的结果。
- 可比较的（comparable）——指标使用的测量值单位需要被标准化，且是可比较的。例如，一个服务质量指标不能以位（bit）为单位测量较少量的数据，而以字节（byte）为单位测量较大量的数据。
- 容易获得的（easily obtainable）——指标的测量值形式必须是非私有的和常见的，能很容易地获得并被云用户所理解。

接下来的小节将介绍一系列常见的服务质量指标，每个指标的叙述都包括描述、测量值单位、测量频率和适用的云交付模型类型，以及一个简单的示例。

16.1.1 服务可用性指标

1. 可用性比率指标

一个IT资源的整体可用性通常用运行时间的百分比来表达。例如，一个总是可用的IT资源的运行时间为100%。

- 描述——服务运行时间的百分比。
- 测量值——全部运行时间/全部时间。
- 频率——每周，每月，每年。
- 云交付模型——IaaS，PaaS，SaaS。
- 示例——至少99.5%的运行时间。

可用性比率可以累积计算，意味着不可用的时期会被合并起来，以计算所有的不工作时间（表16-1）。

405

表 16-1 可用性比率示例，以秒为单位

可用性（%）	不工作时间/周（秒）	不工作时间/月（秒）	不工作时间/年（秒）
99.5	3024	216	158 112
99.8	1210	5174	63 072
99.9	606	2592	31 536
99.95	302	1294	15 768
99.99	60.6	259.2	3154
99.999	6.05	25.9	316.6
99.9999	0.605	2.59	31.5

2. 停用时间指标

这个服务质量指标是用来定义服务水平目标的最大和平均停用时间。

- 描述——一次停用的时长。
- 测量值——停用结束的日期/时间–停用开始的日期/时间。
- 频率——每次有事件发生。
- 云交付模型——IaaS，PaaS，SaaS。
- 示例——最长1小时，平均15分钟。

注释
除了定量测量外，也可以用诸如高可用性（HA）等术语定性地描述可用性，HA用于标记具有低不工作时间的IT资源，低不工作时间通常是由于基础资源复制和集群基础设施引起的。

406

16.1.2 服务可靠性指标

可靠性是一个与可用性紧密相关的特性，它是IT资源在预先定义的条件下执行它所期望的功能而不发生故障的概率。可靠性意在描述服务能够多久按照预期执行，这要求服务保持在运行和可用的状态。有些可靠性指标只把运行时错误和异常情况当做故障，这通常只有当

IT 资源可用时才能测量得到。

1. 平均故障间隔时间（MTBF）指标

- 描述——两次相继发生的服务故障之间的平均时间。
- 测量值——∑，正常运行持续时间之和／故障次数。
- 频率——每月，每年。
- 云交付模型——IaaS，PaaS。
- 示例——平均 90 天。

2. 可靠性比率指标

整体可靠性测量起来更复杂，通常定义为可靠性比率，它表示得到成功服务结果的百分比。这个指标测量的是在服务运行期间不致命的错误和故障的影响。例如，如果每次调用一个 IT 资源时，它都按照预期的执行，其可靠性就是 100%，但如果每五次里有一次会失败，那它的可靠性就是 80%。

- 描述——在预先定义的情况下得到成功服务结果的百分比。
- 测量值——成功响应的总数／请求总数。
- 频率——每周，每月，每年。
- 云交付模型——SaaS。
- 示例——至少 99.5%。

16.1.3　服务性能指标

407

服务性能指的是 IT 资源在预期的情况下执行其功能的能力。这个性质是用服务能力指标来衡量的，每个服务能力指标都意在描述 IT 资源能力的一个相关的、可测量的特性。本节介绍了一组常见的性能指标。注意，根据被测量 IT 资源不同的类型，可能适用不同的指标。

1. 网络容量指标

- 描述——网络容量可测量的特性。
- 测量值——每秒以位为单位的带宽或吞吐量。
- 频率——持续的。
- 云交付模型——IaaS，PaaS，SaaS。
- 示例——10MB/s。

2. 存储设备容量指标

- 描述——存储设备容量可测量的特性。
- 测量值——以 GB 为单位的存储大小。
- 频率——持续的。
- 云交付模型——IaaS，PaaS，SaaS。
- 示例——80GB 的存储空间。

3. 服务器容量指标

- 描述——服务器容量可测量的特性。
- 测量值——CPU 数量，以 GHz 为单位的 CPU 主频，以 GB 为单位的 RAM 大小，以 GB 为单位的存储空间大小。
- 频率——持续的。
- 云交付模型——IaaS，PaaS。
- 示例——主频为 1.7GHz 的内核一个，16GB RAM，80GB 存储空间。

4. Web 应用容量指标

- 描述——Web 应用容量可测量的特性。
- 测量值——每分钟的请求速率。
- 频率——持续的。
- 云交付模型——SaaS。
- 示例——最大每分钟 100 000 个请求。

5. 实例启动时间指标

- 描述——初始化一个新的实例所需要的时间长度。
- 测量值——实例启动的日期/时间 – 开始请求的日期/时间。
- 频率——每次有事件发生时。
- 云交付模型——IaaS，PaaS。
- 示例——最多 5 分钟，平均 3 分钟。

6. 响应时间指标

- 描述——执行同步操作需要的时间。
- 测量值——（请求的日期/时间 – 响应的日期/时间）/请求总数。
- 频率——每周，每月，每年。
- 云交付模型——SaaS。
- 示例——平均 5 毫秒。

7. 完成时间指标

- 描述——完成同步操作需要的时间。
- 测量值——（请求的日期 – 响应的日期）/请求总数。
- 频率——每周，每月，每年。
- 云交付模型——PaaS，SaaS。
- 示例——平均 1 秒。

16.1.4　服务可扩展性指标

　　服务可扩展性指标是与 IT 资源的弹性能力相关的，它是指 IT 资源可以达到的最大容量，其测量值反映了它适应工作负载波动的能力。例如，服务器可以扩展到最大 128 个内核和 512GB RAM，或者扩展至最大 16 个负载均衡的复制的实例。

　　下面的指标帮助确定是主动还是被动地满足动态服务需求，以及手动或自动 IT 资源分配过程造成的影响。

1. 存储可扩展性（水平）指标

- 描述——为响应工作负载的增加而允许的存储设备容量的改变。
- 测量值——以 GB 为单位的存储空间大小。
- 频率——持续的。
- 云交付模型——IaaS，PaaS，SaaS。
- 示例——最大 1 000GB（自动扩展）。

2. 服务器可扩展性（水平）指标

- 描述——为响应工作负载的增加而允许的服务器容量的改变。
- 测量值——资源池中的虚拟服务器的数量。
- 频率——持续的。
- 云交付模型——IaaS，PaaS。

- 示例——最少 1 个虚拟服务器，最大 10 个虚拟服务器（自动扩展）。

3. 服务器可扩展性（垂直）指标

- 描述——为响应工作负载的波动而允许的服务器容量的波动变化。
- 测量值——CPU 个数，以 GB 为单位的 RAM 大小。
- 频率——持续的。
- 云交付模型——IaaS，PaaS。
- 示例——最多 512 个内核，512GB RAM。

16.1.5 服务弹性指标

IT 资源从运行问题中恢复的能力通常是用服务弹性指标来衡量的。在 SLA 弹性保证中或与之相关的范围内谈论弹性时，弹性通常是基于在不同物理位置上的冗余实现和资源复制以及各种灾难恢复系统的。

云交付模型的类型决定了该如何实现和测量弹性。例如，实现弹性云服务的虚拟服务器副本的物理位置可以在 IaaS 环境的 SLA 中明确说明，而在相应的 PaaS 和 SaaS 环境的 SLA 中就不必明确地说出来了。

可以在三个不同的阶段中实施弹性指标，来解决可能威胁到常规服务水平的挑战和事件：

- 设计阶段（design phase）——衡量系统和服务应付挑战准备程度的指标。
- 运行阶段（operational phase）——在一次停机事件或服务中断之前、期间和之后测量服务水平差异的指标，这些指标可以进一步地由可用性、可靠性、性能和可扩展性指标来描述。
- 恢复阶段（recovery phase）——这些指标衡量的是 IT 资源从停机中恢复的速度，例如，系统日志记录中断并切换到新的虚拟服务器的平均时间。

与衡量弹性有关的两个常见的指标是：

1. 平均切换时间（MTSO）指标

- 描述——完成从一个出现严重故障的虚拟服务器切换到位于不同地理区域内的复制实例上所需要的时间。
- 测量值——（切换完成日期 / 时间 – 故障发生日期 / 时间）/ 总的故障次数。
- 频率——每月，每年。
- 云交付模型——IaaS，PaaS，SaaS。
- 示例——平均 10 分钟。

2. 平均系统恢复时间（MTSR）指标

- 描述——弹性系统完整地执行一次从严重故障中恢复所需要的时间。
- 测量值——（恢复日期 / 时间 – 故障发生日期 / 时间）/ 总的故障次数。
- 频率——每月，每年。
- 云交付模型——IaaS，PaaS，SaaS。
- 示例——平均 120 分钟。

<hr>

案例研究示例

在经历了一次导致 Web 门户约一小时不可用的云中断之后，Innovartus 决定全面细致地重审他们的 SLA 条款和条件。从研究云提供者的可用性保证开始，他们发现这些保证是含糊不清的，因为没有明确说明云提供者的SLA管理系统中哪些事件被定义为"停机"。Innovartus还发现现有的SLA缺乏可靠性和弹性指标，而这些指标对于他们的云服务运行来说已经很重要了。

为了准备与云提供者重新协商SLA条款，Innovartus决定要编写新增的要求和保证条款：

- 需要更详细地描述可用性比率，使得能更有效地管理服务可用性条件。
- 需要包括进支持服务运行模型的技术数据，以保证挑选出的关键服务的运行能保持容错和弹性。
- 需要包括进一些新增的指标，协助评估服务质量。
- 任何没有被可用性指标测量排除的事件都需要明确定义。

|412|

在与云提供者销售代表的几次会谈之后，Innovartus得到了一份增加了如下条款的修改过的SLA：

- 除了支持ATN内核处理依赖的IT资源的可用性测量之外，增加了测量云服务可用性的方法。
- 包括进了一组Innovartus认可的可靠性和性能指标。

六个月之后，Innovartus又进行了一次SLA指标评估，把新产生的值与SLA改进之前产生的值进行了对比（表16-2）。

表16-2　Innovartus的云资源管理员监控到的SLA评价变化

SLA指标	之前的SLA统计值	修改后的SLA统计值
平均可用性	98.10%	99.98%
高可用模型	冷–待机	热–待机
平均服务质量 * 基于用户满意度调查	52%	70%

16.2　SLA指导准则

本节介绍一些SLA使用的最佳实践和推荐，其中大部分适用于云用户：

- 把业务案例映射到SLA——一种很有帮助的方法是，首先确认一个给定的自动化解决方案所需的QoS要求，然后把它们和实施自动化的IT资源的SLA中描述的各种保证连接起来。这可以避免SLA不小心偏离或者可能是毫无原因地脱离它们的保证，进而偏离或脱离IT资源的使用。

|413|

- 使用云和企业内部的SLA——由于大量可用的基础设施支持公有云中的IT资源，基于云的IT资源的SLA中发布的QoS保证通常优于提供给企业内部IT资源的SLA。要理解这种差异，特别是当构建混合分布式解决方案时，这种方案要利用企业内部和基于云的服务，或者是当要加入跨环境技术架构的时候，例如云爆发。
- 理解SLA的范畴——云环境是由很多支撑架构和基础设施层组成的，IT资源位于这些层次上，并且在这些层次上集成到一起。确认清楚某项IT资源保证的适用范围是非常重要的。例如，SLA可能受IT资源实现的限制，但是不受它底层承载环境的限制。
- 理解SLA监控的范畴——SLA需要指明在哪里执行监控，计算哪些测量值，主要是与云防火墙的关系。例如，在防火墙内监控并不总是有利的，或者说并不总是与云用户要求的 QoS 保证相关联。即使是最高效的防火墙对性能也会有可测量出程度的影响，另外，防火墙还有可能成为单一失效点。

- **以合适的粒度记录保证**——云提供者使用的 SLA 模板有时以比较宽泛的条款来定义保证。如果云用户有特殊的要求，就需要以相应的详细程度来描述这些保证。例如，如果数据复制要在特定的地理位置之间进行，那么就需要在 SLA 中直接指明。

- **定义不能遵守保证条款的处罚**——如果云提供者不能完成 SLA 中承诺的 QoS 保证，可以以赔偿、处罚、退还或其他形式正式地记载追索权。

- **加入不可测量的要求**——有些保证不能很容易地用服务质量指标测量出来，但是它们仍然与 QoS 相关，因此还是要在 SLA 中记录清楚。例如，云用户可能对云提供者承载的数据有特殊的安全和隐私要求，可以在 SLA 中对租用的云存储设备进行保证来解决。

- **公开遵守性验证和管理**——云提供者通常要负责 IT 资源的监控，以确保与它们各自的 SLA 相符合。在这种情况下，SLA 本身应该说明清楚进行遵守性检查过程所使用的工具和实施方法，以及任何可能发生的与法律相关的审计。

- **包括具体的指标计算公式**——有的云提供者在它们的 SLA 中不提及常见的 SLA 指标或与指标相关的计算，而是集中注意力在服务等级的描述上，这些描述强调的是最佳实战和客户支持。用来衡量 SLA 的指标应该是 SLA 文档的一部分，包括所基于的公式和计算的指标。

- **考虑独立的 SLA 监控**——虽然云提供者通常会有很成熟的 SLA 管理系统和 SLA 监控器，但是雇佣第三方组织来执行独立的监控更符合云用户的利益，特别是在怀疑云提供者总是未能满足 SLA 保证（虽然周期性发布的监控报告结果显示能满足）的时候。

- **存档 SLA 数据**——SLA 监控器收集的与 SLA 相关的统计数据通常会由云提供者进行存储和归档，供今后生成报告之用。如果云提供者在云用户已经不再继续和它保持业务关系之后仍然要保存针对该用户的 SLA 数据，那么这是需要明确说明的。云用户可能有数据隐私的要求，不允许对此类信息进行未被授权的存储。类似地，在与云提供者保持业务关系期间以及之后，云用户也可能想要保存有一份与 SLA 相关的历史数据。这可能对今后比较云提供者特别有用。

- **公开跨云的依赖关系**——云提供者可能也在租用另一个云提供者的 IT 资源，这导致它们失去了对云用户所做出保证的控制权。虽然一个云提供者可以依赖于另外的云提供者对它做出的 SLA 保证，但是云用户可能还是想知道这个事实，即它所租用的 IT 资源可能依赖于它所租用的云提供者组织范围之外的环境。

案例研究示例

通过与一个法律咨询团队一起工作，DTGOV 开始了其 SLA 模板的制定过程。这个团队有一个方法，即给云用户一个在线 Web 页面，列出了 SLA 保证和一个"点击一次接受"按钮。默认的协议对 DTGOV 可能违反 SLA 要负的责任做出了大量的限制，如下所示：

- SLA 定义的保证只针对服务可用性。
- 服务可用性同时对所有的云服务有效。
- 服务可用性指标定义得比较宽松，这对意料之外中断的定义具有灵活性。

- 条款和条件连接到云服务用户协议（Cloud Service Customer Agreement），所有使用自助服务入口的用户都会隐含地接受。
- 对超出时长的不可用性，采用替代金钱的"服务积分"来补偿，这个积分可以在今后购买产品时打折，没有实际的金钱价值。

下面是 DTGOV 的 SLA 模板的几个关键点：

1. 范围和适用性

本服务水平协议（"SLA"）建立了适用于使用 DTGOV 云服务（"DTGOV 云"）的服务质量参数，是 DTGOV 云服务用户协议（"DTGOV 云协议"）的一部分。

本协议中所指定的条款与条件只适用于虚拟服务器和云存储设备服务，这里称为"所覆盖的服务"。本 SLA 独立地适用于每个正在使用 DTGOV 云的云用户（"用户"）。DTGOV 保留随时按照 DTGOV 云协议修改本 SLA 条款的权利。

2. 服务质量保证

所覆盖的服务在任何一个历月内，对用户 99.95% 的时间可运行和可用。如果 DTGOV 没有满足本 SLA 要求，而用户成功地满足了它在 SLA 中的义务，那么用户有资格获得金融积分作为补偿。本 SLA 表明用户对因 DTGOV 的原因造成不能履行本 SLA 的要求享有专有的赔偿权利。

3. 定义

下面的定义适用于 DTGOV 的 SLA：

- "不可用"定义为用户所有运行中的实例没有外部连接持续至少五分钟，在此期间用户无法通过 Web 应用或 Web 服务 API 对远程管理系统发送命令。
- "停机时间"定义为服务保持在不可用状态五分钟及以上的时间段。时长小于五分钟的"间断的停机时间"不计入停机时间。
- "每月在线百分比"（MUP）按照下述方法计算：（每个月总的分钟数 – 每个月总的停机时间分钟数）/（每个月总的分钟数）
- "金融积分"定义为用户的月费用清单中计入今后月费用清单的百分比，计算方法如下：

  99.00%<MUP%<99.95% —— 月费用清单的 10% 计入用户的账户
  89.00%<MUP%<99.00% —— 月费用清单的 30% 计入用户的账户
  MUP%<89.00% —— 月费用清单的 100% 计入用户的账户

4. 金融积分的使用

每个计费周期的 MUP 会显示在每个月的费用清单上。用户要提交金融积分请求以获得兑换金融积分的资格。为此，用户要在收到指明 MUP 低于 SLA 定义的计费清单的三十日之内通知 DTGOV。通知通过电子邮件发送至 DTGOV。不能遵守以上要求，用户将丧失兑换金融积分的权利。

5. SLA 不包括的

本 SLA 不适用以下条件：

- 由 DTGOV 无法合理预见或阻止的因素造成的不可用时间。
- 由用户的软件或硬件、第三方软件或硬件或者两种同时故障造成的不可用时间。
- 由违反 DTGOV 云协议的滥用或危害行为和行动造成的不可用时间。
- 到期未缴费或其他认为不遵守 DTGOV 规章的用户。

附　录

案例研究结论

本书从第 2 章开始给出了 3 个研究案例，下面对它们进行简要总结。

A.1 ATN

云提倡对经过选择的应用和 IT 服务进行必要的迁移，将它们迁移到云上，并允许在一个包含大量应用的组合中整合和放弃一些解决方案。并不是所有的应用都适合迁移，因此，选择合适的应用成为主要的问题。有些被选中的应用还需要进行二次开发，以便适应新的云环境。

大多数应用迁移到云之后，能有效地降低其成本。这是以 3 年为期限，与传统应用的 6 个月支出进行比较所得出的结论。ROI 评估中使用了资本支出和运营支出。

在使用了基于云的应用后，ATN 在商业领域的服务水平得到了提高。过去在采用云之前，大多数应用在使用高峰时段都会出现明显的性能降低，而现在，基于云的应用则可以在工作负载峰值出现时进行扩展。

目前，ATN 正在评估其他应用迁移到云的可能性。

A.2 DTGOV

尽管 DTGOV 已经为公共组织实行 IT 资源外包 30 多年，但是直到最近两年，建立云及其相关 IT 基础设施才成为它的主要工作。现在，DTGOV 向政府部门提供 IaaS 服务，并正在为私有组织建立一个新的云服务组合。

为了构成一个成熟的云，DTGOV 对其技术架构进行了一系列的改进，DTGOV 的下一步就是其客户端和服务组合的多样化。在进行这一步之前，DTGOV 形成了一个报告，用以记录其过渡到云的方方面面。表 A-1 对该报告进行了简化。

表 A-1　DTGOV 云计划的分析结果

使用云前的状态	需要的改变	商业效益	挑 战
数据中心与相关的 IT 资源没有完全标准化	IT 资源的标准化包括：服务器，存储系统，网络设备，虚拟化平台，管理系统	批量采购 IT 基础设施降低了所需的投资成本 优化 IT 基础设施降低了运营成本	IT 采购、技术生命周期管理和数据中心管理需要建立新措施
根据长期客户的承诺部署 IT 资源	由具备大规模计算容量的基础设施支持 IT 资源的部署	批量采购 IT 基础设施以及按照客户需求扩展 IT 资源降低了投资	容量规划和相关的 ROI 计算是具有挑战性的任务，这需要持续的培训
按照长期合同进行 IT 资源的供给	通过虚拟化的全面应用灵活地分配、再分配、释放和控制可用 IT 资源	云服务对客户实行灵活的和按需的供给，它通过（基于软件的）弹性 IT 资源分配和管理来实现	建立与 IT 资源供给相关的虚拟化平台

（续）

使用云前的状态	需要的改变	商业效益	挑　战
监控能力是基础	对云服务的使用和 QoS 的详细监控	按需进行服务供给，客户按使用付费 服务费用与实际 IT 资源消耗成正比 使用与业务相关的 SLA 进行服务质量管理	建立 SLA 监控、计费监控和管理机制，这些对 DTGOV 架构而言都是全新的
整体 IT 架构具备基本弹性	通过全互联数据中心和协同 IT 资源分配与管理，加强 IT 架构的灵活性	为客户提高计算弹性	对大规模弹性进行控制和管理是非常重要的
外包合同和相关条款是按照"每个合同"和"每个客户"来制定的	为云服务供给制定新的定价和 SLA 合同	客户获得快速（灵活）的、按需的和可扩展的服务（计算容量）	在新的基于云的合同模型中，与现有客户进行合同谈判

⎢423⎥

A.3　Innovartus

不断增加公司增长的业务目标需要对原始云进行重大的改进，因为它们需要从自身的区域云提供者转向大规模的全球性的云提供者。可移植性问题只有在移植之后才会被发现，当原来的区域云提供者无法满足它们的需求时，新的云提供者就需要启动采购过程。同时解决的还有数据恢复、应用迁移和互操作性问题。

由于初期无法获得资金和投资资源，高可用计算 IT 资源和按使用付费的特性便成为发展 Innovartus 业务可行性的关键。
⎢424⎥

Innovartus 已经制定了未来几年将要获得的一些商业目标：

- 其他的应用将迁移到不同的云上，采用多个云提供者是为了提高灵活性，同时还能减少对单个云提供者的依赖性。
- 由于其云服务的移动访问已经增长了 20%，因此，将要建立一个新的只针对移动的业务领域。
- Innovartus 开发的一个应用平台正在作为增值 PaaS 被评估。这个平台将提供给那些需要在基于 Web 和移动应用开发中加强以用户界面为中心的特性并要对其进行创新的公司。

⎢425
⎢426⎥

工业标准组织

本附录概述了工业标准开发组织和它们对云计算工业标准化所做出的贡献。

B.1　美国国家标准与技术研究院（NIST）

NIST（National Institute of Standards and Technology）是美国商业部下属的联邦机构，它提升标准和技术以改善公众安全和生活质量。NIST 的一个项目就是引导联邦政府的力量进行数据可移植性、云互操作性和云安全性的标准化。

该机构研发了几个有关云计算的标准和建议，包括：

- NIST 对云计算的定义（专业出版 800-145）：提供就特性和模型而言的云计算清晰的定义。目标是研发出具有最小限制的工业标准，避免条条框框限制创新。
- NIST 对公有云计算中安全和隐私的指导原则（专业出版 800-144）：提供了与公有云计算有关的安全和隐私挑战的概述，并指出当组织要把数据、应用和基础设施外包到公有云环境时要考虑的因素。
- NIST 云计算标准路线图（专业出版 500-291）：调查了现有的与云计算相关的安全、可移植性和互操作性的标准、模型和使用案例，以及确认当前的标准、差距和优先级。
- NIST 云计算参考架构（专业出版 500-292）：描述了云计算参考架构，设计作为 NIST 云计算定义的扩展，描绘了讨论云计算的需求、结构和操作的通用高级概念模型。

官方 Web 网址：www.nist.gov

B.2　云安全联盟（CSA）

CSA（Cloud Security Alliance）是一个会员驱动的组织，于 2008 年 12 月成立，意在促进云计算领域中使用最好的实现以确保云安全。CSA 的公司会员由许多工业界大规模生产商和提供商组成。

这个联盟把它自己当做标准孵化器，而不是标准研发组织，已经发布了下述云安全相关的最佳实践方法指导和清单：

- 云计算焦点的关键领域的安全指导（第 3 版）：这篇文档描述了安全忧虑和基本的最佳实践方法，分为 14 个领域（云架构、管理和企业风险、法律：合同和电子发现、遵守和审计、信息生命周期管理和数据安全、可移植性和互操作性、传统的安全、业务连续性和灾难恢复、数据中心操作、意外响应、应用安全、加密和密钥管理、身份和访问管理、虚拟化以及安全作为服务）。
- 云控制矩阵（CCM）（版本 2.1）：提供了一个安全控制列表和框架，能够帮助详细理解安全概念和原则。

官方 Web 网址：www.cloudsecurityalliance.org

B.3　分布式管理任务组（DMTF）

DMTF（Distributed Management Task Force）意在研发标准，使得 IT 资源能互操作，同时提高世界上厂商之间的互操作性。DMTF 的成员组是来自下述公司的代表：AMD，Broadcom 公司，CA 有限公司，Cisco，Citrix 系统有限公司，EMC，富士，HP，华为，IBM，Intel 公司，微软公司，NetApp，Oracle，RedHat，SunGard 和 VMware 有限公司。

DMTF 开发的云计算标准包括开放虚拟化格式（Open Virtualization Format，OVF）（DMTF 标准版本 1.1），这是一个行业标准，使得虚拟化环境之间可以互操作。

官方 Web 网址：www.dmtf.org

429

B.4　存储网络工业协会（SNIA）

SNIA（Storage Networking Industry Association）的主要目标是研发和促进信息管理的标准、技术和教育服务。SNIA 开发出了存储管理项目规范（SMI-S），已被 ISO（International Standards Organization，国际标准化组织）采纳。SNIA 还建立了一个媒介委员会，称为云存储倡议会（Cloud Storage Initiative，CSI），它促进大家采纳存储作为服务的云交付模型，来提供以按使用付费为基础的、弹性的、按需的存储。

SNIA 标准的范畴包括云数据管理接口（Cloud Data Management Interface，CDMI），这是一个行业标准，定义了一个功能接口，允许云存储中互操作的数据传输和管理，以及发现各种云存储的能力。使用 CDMI 的云用户可以利用不同云提供者提供的标准化云存储设备的能力。

官方 Web 网址：www.snia.org

B.5　结构化信息标准促进组织（OASIS）

OASIS（Organization for Advancement of Structured Information Standards）是一个由厂商和用户组成的联合会，为 IT 产品的互操作性开发指南以便全球的信息产业界都可以建立和采纳开放标准。这个组织产生像安全、云计算、面向服务的架构、Web 服务和智能电网等这些领域里的标准，提出了大量的服务技术建议，包括 UDDI、WS-BPEL、SAML、WS-SecurityPolicy、WS-Trust、SCA 和 ODF。

官方 Web 网址：www.oasis-open.org

B.6　开放群组

开放群组（Open Group）是一个与其他标准化组织协同工作的联合会，比如云安全联盟（Cloud Security Alliance）和云计算互操作论坛（Cloud Computing Interoperability Forum）。它的任务是基于开放标准和全球互操作性，使得能够访问企业之内和之间的集成信息。

开放群组有一个专门的云工作组（Cloud Working Group），创建该工作组是为了教育云提供者和云用户，告诉它们如何使用云技术来获得全面的收益，例如成本降低、可扩展性和灵活性。

430
官方 Web 网址：www.opengroup.org

B.7 开放云联合会（OCC）

OCC（Open Cloud Consortium）是一家非盈利性组织，管理和运行支持科学、环境、医药和保健研究的云基础设施。这家组织帮助开发云计算工业标准，尤其是致力于数据密集型的基于云的环境。

OCC 的贡献有开发参考实现、基准测试程序和标准，包括 MalGen 基准测试程序，这是一个用于试验和基准测试数据密集型云实现的工具。OCC 还建立了许多云测试床，例如 OCC 虚拟网络测试床（OCC Virtual Network Testbed）、开放云测试床（Open Cloud Testbed）。

OCC 的会员包括多个组织和大学，例如 Cisco、Yahoo、Citrix、NASA、Aerospace 公司、约翰霍普金斯大学和芝加哥大学。

官方 Web 网址：www.opencloudconsortium.org

B.8 欧洲电信标准协会（ETSI）

ETSI（European Telecommunications Standards Institute）是经欧盟确认的官方工业标准实体，它研发信息和通信技术的全球适用标准。该组织主要关注的是通过标准化来支持多厂商、多网络和多服务环境里的互操作。

ETSI 由大量技术委员会组成，例如，有一个实体称为 TC CLOUD，它专注于为使用、集成和部署云计算技术构造标准化的解决方案。这个委员会特别关注电信行业的互操作解决方案，强调 IaaS 交付模型。

官方 Web 网址：www.etsi.org

B.9 美国电信工业协会（TIA）

TIA（Telecommunications Industry Association）是一个成立于 1988 年的贸易协会，代表全球信息和通信技术行业，它负责标准化的开发、政策项目、业务机会、市场智能和网络事件。

431
TIA 研发出了通信和数据中心技术标准，例如数据中心的电信基础设施标准（TIA-942 标准，2005 年发布，最新的修订是在 2010 年）。这个标准概述了在四个不同层次上实现基础设施冗余性的最低要求以及对数据中心和计算机机房电信基础设施的要求。后者包括单租户企业数据中心和多租户位于因特网上的数据中心。

官方 Web 网址：www.tiaonline.org

B.10 自由联盟

自由联盟（Liberty Alliance）开发了保护身份信息隐私和安全的标准。该组织发布了自由身份确保框架（Liberty Identity Assurance Framework，LIAF），帮助授信身份的联合，提升身份服务提供者（包括云提供者）之间的一致性和互操作性。LIAF 的主要构建模块是保证等级标准、服务评估标准以及认证和证书规则。

官方 Web 网址：www.projectliberty.org

B.11 开放网格论坛（OGF）

OGF（Open Grid Forum）发起了开放云计算接口（Open Cloud Computing Interface，OCCI）工作组，以提出云基础设施的远程管理 API 规范。OCCI 规范帮助开发常用任务的互操作工具，这些任务包括部署、自动扩展和监控。规范由核心模型、基础设施模型、XHTML 5 呈现和 HTTP 头呈现组成。

官方 Web 网址：www.ogf.org

432

机制与特性的对应关系

本书在第 4 章介绍了云特性，在第 7 章到第 9 章介绍了云计算机制，表 C-1 是它们之间直接关系的总结。

表 C-1　云特性与云计算机制的对应关系。基本上，表中所列的云计算机制可以用于实现相应的云特性

云　特　性	云　机　制
按需使用	虚拟机监控器
	虚拟服务器
	已就绪环境
	资源复制
	远程管理环境
	资源管理系统
	SLA 管理系统
	计费管理系统
泛在接入	逻辑网络边界
	多设备代理
多租户 / 资源池	逻辑网络边界
	虚拟机监控器
	资源复制
	资源集群
	资源管理系统
灵活性	虚拟机监控器
	云使用监控器
	自动扩展监听器
	资源复制
	负载均衡器
	资源管理系统
使用计量	虚拟机监控器
	云使用监控器
	SLA 监控器
	按使用付费监控器
	审计监控器
	SLA 管理系统
	计费管理系统
弹性	虚拟机监控器
	资源复制
	故障转移系统
	资源集群
	资源管理系统

数据中心设施（TIA-942）

本附录是 5.2 节的延续，描述了数据中心设施的常见部分，参考的是电信工业协会 TIA-942 数据中心的电信基础设施标准。理解这些细节能帮助更好地理解数据中心基础设施的复杂性。

D.1 主房间

1. 电气室

保留给电气设备和装置，例如配电和旁路，该空间被划分为单独的房间，专门存放供临时应急使用的发电机、UPS、电池组和其他电气子系统。

2. 机械室

这个房间存放机械设备，例如空调和制冷发动机。

3. 保管与临时存放

这个空间专门用来安全地存放全新的和已使用过的耗材，例如用作备份的可移动媒介。

4. 办公室、操作中心与支持

这是个通常与计算机房隔离的建筑空间，用来安置涉及数据中心运营的人员。

5. 电信入口

这个空间通常位于计算机房之外，作为一个分离的区域，用于容纳电信设备和进入数据中心界限的外部电缆终端。

6. 计算机房

这个房间是一个非常关键的区域，有严格的环境控制，访问只限于被授权的人员，通常有高架地板和安全吊顶，专门设计用来保护数据中心的设备免受物理灾害的影响。计算机房被细分为下面这样一些专门的区域：

- 主分配区（Main Distribution Area，MDA）——包括主干网级的电信和网络设备，例如核心交换机、防火墙、PBX 和多路转换器。
- 水平分布区（Horizontal Distribution Area，HDM）——包括网络、存储以及键盘、显示器和鼠标（KVM）切换器。
- 设备分配区（Equipment Distribution Area，EDM）——在这里，计算和存储设备安装在标准机架仓里。电缆子系统通常分为主干电缆（主网络连接）和水平电缆（连接单个设备），它连接起所有的数据中心设备，如图 D-1 所示。

D.2 环境控制

环境控制子系统包括灭火、加湿/除湿以及供暖、通风和空调（heating, ventilation, air conditioning, HVAC）。图 D-2 描绘了有三个机架的机柜，它们的放置能使冷/热空气循环，从而优化使用 HVAC 子系统。要处理好服务器机架产生的大量的热，控制好空气的流动很关键。

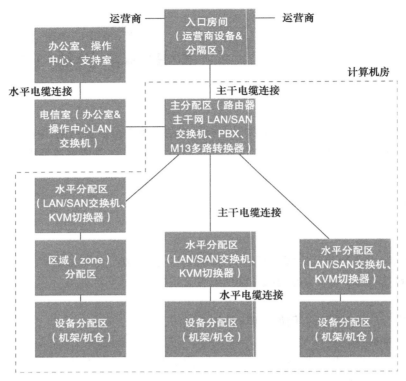

图 D-1　数据中心的网络互联区域，分为主干和水平电缆连接（摘自 TIA-942）

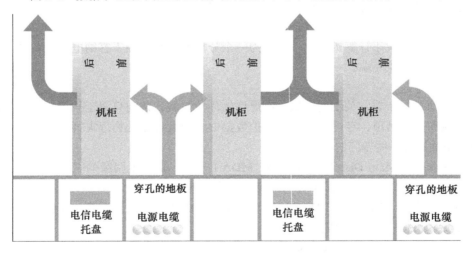

图 D-2　一个典型数据中心设计中的服务器机架的放置以及相应的冷热空气流动。热空气通常是通过天花板的通风口离开房间的（摘自 TIA-942）

电力供应系统是一个复杂的电气工程安装，包括如下几个子系统：

1. 与外部电力提供商连接

公用电源基础设施与外部电力提供商相连，较大的数据中心通常都是连接高压电线。电压转换要求使用现场的公用电源配电站，同时电网配置还需要冗余的连接。

2. 配电

电气子系统的运行通常需要低压交流电（AC），配电系统由向数据中心所有设备供电的配电单元组成。因为 IT 设备中的一些电子电路运行需要 DC（直流）电源，所以嵌入在计算机设备中的供电可能需要 AC/DC 的转换。电压和 AC/DC 转换中的常见故障是导致电力中断的主要原因。

3. 不间断电源（UPS）

许多 IT 资源（最明显的就是物理服务器）如果意外掉电，会导致数据丢失和其他类型的故障。这个子系统由在主电源临时失效时专门为数据中心供电的设备组成。多个 UPS 设备可以与其他电源同时运行，以便快速满足数据中心的电力要求。UPS 子系统还负责消除电压的波动，正常化输入电流，并防止 IT 基础设施上的电压过剩。UPS 设备通常依赖于 DC 电池组，它们只能提供几小时的备用电力。

4. 发电机

柴油发电机是较大规模数据中心在自然灾害或者电网失效时维持运行所使用的标准燃力发动机。能效通常是以电能使用效率（power usage effectiveness，PUE）来衡量的，表述为进入数据中心的总电能与它的 IT 设备使用的电能之间的比率，如下所示：

$$PUE= 数据中心总电能 /IT 设备使用的电能$$

PUE 是由 IT 设备的支撑子系统所需电能决定的，理想状况下比率为 1.0。数据中心的平均 PUE 大于 2.0，而更复杂和有效的数据中心的 PUE 可以接近 1.2。

441

D.3 基础设施冗余性总结

TIA-942 分类按照冗余性的最低要求，将基础设施分为四个层次，这种方法对比较和评价数据中心设施很有帮助（如表 D-1 中的简要描述）。

表 D-1 数据中心组件冗余性的四个层次以及平均的可用性

层　　次	特　　性
1	**基本数据中心** ● 电力和制冷分配系统只有单一的路径 ● 没有冗余的组件（电源、制冷设备） ● 可选的高架地板、UPS 和发电机 ● 易受 IT 硬件运行中断的影响 ● 平均可用性（正常运行时间）：99.671%
2	**带冗余组件的数据中心** ● 电力和制冷分配系统只有单一的路径 ● 有冗余的组件（多个电源和制冷备份） ● 必须要有高架地板、UPS 和发电机 ● 电源路径的失效可能会导致 IT 硬件运行的中断 ● 平均可用性（正常运行时间）：99.741%
3	**并发可维护的数据中心** ● 电力和制冷分配系统有多条路径 ● 维护活动的进行不会导致 IT 硬件运行的中断 ● 平均可用性（正常运行时间）：99.982%
4	**容错的数据中心** ● 容错的组件 ● 计划中的活动不会影响关键负载 ● 维护期间意外的最糟情况的故障也能维持，不会导致 IT 硬件运行的中断 ● 平均可用性（正常运行时间）：99.995%

442

适应云的风险管理框架

第 6 章介绍的风险管理是一个周期性执行的过程，它由一组监督和管理风险的协调行为构成。这组行为包括：风险评估，风险处理，风险控制任务，其共同的目标是增强战略和战术的安全性。

云用户觉得是否可以接受使用云服务带来的风险，取决于他们对云生态环境中业务流程所涉及内容的信任度。风险管理过程可以确保在投资周期的初期识别并减轻出现的问题，还能在之后进行定期审查。云用户、云运营商以及其他类型的参与者（如云代理）在云生态环境中都不同程度地控制着基于云的 IT 资源，因此，他们需要共同负责安全需求的实现。

专业出版（SP）500-299 "NIST 云计算安全参考架构"规范讨论了云环境管理风险的若干关键问题。该文件突出了适应云的风险管理框架（Cloud-Adapted Risk Management Framework，CRMF）的高级措施，并强调了坚持安全保护原则的重要性。

注释
更多 NIST 云参考框架细节请参阅 NIST 专业出版 500-292 "NIST 云计算参考架构"。

如图 E-1 所示，背景为 NIST 云参考架构，其上为层次化的云生态环境的安全业务流程（如 NIST SP 500-299 中所示）。该图说明了安全业务是如何包括了所有的云参与者，并描绘了他们在组织和运行一个云生态环境时共同承担的责任。

安全业务通常有两个内在因素。第一个是云交付模型（SaaS、PaaS 或 IaaS），其相关性可以进行模块化描述。第二个为云部署模型（公共云、私有云、混合云和社区云），这些云部署模型能最成功地实现云用户的业务目标和安全需求。

对于每一个基于云的解决方案，云用户都需要识别威胁，进行风险评估，并对其自身的云架构环境进行评价。这些需求还需要与技术、操作和管理方面合适的安全控制与方法进行对应。

在基于云的环境中，选择的云交付模型类型不会影响其安全态势。整体安全需求要么保持不变，要么维持一个逻辑常量，但至少要与企业内部环境技术架构或解决方案的安全需求相当。反之，选择的部署模型类型则会影响安全责任在云参与者之间的分布，这与 NIST 专业出版 500-299 中讨论的安全保护原则有关。

当采用基于云的解决方案时，云用户需要进行审慎调查，以便充分把握可能引发的不同的安全需求，比如：

- 广泛的网络接入
- 数据驻留
- 使用计量
- 多租户
- 动态系统界限

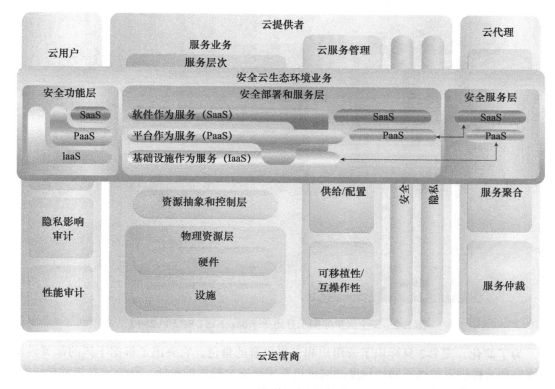

图 E-1 NIST 云计算参考架构与生态环境组织示意图

- 云用户和云提供者之间共享的角色和责任
- 降低云用户的可见度
- 降低云用户的控制
- 显著增加规模（按需求）
- 显著增加动态性（灵活性，成本优化）
- 显著增加复杂性（自动化，虚拟化）

这些问题常常给云用户带来安全风险，与传统的企业内部解决方案相比，这些风险会更大或者与之不同。

成功应用一个基于云的系统解决方案的关键因素是，云用户需要全面了解云特定的特点和特征、每个云服务器类型和部署模型的架构组件，以及在组织一个安全生态系统时每个云参与者的角色。

此外，能够确定所有云特定风险调整后的安全控制，对云用户业务和关键任务流程而言也是非常重要的。云用户需要利用他们的合同协议来掌握云提供者（和云代理）负责实施的安全控制，他们还要能对正确的实施进行评估，并能对所有确定的安全控制进行连续监控。

E.1 安全保护原则

安全保护原则的核心理念是完整的云服务安全控件集需要保持不变，或者在逻辑意义上维持一个常量。随着云内发生的变化，满足安全需求和实现防御行为的责任在云参与者之间动态地转换。图 E-2 表示的是云生态环境的安全保护原则。

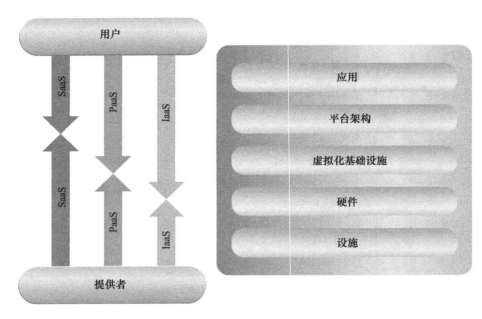

图 E-2   安全保护原则示意图（来源：NIST SP 500-299）

为了简化，图 E-2 只标识了云用户和云提供者的角色。它突出了根据不同的部署模型，云用户和云提供者按照不同的程度共同承担着实现安全控制的责任。每个云参与者责任的等级从根本上与其在特定云"层次"上的控制权相关。

在 SaaS 云中，由于云用户只控制其应用层，云提供者承担了大部分的安全控制责任。反过来，除了运行云服务的硬件和存放硬件的设施外，IaaS 云用户可能会控制一切，这意味着他们要承担主要的责任。

注释
更多信息请参阅 NIST SP 500-299 "NIST 云计算安全参考架构" 和 NIST 800-144 "公共云计算安全与隐私指南"。

E.2   风险管理框架

管理信息系统中基于风险的方法是一个整体行为，它应完全集成到组织的方方面面中，从规划与系统开发周期过程到安全控制分配与连续监控。通过合适的法律、指令、政策、标准和法规，安全控件的选择和规范可以支持有效性、效率和约束。

NIST 专业出版 800-37 "联邦信息系统风险管理框架应用指南"通过确定下述 6 个步骤提供了一个严格的结构化过程，以便将信息安全和风险管理行为集成到开发生命周期中。

- 步骤 1——使用影响分析对系统及其处理、存储和传输的信息进行分类。
- 步骤 2——根据安全分类，选择系统初始或基本安全控件集。依据风险和运行环境条件的系统评估，对基本安全控件进行修改和补充。为实现安全控件的有效性，制定连续监控的策略。在安全规划中记录所有控件。审查和批准安全规划。
- 步骤 3——实现安全控件，描述如何在系统内部署安全控件及其运行环境。

- 步骤 4——使用适当程序评估安全控件，并记录在评估计划中。这项评估决定了安全控件是否已经得到正确实现，以及是否达到有效的预期效果。
- 步骤 5——如果预计操作带来的风险结果是可以接受的，则授权信息系统的操作。这项风险评估考虑了企业资产和运作（包括任务、功能、形象或声誉）、个人和其他组织的风险。
- 步骤 6——安全控件的监控是连续的。监控包括：评估控件有效性，将变化记录到系统或其操作环境中，对这些变化进行安全影响分析，向指定负责人报告系统安全状态。

虽然风险管理框架适用于大多数情况，但它默认为传统 IT 环境，如果要成功适应基于云的服务和解决方案的独有特点，就需要对其进行定制。CRMF 密切遵循着原 RMF 的方法。表 E-1 的右列显示了上述 6 个步骤，左列将这些步骤归类为 3 个主要行为，这些行为共同构成了风险管理过程。

447

表 E-1　6 个步骤与组成 CRMF 的 3 个行为之间的对应关系

CRMF	CRMF 步骤
风险评估	步骤 1——利用影响分析，对已迁移到云的信息系统及其处理、存储和传输的信息进行分类（这个步骤与传统 RMF 的步骤 1 非常相似）
	步骤 2——进行风险评估，确定系统安全需求（建议进行保密性、完整性和可用性（CIA）分析）。选择基本安全控件并定制补充的安全控件
风险处理	步骤 3——选择最适合系统评估结果的云环境架构
	步骤 4——评估服务提供者选项，以确定云提供者已经实现了系统所需安全控件。对已确认的任何附加安全控件的实现进行谈判。确认其他属于云用户负责的安全控件，以实现它们
风险控制	步骤 5——选择并授权一个云提供者托管云用户的信息系统。起草服务协议和 SLA，列出已谈判合同条款和条件
	步骤 6——监控云提供者以确保所有的服务协议和 SLA 条款得到满足。确保基于云的系统维持必要的安全态势。监控云用户负责的安全控件

采用这些步骤所列出的方法，使得企业能系统地确认其共同的、混合的和系统特定的安全控件，以及采购负责人、云提供者、云运营商和云代理的其他相似的安全需求。

通过在云提供者的合同条款中加入可能的结果，CRMF 可以解决基于云环境的安全风险。这些条款和条件的性能问题也要写入 SLA，它是云用户和云提供者之间服务协议的一个内在组成部分。例如，合同条款应确保云用户能及时访问云审计日志以及日志连续监控的详细信息。

如果采用的部署模型得到许可，企业应实现云用户已确定的安全控件和定制补充的安全控件。建议云用户要求云提供者（和云代理）提供足够证据来证明他们已经正确实现了用来保护用户 IT 资产的安全控件。

448

云供给合同

云供给合同（cloud provisioning contract）是云用户和云提供者之间最基础的合约，包括它们之间商业关系的合同条款和条件。本附录给出一个通用云供给合同的常见部分和章节，然后提供了选择云提供者的指导原则（其中部分是基于云供给合同内容的）。

F.1　云供给合同结构

云供给合同是一个具有法律约束力的文件，定义了与云提供者向云用户提供的供给范围有关的权利、责任、条款和条件。

如图 F-1 所示，本文件主要由以下几个部分组成：

- 技术条件（Technical Condition）——指明了提供的 IT 资源和它们相应的 SLA。
- 经济条件（Economic Condition）——定义了定价策略和模型，包括费用标准、确定的定价和计费过程。
- 服务条款（Term of Service）——提供了关于服务提供的一般条款和条件，通常由下述五个元素构成：
  - 服务使用策略（Service Usage Policy）——定义了可接受的服务使用方法、使用条件和使用条款，以及违反时适当的行为途径。
  - 安全和隐私策略（Security and Privacy Policy）——定义了安全和隐私要求的条款和条件。
  - 担保和义务（Warranty and Liability）——描述了担保、义务及其他降低风险的方法，包括违反 SLA 的赔偿。
  - 权利与责任（Right and Responsibility）——概述了云用户和云提供者的责任和义务。
  - 合同终止和续约（Contract Termination and Renewal）——定义了合同终止和续约的条款和条件。

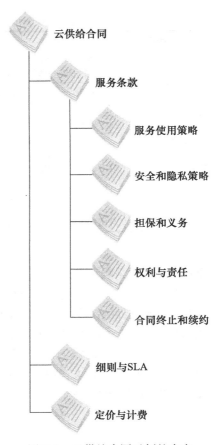

图 F-1　云供给合同示例的内容

云供给合同通常是基于模板的并且在线提供，云用户如果同意，只需单击一个按钮。默认情况下，这些合同一般是设计用来限制云提供者的风险和义务的。例如，合同模板中常见的指定供给和责任的条款包括：

- 云服务的提供是"按照既成的"（as is），是没有担保的。
- 义务的限定对大多数类型的损失是不提供赔偿的。
- 对性能指标不提供担保。
- 对服务的连续性不提供担保。
- 对数据安全泄露和由此造成的损失，云提供者只有最低限度的责任或者不负责任。
- 云提供者可以单边地修改条款和条件，不需要事先通知。

449
～
451

此外，典型的松散的数据隐私担保和条款可能会允许出现基于云的数据被"共享"和其他潜在的对数据隐私的威胁。

F.1.1 服务条款

这一部分定义的是一般的条款和条件，可以被分解成以下几个子部分：

1. 服务使用策略

服务使用策略，或者可接受的使用策略（Acceptable Use Policy，AUP），包括云服务使用的可接受方法的定义，包含像下面这样的条款：

- 云用户应该自己对传输到云服务的内容负责。
- 云服务不应被用于非法之目的，传输的内容不应是非法的、诽谤性的、损毁名誉的、辱骂性的、伤害性的，或其他会被第三方或法律规定视作有异议的。
- 云服务使用不应损害任何一方的知识产权、著作权或其他任何权利。
- 传输和存储的数据不应包括病毒、恶意软件或其他任何有害的内容。
- 云服务不应被用作未经请求的大规模电子邮件发布。

服务使用策略中的某些元素需要云用户审阅和交涉协商，包括：

- 条件的相互性（Mutuality of Condition）——条件应该对云用户和云提供者同样适用，因为一方的行为和业务操作会直接影响另一方的操作。

452

- 策略更新条件（Policy Update Condition）——虽然许多合同模板说明策略更新不需要事先通知，但是对云服务使用条款进行单边的修改对云用户来说还是有可能是有损害的。在修改生效之前，云用户应该正式地确认这些修改，特别是对较大的合同来说。
- 对违反条款的处理（Action in Response to Violation）——详细说明对违反条款的行为如何进行检测和通知、给予多少时间对这样的行为做出更正，以及在出现不遵守行为时终止云服务的条件。

2. 安全和隐私策略

有关安全和隐私的条件可能会很复杂，难以用可测量的方式来定义。因此，这些问题通常放在云供给合同的专门一个章节里。

许多合同模板都设计成对云提供者有利，限制了发生数据泄露和其他安全违反时对它们的义务和保证。比较常见的做法是把安全和隐私规定定义得宽松或模糊，它要求云用户来负责基于安全的云服务配置和使用。有些合同模板甚至通过使用概括性的、主观性的或二义性的条款，在它们认为需要的条件下，给予云提供者与第三方共享云用户数据的权利，这些条件包括：

- 防止欺诈和其他非法行为。
- 防止即将发生的人身伤害。

- 保护其他云用户的安全和隐私策略免受破坏。

因为策略通常要包括和解决广泛的数据安全问题，所以一个很重要的策略标准就是要保证云架构的各个层次有差异。

在评估和协商安全与隐私策略时，常见的需要额外考量的问题包括：

- 安全衡量（Security Measure）——策略需要明确描述云提供者保护云服务操作和云用户数据的措施，此外还需要明确哪些属于云用户的责任。
- 访问控制（Access Control）——访问云服务的不同的方法、控制和监控使用的云机制以及云服务要处理的任何数据都需要定义清楚。
- 漏洞控制（Vulnerability Control）——云提供者处理安全漏洞的方法和云用户要求的打补丁的方法都需要记录下来。
- 数据传输（Data Transfer）——数据进入和离开云的安全策略要说明在数据传输期间云提供者如何防范内部和外部的威胁。
- 数据安全（Data Security）——策略需要明确定义数据拥有权的管理和对信息安全的保证，这与下述一些问题相关：
  - 数据访问（Data Access）——什么时候以及如何访问数据，减小云提供者锁定风险的最优格式。
  - 数据封锁条件（Data Blocking Condition）——封锁数据访问的条件。
  - 数据分类（Data Classification）——区分公共和隐私数据的所有权和保密性要求。
  - 技术和组织措施（Technical and Organizational Measure）——确保云存储、传输和处理中数据保密性和完整性的控制。
- 数据透露（Disclosure of Data）——向云提供者和第三方透露云用户数据的条件，包括：
  - 法律强制的访问（Law Enforcement Access）
  - 保密性和不公开性（Confidentiality and Non-Disclosure）
- 知识产权和保护（Intellectual Property Rights and Preservation）——IaaS 和 PaaS 平台上创建的原创软件可能会暴露给云提供者和第三方以及潜在地被它们利用。
- 数据备份和灾难恢复过程（Data Backup and Disaster Recovery Procedure）——这个策略要描述为了保持服务连续性所需要的、充分保障灾难恢复和业务连续性计划的条款。这些措施要在较低层次上进行详细描述和明确。最常见的是，它们与在不同地理位置上的数据复制和弹性实现相关。
- 控制变更（Change of Control）——这个策略需要明确定义在出现控制和拥有权变更时，云提供者该如何遵守合同义务以及合同终止的条款。

3. 担保和义务

许多合同模板表明服务是按照"既成"的方式提供的，没有任何担保。义务的限定排除了大多数形式的货币赔偿，几乎没有云提供者会对数据安全泄露负责任。一般来说，合同模板中都没有可衡量的赔偿条款，而服务失效和不可用时间的条件定义得也非常模糊。云用户如果对收到的服务不满意，只有提前终止云供给合同这一条会导致货币化的处罚。

云用户可以尝试协商出一种奖励性质的方式，即付款中有一部分只有当服务和 SLA 的其他条款都被遵守时才会缴纳。这种"有风险的"付款是一种有效的方式，可以与云提供者共担风险或是将风险转移到云提供者那里。

4. 权利与责任

本节确立合约中双方的法律责任与权利。

云用户的责任通常是:

- 遵守服务和有关策略的条款。
- 按照定价模型和价格,为使用了的云服务付费。

云用户的权利包括:

- 访问和使用云供给合同中说明的 IT 资源。
- 收到 IT 资源使用、SLA 遵守情况和计费的报告。
- 收到由于云提供商未能遵守 SLA 造成的赔偿。
- 按照协议,终止或续约 IT 资源使用条款。

云提供者的责任包括:

- 遵守服务和相应策略的条款。
- 提供与预先定义好的条件一致的 IT 资源。
- 准确地管理和报告 SLA、IT 资源使用和计费开销。
- 未能遵守 SLA 时,对云用户进行赔偿。

云提供者的权利包括:

- 按照定价模型和价格计算,收到提供的 IT 资源使用的应收款。
- 在充分审查过协议条款之后,由于云用户泄露合同,终止 IT 资源的提供。

5. 合同终止和续约

本小节讲述如下方面内容:

- 续约条件（Renewal Condition）——协议续约条件,包括续约合同适用的最高价格。
- 终止初始条款（Termination of Initial Term）——合同的到期日期,在此日期后若未能续约,将不能继续访问 IT 资源。
- 自愿终止（Termination for Convenience）——合同终止的条件,通常是由云用户请求的,不要求云提供者有过错或违反。
- 有理由终止（Termination with Cause）——由于一方违反服务条款导致合约终止的条款和条件。
- 终止费用（Payment on Termination）——合同终止的付款条件。
- 终止后的数据恢复期（Period for Data Recovery After Termination）——在合约终止后,云提供者需要保持数据可恢复的时间长度。

F.1.2 细则与 SLA

合同的这一部分提供了对 IT 资源和 QoS 保证的详细描述,SLA 中很大一部分是描述服务质量标准监控和测量,以及相应的基准测试程序和确认的目标。

许多 SLA 是建立在 SLA 模板之上的,它们都是不完整的,对 QoS 保证使用非常模糊的定义,例如服务的可用性。除了清楚地确定指标和测量过程,可用性的细则还应该有如下的定义:

- 恢复点目标（Recovery Point Objective,RPO）——描述一个 IT 资源在故障后如何继续运行,以及如何确定由此造成的可能的损失类型。

● 恢复时间目标（Recovery Time Objective，RTO）——定义一个 IT 资源在故障后多长时间都处在不可运行的状态。

F.1.3 定价与计费

除了提供定价结构、模型和适用的费用的细节之外，还有下面这样一些基本的计费类型：

● 免费
● 拖欠计费 / 后付费（在 IT 资源的使用发生之后进行收费）
● 事先计费 / 预付费（在 IT 资源使用之前收费）

F1.4 其他问题

1. 法律与遵守问题

当法律和法规适用于云用户该怎样使用提供的 IT 资源时，云供给合同需要提供足够的保证使得云用户和云提供者都能满足法律和法规的要求。有些云提供者使用合同模板，这些合同模板采用预先定义的标准，是可定制的。例如，它们有一些针对特殊物理位置或地理区域的模板，因为把用户数据放在这些地方会引起一些法律问题。

2. 可审计性与可问责性

审计应用、系统和数据能够帮助研究和调查故障实例、故障原因和涉及的参与方。可审计性和可问责性要求通常会出现在云供给合同中，在合同协商期间需要加以评估和讨论。

3. 合同条款和条件的变更

与大规模云提供者签订的合同通常随着时间的推进会有所调整，特别是因为这些云提供者可能会包括一个一般性的条款，允许无需事先通知就对合同进行修改。

457

F.2 云提供者选择指导原则

选择云提供者可能是云用户组织所做的最重要的战略决定之一。取决于对基于云的 IT 资源的采用和依赖程度，云用户的业务自动化成功与否严重依赖于它的云提供者实现云供给合同中做出的承诺的程度。

本节包含一个可以用来评价云提供者的问题和考量的列表。

云提供者的可行性

● 这个云提供者在业界已经有多长时间了？它的服务提供随时间是如何变化的？
● 这个云提供者的财务状况稳定吗？
● 这个云提供者拥有已证实的备份和恢复策略吗？
● 这个云提供者的业务策略和财务状况对其客户的透明程度如何？
● 这个云提供者容易被其他公司收购吗？
● 关于这个云提供者的基础设施，当前的执业内容有哪些？与厂商合作关系如何？
● 这个云提供者目前的和规划中的服务和产品是什么？
● 网上能得到有关这个云提供者过去的服务提供的评论吗？
● 这个云提供者拥有什么类型的技术证明？

- 这个云提供者的安全和隐私策略对云用户要求的支持程度如何？
- 它的安全和管理工具的功能如何？（以及这些工具和市场上其他产品相比成熟度如何？）
- 这个云提供者支持任何相关的云计算工业标准的开发和应用吗？
- 这个云提供者支持可审计性和安全法律、证书和程序吗？这其中包括工业标准，例如支付卡行业数据安全标准（PCI DSS），云控制矩阵（CCM）以及关于审计标准的声明第 70 号（SAS 70）。

要满足一个组织所有的具体业务要求，与不同的云提供商协商多个云供给合同和 SLA 可能是必需的。

458

459 ∼ 460

云商业案例模板

本附录给出了一个通用模板，用于建立采用云计算模型、环境和技术的商业案例。这个模板只是一个通用的起点，如果要更好地满足企业需求和偏好，还需要进一步对其进行定制。

这个云商业案例模板也可以作为应用云所需要考虑事项的有效清单。在初步规划阶段，基于该模板的业务案例草案可以用来促进围绕应用云的合法性的讨论。

G.1 商业案例标识

本节提供的信息用于说明商业案例的细节，例如下列信息：

- 商业案例名称。
- 描述——简要介绍商业案例的目的与目标。
- 赞助者——标识商业案例的利益相关者。
- 修订列表（可选）——如果需要控制或历史记录，则给出按日期、作者和批准方式排列的修订。

G.2 商业需求

模板的这个部分详细说明了预期收益以及采用云之后得到解决和满足的需求：

- 背景——描述刺激该商业案例动机的相关历史信息。
- 商业目标——该商业案例的战术与战略目标列表。
- 商业需求——通过达到商业目标而期望获得满足的商业需求的列表。
- 性能目标——任何与商业目标和商业需求相关的性能目标的列表。
- 优先级——按优先级顺序排列商业目标、商业需求和性能目标。
- 被影响的企业内部解决方案（可选）——对将要迁移或会受到采用云意向影响的当前和规划的企业内部解决方案的详细说明。
- 目标环境——说明采用该项目的预期结果，包括对为支持该商业案例而建立的基于云解决方案的高级概述。

G.3 目标云环境

列出并简要描述了作为云应用的一部分而预计被使用的云部署和交付模型，以及关于规划的云服务和基于云的解决方案的其他可用信息：

- 云部署模型——选择模型的理由，提出优缺点以帮助进行选择。
- 云特性——说明计划的目标状态如何与云特性相关，以及如何支持这些云特性。
- 候选云服务（可选）——列表说明候选云服务及其使用预估。
- 候选云提供者（可选）——列表说明潜在的云提供者以及成本与特点的比较。

- 云交付模型——记录了大致需要的能满足该案例商业目标的云交付模型。

G.4 技术问题

本节着重介绍了常用技术问题的要求和限制：
- 解决方案架构
- SLA
- 安全要求
- 管理要求
- 互操作性要求
- 可移植性要求
- 法规遵守要求
- 迁移方法（可选）

G.5 经济因素

本节涉及商业案例在经济方面的考量，包括定价、成本以及计算和分析的公式。第 15 章
介绍的更多财务指标、公式和考量都可以纳入本节。

464

索　引

索引中的页码为英文原书页码，与书中页边标注的页码一致。

推荐阅读

深入理解计算机系统（原书第3版）

作者：[美] 兰德尔 E. 布莱恩特 等　译者：龚奕利 等　书号：978-7-111-54493-7　定价：139.00元

理解计算机系统首选书目，10余万程序员的共同选择
卡内基-梅隆大学、北京大学、清华大学、上海交通大学等国内外众多知名高校选用指定教材
从程序员视角全面剖析的实现细节，使读者深刻理解程序的行为，将所有计算机系统的相关知识融会贯通
新版本全面基于X86-64位处理器

　　基于该教材的北大"计算机系统导论"课程实施已有五年，得到了学生的广泛赞誉，学生们通过这门课程的学习建立了完整的计算机系统的知识体系和整体知识框架，养成了良好的编程习惯并获得了编写高性能、可移植和健壮的程序的能力，奠定了后续学习操作系统、编译、计算机体系结构等专业课程的基础。北大的教学实践表明，这是一本值得推荐采用的好教材。本书第3版采用最新x86-64架构来贯穿各部分知识。我相信，该书的出版将有助于国内计算机系统教学的进一步改进，为培养从事系统级创新的计算机人才奠定很好的基础。

——梅 宏　中国科学院院士/发展中国家科学院院士

　　以低年级开设"深入理解计算机系统"课程为基础，我先后在复旦大学和上海交通大学软件学院主导了激进的教学改革……现在我课题组的青年教师全部是首批经历此教学改革的学生。本科的扎实基础为他们从事系统软件的研究打下了良好的基础……师资力量的补充又为推进更加激进的教学改革创造了条件。

——臧斌宇　上海交通大学软件学院院长

数据结构与算法分析：C语言描述（原书第2版）典藏版

作者：Mark Allen Weiss ISBN：978-7-111-62195-9 定价：79.00元

数据结构与算法分析：Java语言描述（原书第3版）

作者：Mark Allen Weiss ISBN：978-7-111-52839-5 定价：69.00元

数据结构与算法分析——Java语言描述（英文版·第3版）

作者：Mark Allen Weiss ISBN：978-7-111-41236-6 定价：79.00元

推 荐 阅 读

Java语言程序设计（基础篇）（原书第12版）

作者：[美] 梁勇（Y. Daniel Liang）著 译者：戴开宇
ISBN：978-7-111-66980-7 定价：139.00元

Java程序设计与问题求解（原书第8版）

作者：[美] 沃特·萨维奇（Walter Savitch）肯里克·莫克（Kenrick Mock）著
译者：陈昊鹏 ISBN：978-7-111-62097-6 定价：139.00元